"十四五"高等职业教育新形态一体化系列教材

信息技术基础教程
（WPS版）

刘继英　代秀珍　夏永秋　冯雪莲◎主　编
孟庆云　王　杰　赫　亮◎副主编
李景宏◎主　审

中国铁道出版社有限公司
CHINA RAILWAY PUBLISHING HOUSE CO., LTD.

内 容 简 介

本书为"十四五"高等职业教育新形态一体化系列教材之一。全书围绕高等职业教育对信息技术素养的培养要求，以真实项目为载体，以 WPS Office 软件为平台，以提升学生应用信息技术解决问题的综合能力为导向，贴近实际生活，融入课程思政，符合时代需求，采用任务驱动教学方法设置教材内容，体现理实结合、启智润心的特点。

全书分为三篇十二个模块，分别是基础篇、应用篇和拓展篇，包括信息技术应用基础、计算机网络应用基础、WPS 文档处理、WPS 表格处理、WPS 演示制作、云计算、物联网、大数据、人工智能、现代通信技术、虚拟现实、机器人流程自动化等内容。本书配有丰富的微课视频，扫描二维码即可观看。

本书适用于高等职业院校各专业学生、培训机构以及办公软件自学人员。

图书在版编目（CIP）数据

信息技术基础教程：WPS 版 / 刘继英等主编. -- 北京：中国铁道出版社有限公司，2025. 2. --（"十四五"高等职业教育新形态一体化系列教材）. -- ISBN 978-7-113-31406-4

Ⅰ. TP3

中国版本图书馆 CIP 数据核字第 2024AP0385 号

书　　名：	信息技术基础教程（WPS 版）
作　　者：	刘继英　代秀珍　夏永秋　冯雪莲

策　　划：	王春霞	编辑部电话：（010）63551006
责任编辑：	王春霞　包　宁	
封面设计：	刘　颖	
责任校对：	苗　丹	
责任印制：	赵星辰	

出版发行：中国铁道出版社有限公司（100054，北京市西城区右安门西街 8 号）
网　　址：https://www.tdpress.com/51eds
印　　刷：天津嘉恒印务有限公司
版　　次：2025 年 2 月第 1 版　2025 年 2 月第 1 次印刷
开　　本：850 mm×1 168 mm　1/16　印张：17.5　字数：479 千
书　　号：ISBN 978-7-113-31406-4
定　　价：59.80 元

版权所有　侵权必究

凡购买铁道版图书，如有印制质量问题，请与本社教材图书营销部联系调换。电话：（010）63550836
打击盗版举报电话：（010）63549461

前言

随着计算机网络技术的飞速发展，计算机的应用程度已成为现代社会生产发展的重要标志之一。本教材全面贯彻党的二十大精神，落实立德树人根本任务，以《高等职业教育专科信息技术课程标准（2021年版）》为指导，以提升学生应用信息技术解决问题的综合能力为导向，遵循教育教学规律，注重知识结构的基础性与完整性，确保技术内容的通用性与先进性。同时，结合教育部《高等学校课程思政建设指导纲要》关于在公共基础课程中融入课程思政的要求，结合实际项目案例，融入课程思政，贯彻以学生为中心的项目教学理念，注重在潜移默化中加强品德修养、培养奋斗精神、提升综合素质、激发创新创造活力。

信息技术课程是高职院校各专业学生的公共基础课程，旨在培养学生的信息素养和能力。学生通过理实一体化的课程学习，能够增强信息意识，提升计算思维，促进数字化创新与发展，形成适应职业发展需要的信息素养，树立正确的信息社会价值观和责任感，为职业发展、终身学习和服务社会奠定基础。

本教材具体特色如下：

1. 落实课程思政，强化育人导向

教材内容设置紧紧围绕立德树人根本任务，以润物细无声的方式有机融入具有信息技术特色的思政教育元素，形成融知识体系、能力架构和课程思政于一体的内容体例。教材以精心选取的典型工作案例为载体，不仅体现了信息技术学科知识的应用性、时代性，而且蕴含社会主义核心价值观、中华优秀传统文化和革命文化以及职业素养、工匠精神等，在培养学生信息技术核心知识能力素养的过程中，实现价值引领，积极弘扬劳动精神、奉献精神和创新精神。选用国产软件WPS Office，注重引导学生充分认识信息安全的重要意义，提升自主可控意识，树立总体国家安全观。

2. 以学生为中心，突出职教特色

本教材遵循职业教育教学规律，根据高职信息技术课程标准的要求，增加人工智能、大数据等前沿知识，选取贴近学生生活和职业场景的任务与案例，以模块化的方式组织教学内容，强化知识的应用，体现以学生为中心，"做中学、做中教"，内容组织循序渐进、深入浅出，将具有一定学科难度的抽象问题具体化、复杂问题生活化。精心设计教材体例，兼顾科学性与艺术性，提升学生的学习兴趣和阅读体验。

3. 强化资源配套，实现信息化变革

围绕教学全过程，教材配套多项信息化资源，以丰富教学内容，为学生预习、复习以及课后拓展奠定良好基础。其中，配套的电子教案和授课课件，均按照信息技术课程"做、学、教、评"一体化，线上线下混合式教学模式编写，满足教师备课需求。为了实现学生个性化、碎片化学习，加强课堂重点、难点知识内容的讲解，满足不同层次学生学习需要，为每个知识点、工作任务录制了课程微课（扫描教材书页对应的二维码就能观看视频讲解），并在智慧树开放式课程网站提供了本课程的所有学习视频。本教材数字化教学资源包括教学视频、教学课件、案例素材、习题库，均可在中国铁道出版社教育资源数字化平台（https://www.tdpress.com/51eds）下载。

4. 校企合作开发，深化职业素养

校企合作开发教材，不仅帮助学生更好地了解行业需求和发展趋势，为未来的职业发展奠定坚实的基础，而且让学生树立正确的职业观念，提升职业技能和素质。教材编写采用了校企合作模式，邀请金山办公技能认证标准委员会委员、金山职业技能等级证书高级种子教师、教育部考试中心命题专家赫亮博士指导编写及统稿，从而确保教材的内容与行业发展保持同步，并且反映最新的技术趋势和应用需求，增强教材的实用性和针对性。

本教材编者均为从事多年教育教学工作的一线教师，具有丰富的职业教育教研与教学经验。本教材由包头铁道职业技术学院刘继英、代秀珍、夏永秋、冯雪莲任主编，孟庆云、王杰和北京金芥子国际教育咨询有限公司赫亮任副主编，武林、菅婧参与编写，全书由李景宏主审。具体分工为：刘继英编写模块1、模块6、模块7、模块8、模块9、模块10，冯雪莲、王杰编写模块3，代秀珍、孟庆云编写模块4，夏永秋编写模块5，武林编写模块2，菅婧编写模块11、模块12，刘继英负责全书统稿，代秀珍、夏永秋、冯雪莲负责校稿。

由于编写时间仓促，加上编者水平有限，教材中难免存在不足与疏漏，恳请广大教师、学生提出宝贵意见。我们会在适当时间进行修订和补充。

编　者
2024年12月

目 录

基础篇

模块 1 信息技术应用基础 ……………… 2

1.1 信息素养和信息技术 ………………… 3
    1.1.1 信息素养 ……………………… 3
    1.1.2 信息技术 ……………………… 5

1.2 信息安全和信息伦理 ………………… 6
    1.2.1 信息安全与技术 ……………… 6
    1.2.2 信息伦理与法律 ……………… 10

1.3 信息系统 …………………………… 11
    1.3.1 信息系统的组成 ……………… 11
    1.3.2 进位计数制及其转换 ………… 12
    1.3.3 数据的表示与存储 …………… 14

1.4 计算机基础 ………………………… 14
    1.4.1 计算机的诞生和发展 ………… 14
    1.4.2 计算机系统组成及原理 ……… 17
    1.4.3 计算机硬件识别 ……………… 19

1.5 操作系统 …………………………… 22
    1.5.1 操作系统基础知识 …………… 22
    1.5.2 Windows 10 文件管理 ………… 23
    1.5.3 国产操作系统 ………………… 29

习题 ……………………………………… 31

模块 2 计算机网络应用基础 …………… 33

2.1 计算机网络概述 …………………… 34
    2.1.1 计算机网络的概念 …………… 34
    2.1.2 计算机网络的功能 …………… 34
    2.1.3 计算机网络的组成 …………… 35
    2.1.4 计算机网络的分类 …………… 36

2.2 Internet 基础应用 …………………… 37
    2.2.1 Internet 基本概念 ……………… 37
    2.2.2 信息检索基础应用 …………… 39

习题 ……………………………………… 41

应用篇

模块 3 WPS 文档处理 …………………… 44

任务 3.1 制作调研报告 ………………… 45
    任务 3.1.1 调研报告的创建 ………… 48
    任务 3.1.2 调研报告的排版 ………… 53

任务 3.2 民族团结宣传海报的制作 ……… 58
    任务 3.2.1 宣传海报的页面布局 …… 59
    任务 3.2.2 宣传海报的制作 ………… 61

任务 3.3 毕业论文排版 ………………… 73

任务 3.3.1　毕业论文样式的设置 ……… 73
　　任务 3.3.2　毕业论文页眉/页脚的添加… 77
　　任务 3.3.3　毕业论文目录的制作 ……… 80
　任务 3.4　个人简历表的制作 ………………… 83
　　任务 3.4.1　创建和编辑个人简历表 …… 87
　　任务 3.4.2　修饰个人简历表 …………… 88
　任务 3.5　批量文件的制作 …………………… 92
　　任务 3.5.1　主文档的策划与建立 ……… 93
　　任务 3.5.2　数据源的整合与创建 ……… 94
　　任务 3.5.3　邮件合并的流畅执行 ……… 97
　习题 …………………………………………… 102
　综合实训 ……………………………………… 103

模块 4　WPS 表格处理 ………………… 106

　任务 4.1　学生信息管理 …………………… 108
　　任务 4.1.1　创建学生信息表 ………… 110
　　任务 4.1.2　编辑工作表 ……………… 118
　　任务 4.1.3　打印学生信息表 ………… 124
　任务 4.2　美化 GDP 发展情况表 ………… 127
　　任务 4.2.1　设置 GDP 发展情况表显示
　　　　　　　　格式 …………………… 128
　　任务 4.2.2　格式化 GDP 发展情况表数据… 130
　任务 4.3　统计计算常用数据表 …………… 132
　　任务 4.3.1　使用公式计算工资表 …… 134
　　任务 4.3.2　使用常用函数计算学生
　　　　　　　　成绩表 ………………… 136
　　任务 4.3.3　使用条件统计类函数计算
　　　　　　　　工资表 ………………… 138
　任务 4.4　可视化 GDP 数据 ……………… 143

　　任务 4.4.1　创建 GDP 图表 …………… 145
　　任务 4.4.2　编辑 GDP 图表 …………… 148
　任务 4.5　分析和管理学生数据 …………… 159
　　任务 4.5.1　标注学生成绩 …………… 159
　　任务 4.5.2　排序学生成绩 …………… 164
　　任务 4.5.3　筛选学生数据 …………… 167
　任务 4.6　汇总分析商品销售数据 ………… 173
　　任务 4.6.1　分类汇总商品销售数据 … 173
　　任务 4.6.2　创建商品销售数据透视表… 176
　习题 …………………………………………… 183
　综合实训 ……………………………………… 184

模块 5　WPS 演示制作 ………………… 187

　任务 5.1　创建演示文稿基础框架 ………… 188
　任务 5.2　编辑幻灯片媒体对象 …………… 195
　　任务 5.2.1　图文对象的插入与编辑 … 196
　　任务 5.2.2　媒体、图表的插入与编辑… 199
　任务 5.3　统一演示文稿的风格 …………… 202
　　任务 5.3.1　应用系统模板统一风格 … 203
　　任务 5.3.2　应用幻灯片母版统一风格… 204
　　任务 5.3.3　目录导航页的制作 ……… 207
　任务 5.4　演示文稿动画的设置 …………… 209
　　任务 5.4.1　为幻灯片对象设置动画效果… 210
　　任务 5.4.2　设置幻灯片的切换效果 … 212
　任务 5.5　设置幻灯片放映效果 …………… 213
　　任务 5.5.1　幻灯片的放映 …………… 213
　　任务 5.5.2　演示文稿的打印输出设置… 217
　习题 …………………………………………… 218
　综合实训 ……………………………………… 219

拓展篇

模块 6 云计算 ·········· 224
  6.1 云计算概述 ·········· 225
    6.1.1 云计算的概念 ·········· 225
    6.1.2 云计算的分类 ·········· 225
    6.1.3 云计算的特征 ·········· 227
  6.2 云计算架构和关键技术 ·········· 227
  6.3 云计算的应用 ·········· 229
  习题 ·········· 230

模块 7 物联网 ·········· 231
  7.1 物联网概述 ·········· 232
    7.1.1 物联网的概念 ·········· 232
    7.1.2 物联网的发展 ·········· 232
    7.1.3 物联网的特征 ·········· 233
  7.2 物联网体系结构和关键技术 ·········· 233
  7.3 物联网的应用 ·········· 235
  习题 ·········· 236

模块 8 大数据 ·········· 237
  8.1 大数据概述 ·········· 238
    8.1.1 大数据的概念 ·········· 238
    8.1.2 大数据的类型 ·········· 238
    8.1.3 大数据的特征 ·········· 239
  8.2 大数据架构和关键技术 ·········· 239
  8.3 大数据的应用 ·········· 240
  习题 ·········· 241

模块 9 人工智能 ·········· 242
  9.1 人工智能概述 ·········· 243
    9.1.1 人工智能的概念 ·········· 243
    9.1.2 人工智能的特征 ·········· 244
    9.1.3 人工智能的发展 ·········· 244
  9.2 人工智能核心技术 ·········· 246
  9.3 人工智能的应用 ·········· 247
  9.4 人工智能的道德伦理 ·········· 251
  习题 ·········· 252

模块 10 现代通信技术 ·········· 253
  10.1 移动通信概述 ·········· 254
    10.1.1 移动通信的概念 ·········· 254
    10.1.2 移动通信的发展 ·········· 254
  10.2 5G ·········· 255
    10.2.1 5G 概述 ·········· 255
    10.2.2 5G 的关键技术 ·········· 257
    10.2.3 5G 的应用 ·········· 258
  习题 ·········· 259

模块 11 虚拟现实 ·········· 260
  11.1 虚拟现实概述 ·········· 261
    11.1.1 虚拟现实的概念 ·········· 261
    11.1.2 虚拟现实的发展 ·········· 261
    11.1.3 虚拟现实的特征 ·········· 262
    11.1.4 虚拟现实系统的分类 ·········· 263
  11.2 虚拟现实的关键技术 ·········· 264
  11.3 虚拟现实的应用 ·········· 265
  习题 ·········· 266

模块 12 机器人流程自动化 ·········· 267
  12.1 RPA 概述 ·········· 268
    12.1.1 RPA 的概念 ·········· 268

12.1.2 RPA 的优势 …………………268
12.1.3 RPA 的功能 …………………269
12.2 RPA 技术框架 …………………269
12.3 RPA 工具 ………………………270
习题 …………………………………271

参考文献 …………………………**272**

模块 1　信息技术应用基础

　　1.1　信息素养和信息技术

　　1.2　信息安全和信息伦理

　　1.3　信息系统

　　1.4　计算机基础

　　1.5　操作系统

　　习题

模块 2　计算机网络应用基础

　　2.1　计算机网络概述

　　2.2　Internet 基础应用

　　习题

模块 1
信息技术应用基础

模块导读

信息技术作为开启数字世界之门的钥匙,引领人们踏入信息科技的殿堂。它不仅使人们的生活更加便捷高效,也在潜移默化中影响着人们的思维方式、价值观念和道德行为。同时,要求人们在享受技术带来的便利时,更加自觉地遵守道德准则,积极履行社会责任,为社会文明进步贡献力量。

本模块详细介绍了信息素养与信息技术、信息安全与信息伦理、信息系统组成与应用、操作系统基础相关知识。

知识目标

1. 了解信息素养的基本概念及主要要素;
2. 了解信息技术的概念及发展历程;
3. 了解信息安全的基本属性与社会责任;
4. 掌握信息伦理知识,了解相关法律法规及职业行为自律要求;
5. 了解信息系统的组成与功能;
6. 掌握数据在计算机中的表示与存储,以及进制之间的转换方法;
7. 熟悉计算机的发展和特点,能清晰描述计算机系统组成及工作原理;
8. 熟悉计算机主要性能指标,能识别出计算机主要硬件;
9. 掌握操作系统基础知识和基本操作。

能力目标

1. 知道信息技术的发展,梳理品牌培育脉络,树立正确的职业理念;
2. 知道信息安全的基本属性;
3. 具备较强的信息安全意识和防护能力,能识别常见的网络欺诈行为;
4. 能有效维护信息活动中个人、他人的合法权益和公共信息安全,提高社会责任感;
5. 学会数据在计算机中的表示与存储,以及进制之间的转换;
6. 能清晰描述计算机系统组成及工作原理;
7. 能识别出计算机主要硬件,并判断其主要性能指标;
8. 学会操作系统文件管理基本操作。

素质目标

1. 具备敏锐捕捉信息、创造性运用信息的能力；
2. 能利用信息技术解决生活、学习中的实际问题，实现信息的更大价值；
3. 培养健康向上的生活情操，塑造积极职业态度，增强行为自律能力；
4. 具备基本的信息安全意识和信息伦理意识，有缘事析理、明辨是非的能力；
5. 具备遵纪守法意识、社会责任意识和爱国情怀。

内容结构图

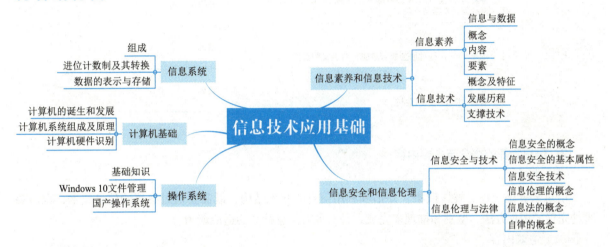

1.1 信息素养和信息技术

在当今数字化时代，信息素养与信息技术如同航船的双翼，引领我们探索信息的海洋。信息素养赋予我们敏锐的洞察力，让我们能够准确捕捉信息价值；而信息技术则提供强大的工具，助力我们高效处理、传递信息。两者相辅相成，让我们在信息的世界里畅游无阻，实现知识的共享与智慧的碰撞。因此，提升信息素养、掌握信息技术，已经成为我们适应数字化时代、实现个人和社会发展的必备能力。

本节主要包括以下三部分内容：

① 信息与数据的概念及联系；
② 信息素养的基本概念及主要要素；
③ 信息技术的概念、特征、发展及支撑技术。

1.1.1 信息素养

1. 信息与数据

（1）信息

信息泛指包含于消息、情报、指令、数据、图像和信号等形式之中的新的知识和内容。信息由意义和符号组成，它是对客观世界中各种事物的变化和特征的反映。

（2）数据

数据种类繁多，如文字、图像、声音、数字等。在计算机中，为了存储和处理这些事物，要抽象出对这些事物感兴趣的特征组成一个记录描述。例如，管理档案中，由姓名、性别、年龄、出生年月等属性描述的记录就是数据。

信息与数据的区别和联系：数据是客观存在的一些符号，是信息的一种具体表现形式，是信息的载体；信息是对数据进行加工处理而抽象出来的逻辑意义，如图1-1所示。

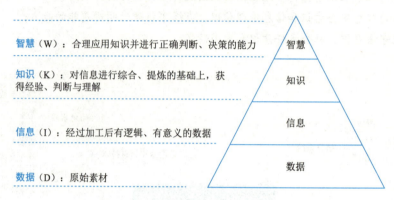

图1-1　数据与信息的关系

2. 信息素养的概念与主要内容

（1）概念

信息素养是一种了解、搜集、评估和利用信息的知识结构，既需要通过熟练的信息技术，也需要通过完善的调查方法、鉴别和推理来完成，是一种对信息社会的适应能力。

（2）主要内容

信息素养包括关于信息和信息技术的基本知识和基本技能，运用信息技术进行学习、合作、交流和解决问题的能力，以及信息的意识和社会伦理道德问题。具体而言，信息素养应包含以下五个方面的内容：

① 热爱生活，有获取新信息的意愿，能够主动从生活实践中不断地查找、探究新信息。
② 具有基本的科学和文化知识，能够较为自由地对获得的信息进行辨别和分析，正确地加以评估。
③ 可灵活地支配信息，较好地掌握选择信息、拒绝信息的技能。
④ 能够有效地利用信息，表达个人的思想和观念，并乐意与他人分享不同的见解或资讯。
⑤ 无论面对何种情境，能够充满自信地运用各类信息解决问题，有较强的创新意识和进取精神。

3. 信息素养的主要要素

信息素养包括四个要素：信息意识、信息知识、信息能力和信息道德。

（1）信息意识

信息意识是指个体对信息的敏感度和对信息价值的判断力。通俗地讲，就是面对不懂的东西，能积极主动地去寻找答案，到哪里找，用什么方法去找，就是信息意识。

（2）信息知识

信息知识是指人们在利用信息技术工具或信息传播途径提高信息交流效率过程中积累的认知和经验，包括传统文化素养、信息的基本知识、现代信息技术知识等。

（3）信息能力

信息能力是指运用信息知识、技术和工具解决问题的能力，包括专业知识能力、信息检索能力，信息分析、判断、处理、评价能力，信息组织能力，信息利用能力和信息交流能力。

（4）信息道德

信息道德是指在信息采集、加工、存储、传播和利用等信息活动各个环节中，用来规范其间产生的各种社会关系的道德意识、道德规范和道德行为的总和。

信息道德以其巨大的约束力在潜移默化中规范人们的信息行为，是信息政策和信息法律建立和发挥作用的基础。

> 信息意识、信息知识、信息能力和信息道德四个要素相辅相成、不可分割。其中信息意识是先导，信息知识是基础，信息能力是核心，信息道德是保障，四个要素共同构成了一个统一的整体。

1.1.2 信息技术

1. 信息技术的概念及特征

信息技术（information technology，IT）：是用于管理和处理信息所采用的各种技术的总称。它主要是应用计算机技术和现代通信手段实现信息的获取、传递、存储、处理、显示及分配等的相关技术。

信息技术的特征：

① 技术性。具体表现为：方法的科学性，工具设备的先进性，技能的熟练性，经验的丰富性，作用过程的快捷性，功能的高效性等。

② 信息性。具体表现为：信息技术的服务主体是信息，核心功能是提高信息处理与利用的效率、效益。

2. 信息技术的发展历程

古代，我们的祖先使用"烽火告急""飞鸽传书"等方法对信息进行存储和传递。而现代，我们使用手机就可以办公、学习、购物、缴费等，是什么让我们的生活发生了如此巨大的变化呢？从古到今，每次信息技术革命都推动了人类社会的进步和发展。

① 第一次信息技术革命：是语言的使用。发生在距今35 000～50 000年，信息在人脑中存储和加工，利用声波进行传递，是从猿进化到人的重要标志。

② 第二次信息技术革命：是文字的创造。大约发生在公元前3 500年，是信息第一次打破时间、空间限制。代表：陶器上的符号、甲骨文、金文。

③ 第三次信息技术革命：是造纸术和印刷术的发明和使用。大约发生在公元1040年，使得大量信息成批量地复制成为可能，让信息真正成为千万人可共享的资源。

④ 第四次信息技术革命：是电报、电话、广播和电视的发明和普及应用。19世纪中叶以后，实现了利用电磁波进行无线通信，使人类进入了利用电磁波传播信息的时代。

⑤ 第五次信息技术革命：是计算机技术与现代通信技术的普及应用。始于20世纪60年代，其标志是电子计算机的普及应用及计算机与现代通信技术的有机结合，将人类社会推向了数字化时代。

3. 信息技术的支撑技术

信息技术的支撑技术有计算机智能技术、感测技术、通信技术和控制技术等。

（1）感测技术

感测技术包括传感技术和测量技术。人类用眼、耳、鼻、舌等感觉器官捕获信息，而感测技术就是人的感觉器官的延伸与拓展。

（2）通信技术

通信技术是人的神经系统的延伸与拓展，承担传递信息的功能。

（3）计算机智能技术

计算机智能技术包括计算机硬件技术、软件技术和人工神经网络等，是人的大脑功能的延伸与拓展，能帮助人们更好地存储、检索、加工和再生信息，是信息技术的核心技术。

（4）控制技术

控制技术是根据指令信息对外部事物的运动状态和方式实施控制的技术，可以看作效应器官功能的扩展和延长，它能控制生产和生活中的许多状态。

感测、通信、计算机智能和控制四大信息技术是相辅相成的、相互融合的，计算机智能处理技术是基础和核心技术。

目前，人们把通信技术、计算机智能技术和控制技术合称3C（communication、computer和control）技术。3C技术是信息技术的主体。

信息素养是一种信息能力，信息技术是它的一种工具。

1.2 信息安全和信息伦理

信息技术已渗透人们的日常生活，也深度融入国家管理、社会治理的过程中，信息安全与信息伦理对于实现美好生活、提升国家治理能力、促进社会道德进步发挥着越来越重要的作用。

本节主要包括以下两部分内容：

① 信息安全和信息安全技术；

② 信息伦理及社会责任、信息法律与行为自律。

1.2.1 信息安全与技术

1. 信息安全

（1）概念

信息安全是指信息系统（包括硬件、软件、数据、人、物理环境及其基础设施）受到保护，不受偶然的或者恶意的原因而遭到破坏、更改、泄露，系统连续可靠正常运行，信息服务不中断，最终实现业务连续性。即信息产生、制作、传播、收集、处理、选取等信息传播与使用全过程中的信息资源安全。

视 频
信息安全与防御策略

（2）基本属性

信息安全共有五个基本属性：保密性、完整性、可用性、可控性和不可否认性。

① 保密性（confidentiality）：指保证信息为授权者享用而不泄露给未经授权者。是信息安全主要的研究内容之一。更通俗地讲，就是说未授权的用户不能够获取敏感信息。对纸质文档信息，我们只需要保护好文件，不被非授权者接触即可；对计算机及网络环境中的信息，不仅要制止非授权者对信息的阅读，还要阻止授权者将其访问的信息传递给非授权者，以致信息被泄露。

② 完整性（integrity）：指防止信息被未经授权者篡改。保护信息保持原始的状态，使信息保持其真实性。如果信息被蓄意地修改、插入、删除等而形成虚假信息，将带来严重的后果。

③ 可用性（availability）：指保证信息和信息系统随时为授权者提供服务，保证合法用户对信息及资源的使用不会被异常拒绝。可用性是在信息安全保护阶段对信息安全提出的新要求，也是在网络化空间中必须满足的一项信息安全要求。

④ 可控性（controllability）：指保证管理者能够对信息和信息系统实施安全监控管理，防止非法利用信息和信息系统。即出于国家、机构利益和社会管理的需要，以对抗社会犯罪和外敌侵犯。

⑤ 不可否认性（non-repudiation）：指在网络环境中，信息交换的双方不能否认其在交换过程中发送信息或接收信息的行为。即人们要为自己的信息行为负责，提供保证社会依法管理需要的公证、仲裁信息证据。

信息安全的保密性、完整性和可用性主要强调对非授权者的控制。信息安全的可控性和不可否认性是通过对授权者的控制，实现对保密性、完整性和可用性的有效补充，主要强调授权者只能在授权范围内进行合法的访问，并对其行为进行监督和审查。

（3）面临的威胁

当前，信息安全面临的威胁呈现多样性特征，常见的安全威胁如图1-2所示。

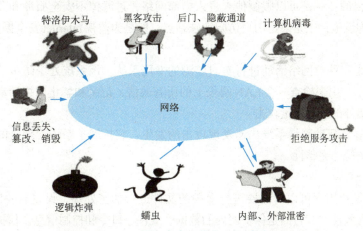

图1-2　信息安全面临的主要威胁

应对措施：

① 提高人们的信息安全意识。信息安全意识就是人们头脑中建立起来的信息化工作必须安全的观念，也就是人们在信息化工作中对各种各样有可能对信息本身或信息所处的介质造成损害的外在条件的一种戒备和警觉的心理状态。

② 加固基础信息网络，提升信息系统安全防护能力。国家重要的信息系统和信息基础网络是信息安全防护的重点，是社会发展的基础。我国的基础网络包括互联网、电信网、广播电视网，重要的信息系统包括铁路、政府、银行、证券、电力、民航、石油等关系国计民生的国家关键基础设施所依赖的信息系统。

③ 加强信息安全管理。信息安全管理已经被越来越多的国家所重视。面对复杂、严峻的信息安全管理形势，根据信息安全风险的来源和层次，有针对性地采取技术、管理和法律等措施，谋求构建立体的、全面的信息安全管理体系，已逐渐成为共识。我国现已发布有关信息安全的法律法规有《中华人民共和国保守国家秘密法》《中华人民共和国国家安全法》《中华人民共和国电子签名法》《中华人民共和国计算机信息系统安全保护条例》《计算机信息网络国际联网安全保护管理办法》《互联网信息服务管理

办法》《非经营性互联网信息服务备案管理办法》《信息安全等级保护管理办法》等。

2. 信息安全技术

信息安全技术是一门综合的学科。涉及信息论、计算机科学和密码学等方面知识，研究计算机系统和通信网络内信息的保护方法，以实现系统内信息的安全、保密、真实、完整和可用。

信息不能脱离载体而独立存在。从信息系统的角度来看，信息安全主要包括四个层面：设备安全、数据安全、内容安全和行为安全。

安全防御主要技术如下：

（1）防火墙

防火墙是一种能够有效保护计算机安全的重要技术，由软硬件设备组合而成，通过建立检测和监控系统来阻挡外部网络的入侵。用户可以使用防火墙有效控制外界因素对计算机系统的访问，确保计算机的保密性、稳定性以及安全性。

防火墙主要有包过滤防火墙、代理防火墙和双穴主机防火墙三种类型，其主要实现技术有数据包过滤、应用网关和代理服务等。

防火墙的主要目的：一是可以限制他人进入内部网络，过滤掉不安全服务和非法用户；二是防止入侵者接近你的防御设施；三是限定用户访问特殊站点；四是为监视Internet安全提供方便。

（2）入侵检测

入侵检测系统是一种对网络活动进行实时监测的专用系统。该系统处于防火墙之后，可以和防火墙及路由器配合工作，用来检查一个LAN网段上的所有通信，记录和禁止网络活动，并可以通过重新配置来禁止从防火墙外部进行流量攻击。

入侵检测系统能够帮助网络系统快速发现攻击的发生，它扩展了系统管理员的安全管理能力，提高了信息安全基础结构的完整性。

（3）信息加密

信息加密技术是指用户可以对需要进行保护的文件进行加密处理，设置有一定难度的复杂密码，并牢记密码保证其有效性。其目的是保护网内的数据、文件、口令和控制信息，保护网上传输的数据。

（4）访问控制

访问控制技术是指通过用户的自定义对某些信息进行访问权限设置，或者利用控制功能实现访问限制，该技术能够保护用户信息，也避免了非法访问情况的发生。

（5）数字签名

数字签名技术主要针对电子商务，该技术有效地保证了信息传播过程中的保密性以及安全性，同时也能够避免计算机受到恶意攻击或侵袭。

（6）生物识别

生物识别技术是指通过对人体的特征识别来决定是否给予应用权利，主要包括了指纹、视网膜、声音等方面，能够最大限度保证计算机互联网信息的安全性。目前应用最为广泛的就是指纹识别技术，具有安全保密、稳定简便的优点。

（7）身份认证

身份认证是系统核查用户身份证明的过程，其实质是查明用户是否具有其所请求资源的使用权。身份识别是指用户向系统出示自己身份证明的过程。

身份认证至少应包括验证协议和授权协议。当前身份认证技术，除传统的静态密码认证技术以外，还有动态密码认证技术、IC卡技术、数字证书、指纹识别认证技术等。

（8）恶意代码和计算机病毒防护

恶意代码是由入侵者编写的，扰乱社会和他人，甚至起着破坏作用的计算机程序。

计算机病毒是恶意代码的一种，可感染，是一种通过修改其他程序来插入或进行自身复制，从而感染其他程序的一段程序，具有传染性、隐蔽性、潜伏性、多变性和破坏性等特征。

病毒防护技术是指通过安装杀毒软件进行安全防御，并且及时更新软件，如金山毒霸、360安全防护中心、电脑安全管家等。其主要作用是对计算机系统进行实时监控，同时防止病毒入侵计算机系统对其造成危害，将病毒进行截杀与消灭，实现对系统的安全防护。

此外，用户应当积极主动地学习计算机安全防护知识。如果计算机在运行过程中有程序运行速度减慢、文件增加、出现新的奇怪的文件、可以使用的内存容量降低、出现奇怪的屏幕显示和声音效果等异常情况，就有可能已经染上病毒。对待计算机病毒应该采取"预防为主、防治结合"的策略，牢固树立起计算机安全意识。

防范计算机病毒主要措施如下：

① 选择在官网下载资源。

② 定期使用最新版本杀病毒软件对计算机进行检查。

③ 对硬盘上重要文件，要经常定期进行备份保存。

④ 不要随便打开来历不明的邮件。

⑤ 不要使用来历不明的光盘、U盘等，如要使用，先进行病毒查杀。

（9）系统容灾

系统容灾主要包括基于数据备份和基于系统容错的系统容灾技术。数据备份是数据保护的最后屏障，不允许有任何闪失，但离线介质不能保证安全。数据容灾通过IP容灾技术来保证数据的安全，它使用两个存储器，在两者之间建立复制关系，一个放在本地，另一个放在异地，本地存储器供本地备份系统使用，异地容灾备份存储器实时复制本地备份存储器的关键数据。

存储、备份和容灾技术的充分结合，构成了一体化数据容灾备份存储系统。随着存储网络化时代的发展，传统的功能单一的存储器将越来越让位于一体化多功能网络存储器。

为了保证信息系统的安全性，除了运用安全防御技术手段，还需必要的管理手段和政策法规支持。管理手段是指确定安全管理等级和安全管理范围，制定网络系统的维护制度和应急措施等进行有效管理。政策法规支持是指借助法律手段强化保护信息系统安全，防范计算机犯罪，维护合法用户的安全，有效打击和惩罚违法行为。

延伸阅读

信息安全与技术的关系可以追溯到远古：

① 埃及人在石碑上镌刻了令人费解的象形文字。

② 斯巴达人使用一种称为密码棒的工具传达军事计划。

③ 罗马时代的凯撒大帝是加密函的古代将领之一，"凯撒密码"是古罗马凯撒大帝用来保护重要军情的加密系统。

④ 远古时期，我们的祖先便能够通过特定的声音、动作甚至是绳结来记录和传递信息，这便是情报的早期雏形。例如，商末周初的"隐语"、春秋战国时期的"泥封技术"、宋朝的"军事编码"、明朝

时期的"密疏"、清代的"密折"等。

此外，信息安全与技术在近现代和当代有密切关系，例如：

① 英国计算机科学之父阿兰·图灵在英国布莱切利庄园帮助破解了德国海军Enigma密电码，改变了第二次世界大战的进程。

② 我国著名密码学家王小云，凭借卓越的学术造诣和坚韧的科研精神，成功破解了国际通用密码算法，包括MD5、SHA-1在内的5个国际通用哈希函数算法。在破解密码过程中通过经验积累，以及她对密码安全的重视，设计出我国首个哈希函数算法标准SM3，在金融、交通、国家电网等重要经济领域广泛使用，并于2018年10月正式成为ISO/IEC国际标准。王小云教授的研究成果不仅提升了我国密码学的国际地位，更为信息安全领域的发展作出了杰出贡献，展现了中国科学家的智慧与力量。

1.2.2 信息伦理与法律

1. 信息伦理

信息伦理是指涉及信息开发、信息传播、信息管理和利用等方面的伦理要求、伦理准则、伦理规约以及在此基础上形成的新型的伦理关系。

信息社会中生活的每一个人都应该树立的信息伦理标准包括：合法传播信息、崇尚科学理论、弘扬民族精神、塑造美好心灵、为信息空间提供有品位、高格调、高质量的信息和服务。

信息社会中出现的信息伦理问题主要包括：侵犯个人隐私权、侵犯知识产权、非法存取信息、信息责任归属、信息技术的非法使用、信息的授权等。具体表现主要有：信息欺诈、信息污染、信息侵权、网络犯罪。

（1）信息欺诈

信息欺诈又称网络欺诈。例如，黑客通过网络病毒方式盗取别人的虚拟财产（如盗取QQ号及QQ币等）；网友欺骗，通过QQ等工具交友诈骗，盗取QQ号等，假冒好友诈骗；"网络钓鱼"诈骗；电信诈骗变种；发布中奖信息等。

（2）信息污染

信息污染指信息垃圾（如冗余信息、盗版信息、虚假信息、过时老化信息、污秽信息等）和计算机病毒等。

（3）信息侵权

网上侵犯人格权：网上侵犯名誉权、肖像权、姓名权、隐私权。

网上侵犯著作权：数字化作品、信息网络传播权、复制权、网络服务提供者侵权。

（4）网络犯罪

网络犯罪指行为人运用计算机技术，借助于网络对其系统或信息进行攻击，破坏或利用网络进行其他犯罪的总称。

小提示：

信息伦理包括网络伦理，但又不限于网络伦理。信息伦理的要求、准则、规约，不仅要指导网络行为，而且要作用于网络以外的其他各种形式的信息行为。

2. 信息法律

信息法律简称信息法，是调整人类在信息的采集、加工、存储、传播和利用等活动中发生的各种社会关系的法律规范的总称。

信息法主要有《中华人民共和国知识产权法》《中华人民共和国专利法》《中华人民共和国著作权法》《中华人民共和国商标法》《中华人民共和国计算机软件保护条例》《信息网络传播权保护条例》《中华人民共和国保守国家秘密法》等。

公民依法享有信息自由权,包括信息知情与获取权、信息传播权、个人信息保护与隐私权。同时,要保护国家机密、商业秘密和个人隐私,信息传播中不传播违法信息和侮辱、诽谤他人信息等。

3. 信息伦理需要行为自律

"信息伦理"作为一种伦理,主要依赖于社会个体的自律。同时,只有借助于信息伦理标准提供的行为指导,个体才能比较容易地为自己所实施的各种信息社会行为做出伦理道德判断。所以,道德自律称为维系信息伦理的中流砥柱。所谓自律,就是按照道德规范、法律规范,对自己的行为进行自我约束和自我调整的心理活动过程。

在信息技术快速发展的今天,我们应通过道德教育和自我道德修养来加强信息伦理自律精神的培养,在内心世界建立以"真、善、美"为准则的内在价值取向体系,充分发挥自律在信息网络领域独特的调控作用,对信息伦理的负面影响进行真正有效的抵制和杜绝。

构建和谐信息社会是构建社会主义和谐社会的重要切入点。和谐的信息社会应该是指以信息技术为运作基础的社会,是信息伦理成为现代人遵守的基本准则的社会,是人们善于应用信息内容和信息流提升群众生活品质的社会。

1.3 信息系统

信息系统是现代组织不可或缺的工具,集成了硬件、软件、数据、网络等要素,通过收集、处理、存储和传递信息,支持管理决策和业务操作,提高组织效率,优化资源配置,是企业实现数字化转型和智能化升级的重要支撑。

本节主要包括以下三部分内容:
① 信息系统的组成;
② 进位计数制;
③ 数据的表示与存储。

1.3.1 信息系统的组成

信息系统(information system)是由人员、硬件、软件、网络、数据和过程组成的以处理信息流为目的的人机交互系统。

1. 人员

信息系统中的人员是信息系统的使用者、维护者、管理者和设计者,通过操作和使用信息系统来完成各种任务和工作。在使用信息系统过程中,应自觉遵守信息社会中的道德准则和法律法规,养成规范使用信息系统的良好习惯,树立信息安全意识。

2. 硬件

信息系统中的硬件是信息系统的物理基础,包括各种计算机设备、服务器、存储设备、网络设备以及终端设备等。硬件为信息系统的运行提供了必要的物质支持。

3. 软件

信息系统中的软件是信息系统的核心，负责执行各种功能，包括操作系统、数据库管理系统、应用软件等。软件为信息系统的数据处理、存储、传输和展示提供了强大的工具。

4. 网络

信息系统中的网络是连接信息系统各个组件的桥梁，使得信息能够在不同的设备、地点和人员之间进行高效的传输和共享。

5. 数据

信息系统中的数据是信息系统的处理对象，包括各种结构化、半结构化和非结构化的数据。数据在信息系统中的流动和处理是实现信息价值的关键。

6. 过程

信息系统中的过程描述了信息系统中数据和信息流动的方式以及系统如何响应不同的输入和事件，包括数据采集、处理、存储、传输和使用等。

此外，信息系统的组成还可以从其他角度进行划分，例如从功能角度可以划分为输入、处理、输出和反馈等部分；从层次结构角度可以划分为基础设施层、数据资源层、应用支持层和业务处理层等。

1.3.2 进位计数制及其转换

进位计数制是信息系统中的重要组成部分，是数据表示、存储和处理的基础，确保了信息系统的稳定运行和高效性能。

1. 进位计数制的概念

数制又称计数制，是用一种固定的数字和一套统一的规则来表示数的方法。在数值计算中，一般采用的是进位计数。按照进位的规则进行计数的数制，称为进位计数制。

2. 进位计数制的三要素

数码、基数和位权是进位计数制的三要素。

（1）数码

每一进制都有固定数目的记数符号。例如，二进制有0、1共两个数码。

（2）基数

进位计数制的每位数上可能有的数码的个数。例如，二进制数每位上的数码有0、1共两个数码，所以基数就是2。

（3）位权

以基数为底，以某一数字所在位置的序号为指数的幂，称为该数字在该位置的位权。

数字所在位置的序号的确定：整数部分从右向左，依次是0、1等，小数部分从左向右，依次是-1、-2等。如28.67，这里个位上的8的位权是10^0，十位上的2的位权是10^1，小数位6的位权是10^{-1}，小数位7的位权是10^{-2}。具体见表1-1。

表1-1 数制及其表示

进制	基数	数码	表示
二进制	2	0和1	用B表示
八进制	8	0～7	用O或Q表示
十六进制	16	0～9、A、B、C、D、E、F，共16个数码（字母不区分大小写）	用H表示
十进制	10	0～9	用D表示或省略

3. 进位计数制的转换

数值包括整数和小数两部分。因此，进制之间的转换分为整数部分和小数部分两种情况。

（1）二进制、八进制、十六进制转换成十进制

方法：按位权展开相加。

例如：

$(1101001)_2 = 1 \times 2^6 + 1 \times 2^5 + 0 \times 2^4 + 1 \times 2^3 + 0 \times 2^2 + 0 \times 2^1 + 1 \times 2^0 = (105)_{10}$

$(374)Q = 3 \times 8^2 + 7 \times 8^1 + 4 \times 8^0 = (252)D$

$(1E)H = 1 \times 16^1 + E \times 16^0 = 1 \times 16^1 + 14 \times 16^0 = (30)D$

$(1101001.011)_2 = (105.375)_{10}$

其中，$(1101001.011)_2$ 的整数部分转换成十进制是 105，小数部分 $(.011)B$ 转换成十进制是 $0 \times 2^{-1} + 1 \times 2^{-2} + 1 \times 2^{-3} = 0.375$。

（2）十进制转换成二进制、八进制、十六进制

方法：整数部分用短除法，除 2 取余法，直到商为 0，从下向上写；小数部分乘 2 取整法，直到整数为 1，从上向下写。

例如，$60.25 = (111100.01)_2$，转换过程如下：

整数部分：　　　　　　　　小数部分：

```
 2|60     余数              0.25
 2|30      0              ×   2
 2|15      0              ─────
 2| 7      1                0.5    0
 2| 3      1              ×   2
 2| 1      1              ─────
    0      1                  1    1
```

小提示：

十进制转换成八进制、十六进制的方法同二进制，唯一不同的是基数 2 相应地要换成基数 8 或者 16。

（3）二进制与八进制之间的转换

方法：由低位向高位每 3 位一组，高位不足 3 位的，用 0 补足 3 位，然后每组分别按位权展开再求和。

例如：$(11101110)B = (\quad)Q$

   011 101 110

    3 5 6

最终：$(11101110)B = (356)Q$。

八进制转换成二进制：1 位拆分成 3 位。如 $(115.2)Q = (1001101.010)B$。

（4）二进制与十六进制之间的转换

方法：由低位向高位每 4 位一组，高位不足 4 位的，用 0 补足 4 位，然后每组分别按位权展开再求和。

例如：$(1101110)B = (\quad)H$

   0110 1110

    6   E

最终：$(1101110)B = (6E)H$。

十六进制转换成二进制：1 位拆分成 4 位。如 $(A5)H = (10100101)B$

小提示：

如果要将八进制与十六进制进行转换，可以将二进制作为中间工具。如(26)Q=(010110)B、(010110)B=(16)H。

1.3.3 数据的表示与存储

计算机中的数据是以二进制数（0/1）的形式表示。

计算机中用二进制的原因是在设计电路、进行运算的时候更加简便、可靠、逻辑性强。因为计算机是用电来驱动的，电路实现开/关的状态可以用数字"0/1"来表示，这样计算机中所有信息的转换电路都可以用这种方式表示，也就是说计算机系统中数据的加工、存储与传输都可以用电信号的"高/低"电压来表示。若是采用十进制，则需要用十种状态来表示十个数码，实现起来比较困难。

计算机中数据的存储单位是位（bit）、字节（byte，B）和字（word）。

位：存放一位二进制数，即0或1，是最小存储单位。

字节：是计算机中用来表示存储空间大小的基本容量单位，计算机是以字节为单位存储信息的，一个字节（B）由8个二进制位组成。

字：计算机处理数据时，一次存取、加工和传递的数据长度称为字。一个字通常由2个字节组成。

表示存储容量的单位还有KB、MB、GB、TB、PB等。其大小关系见表1-2。

表1-2 存储单位换算表

单位名称	单位换算
千字节（kilobyte）	1 KB=1 024 B
兆字节（megabyte）	1 MB=1 024 KB
吉字节（gigabyte）	1 GB=1 024 MB
太字节（terabyte）	1 TB=1 024 GB
拍字节（petabyte）	1 PB=1 024 TB

小提示：

位和字节的区别：位是计算机中的最小数据单位，字节是计算机中的基本数据单位。

1.4 计算机基础

计算机作为信息社会的核心引擎，正驱动着这个世界的飞速发展。在这个数字化浪潮汹涌的时代，计算机不仅改变了人们的生活方式，更重塑了社会的面貌。让我们紧随计算机的步伐，共同探索信息社会的无限可能。

本节主要包括以下两部分内容：
① 计算机的发展、特点、分类及应用；
② 计算机系统组成及工作原理。

• 视 频
计算机发展史

1.4.1 计算机的诞生和发展

1. 世界上第一台计算机

1946年2月14日，美国宾夕法尼亚大学研制成功了世界上第一台计算机"埃尼阿克"

（ENIAC，electronic numerical integrator and calculator，电子数字积分计算机）。如图1-3所示，该计算机采用电子管作为基本元件，全机大约用了电子管18 000个、继电器1 500个、电容器10 000个、电阻器70 000个，占地170 m²，质量为30 t，功率为150 kW，每秒能进行5 000次加法运算。ENIAC的诞生奠定了电子计算机的发展基础，开辟了信息时代。

2. 计算机的发展

自ENIAC诞生以来，计算机技术获得了迅猛发展。根据所用电子元件的不同，计算机已历经四个发展阶段，见表1-3。

图1-3 ENIAC

表1-3 计算机的发展阶段

发展阶段	起止年份	逻辑元件	主存储器	软件	特点	主要应用
第一代	1946—1957年	电子管	电子射线管	机器语言、汇编语言	体积大、功耗高、运算速度慢、存储容量小、可靠性差、价格昂贵	军事研究科学计算
第二代	1958—1964年	晶体管	磁芯	早期操作系统、高级程序设计语言	体积减小、功耗降低、运算速度、存储容量、可靠性有较大提高	数据处理事务处理
第三代	1965—1970年	中小规模集成电路	半导体	操作系统日益完善，多种应用软件	体积减小、功耗、价格等降低，运算速度及可靠性有更大的提高	文字处理图形图像处理等
第四代	1971年至今	大规模及超大规模集成电路	集成度更高的半导体	编程语言和软件丰富多彩	性能、可靠性大幅度提高，价格大幅度下降，外围设备多样化、系列化	计算机运行的自动化、智能化

第五代计算机是把信息采集、存储、处理、通信同人工智能结合在一起的智能计算机系统。它正在向智能计算机和神经网络计算机的方向发展，更注重逻辑推理或模拟人的"智能"。人机之间可以直接通过自然语言（声音、文字）或图形图像交换信息。第五代计算机又称新一代计算机。

第五代计算机是为适应未来社会信息化的要求而提出的，与前四代计算机有着本质的区别，是计算机发展史上的一次重要变革。未来，随着技术的不断进步，第五代计算机有望在更多领域发挥重要作用，推动社会进步和科技发展。

小提示：

计算机的发展将在什么时候进入第五代，还需我们逐步探索。

3. 计算机的特点

计算机是一种高度自动化的信息处理设备。作为一种计算工具或信息处理设备，计算机具有许多特点：

（1）运算速度快

计算机的运算速度（又称处理速度）以百万条指令每秒（MIPS）和亿条指令每秒（BIPS）来衡量。

（2）计算精度高

数据在计算机内部是用二进制数编码的，数的精度主要由表示这个数的二进制码的位数决定。字长越长，计算机的计算精度越高。

（3）记忆能力强

电子计算机的存储器类似于人的大脑，可以"记忆"（存储）大量的数据和计算机的程序。计算机的存储器可以存放原始数据、中间结果、程序指令等。用户不但可以随时存入数据，而且还可以随时取出数据。

（4）可靠的逻辑判断能力

具有可靠的逻辑判断能力是计算机的一个重要特点，是计算机能实现信息处理自动化的重要原因。能进行逻辑判断，使计算机不仅能对数值数据进行计算，也能对非数值数据进行处理，使得计算机能广泛应用于非数值数据处理领域，如信息检索、图形识别以及各种多媒体应用。

（5）可靠性高，通用性强

由于采用了大规模和超大规模集成电路，计算机具有非常高的可靠性，可以连续无故障地运行几个月甚至几年。

（6）自动化程度高

计算机内部的运算都是在程序的控制之下自动完成的，人们只需按照用户的要求编写正确的程序，计算机就可以按照程序的指令要求，自动完成指定的任务。在此过程中，不需要人们的干预。

4．计算机的分类及应用

按照不同的依据，计算机的类型及应用见表1-4。

表1-4　计算机分类和应用

依　据	类　型	用　途
处理对象	数字计算机	1．科学计算（或数值计算） 2．数据处理（或信息处理） 3．自动控制 4．辅助技术：包括计算机辅助设计（CAD）、计算机辅助教学（CAI）、计算机辅助制造（CAM）、计算机辅助测试（CAT）、计算机辅助工程（CAE） 5．人工智能（AI）：包括专家系统（expert system）和机器人（robert） 6．多媒体（multimedia）应用 7．计算机网络
处理对象	模拟计算机	
处理对象	数模混合计算机	
使用范围	通用计算机	
使用范围	专用计算机	
规模	巨型计算机	
规模	大/中型计算机	
规模	小型计算机	
规模	微型计算机	

延伸阅读

1958年，中科院计算技术研究所研制成功我国第一台小型电子管通用计算机103机（八一型），标志着中国第一台电子计算机的诞生。

1983年，国防科技大学计算机研究所在长沙研制成功我国第一台每秒运算达1亿次以上的"银河"巨型计算机。

2004年6月，我国研制的超级计算机"曙光4000A"在最新的全球高性能计算机TOP500排行榜中，位列全球第十，这是中国超级计算机得到国际同行认可的最好成绩。

2013年6月，国防科技大学研制的超级计算机"天河一号"名列全球第五、亚洲第一，在排行榜公布的全球前10台最快的超级计算机中，这是唯一的非美国产品。

2017年6月，全球超级计算机500强榜单公布，中国超级计算机"神威·太湖之光"和"天河二号"

第三次携手分别名列第一和第二。

2019年11月，全球超级计算机500强榜单公布，中国超级计算机"神威·太湖之光"和"天河二号"分列全球超级计算机500强榜单第三、第四位，但中国境内有228台超级计算机上榜，蝉联上榜数量第一，在总算力上与美国的差距进一步缩小。

1.4.2 计算机系统组成及原理

计算机系统包括硬件系统和软件系统两部分。计算机系统结构如图1-4所示。

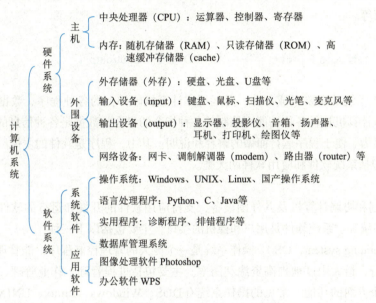

图 1-4　计算机系统结构图

1. 硬件系统

现代计算机的基本工作原理是由美籍匈牙利科学家冯·诺依曼于1946年首先提出来的。冯·诺依曼提出了存储程序和程序控制的原理，并确定了计算机硬件体系结构的五个基本部件：输入设备、输出设备、控制器、运算器和存储器。这五部分都在控制器的控制下协调、统一地工作，如图1-5所示。

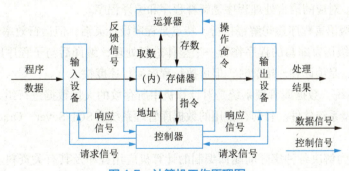

图 1-5　计算机工作原理图

控制器：是计算机的神经中枢，主要由指令寄存器、译码器、程序计数器和操作控制器等组成。用来控制、指挥程序和数据的输入、运行及处理运算结果。

运算器：是计算机的核心部件，主要完成对数据的算术运算（+、-、×、÷）和逻辑运算（与、或、非、异或、移位、比较），并将运算的中间结果暂存在运算器内。

存储器：用来存放数据和程序。分为内存储器和外存储器，内存储器能直接和中央处理器交换信息，也能和其他各个部件交换数据，并具有速度快和易失性的特点；外存储器只能和内存交换数据，并具有存储容量大及非易失性的特点。

输入设备：接受用户输入的程序、数据、操作指令等，并转换为机器能识别的信息形式存放到内存，常见的有键盘、鼠标、扫描仪等。

输出设备：将存放在内存中的程序运行结果，经转换后输出到输出介质上。常见的输出设备有显示器、打印机、绘图仪等。

小提示：
通常我们将计算机的输入设备和输出设备统称为 I/O 设备（input/output）。

2. 软件系统

软件系统是计算机系统的重要组成部分，是运行在计算机硬件上的各种程序、数据和相关文档的总称。程序是用于指挥计算机执行各种功能而编制的各种指令的集合；数据是各种信息的集合，包括数值与非数值的；文档是为了便于程序运行而做的解释和说明。其中，程序是软件的主体。

计算机软件系统包括系统软件和应用软件两大类。

（1）系统软件

系统软件是指控制和协调计算机及其外围设备，支持应用软件的开发和运行的软件。其主要功能是调度、监控和维护系统等。系统软件是用户和裸机的接口，主要包括以下三种：

① 操作系统（operating system，OS）。操作系统是一个庞大的管理控制程序，能管理和协调计算机硬件和软件资源的运行，最大限度地提高资源利用率。主要包括进程管理、作业管理、存储管理、设备管理和文件管理五个方面的功能。常见的操作系统有 DOS、Windows、Linux、UNIX、国产操作系统等。

② 计算机语言处理程序。计算机语言分为机器语言、汇编语言和高级语言。其中，机器语言和汇编语言属于低级语言。机器语言是由二进制数码"0"和"1"组成的代码指令，是唯一能被计算机直接识别和执行的语言。汇编语言又称符号化语言，是一种面向机器的程序化设计语言。高级语言编写的程序（称为"源代码"）翻译成机器语言程序（称为"目的程序"），计算机才能执行。这种翻译过程包括解释和编译两种方式，对应的语言处理程序是解释程序和编译程序。

解释程序：对高级语言程序逐句解释执行。特点是程序设计灵活，但运行效率低。

编译程序：把高级语言缩写的程序作为一个整体进行处理，编译后与子程序库连接，形成一个完整的可执行程序。特点是编译和连接费时，但可执行程序运行速度快。

③ 数据库管理系统。数据库管理系统是对计算机中所存放的大量数据进行组织、管理、查询并提供一定处理功能的大型系统软件。目前，常用的数据库管理系统有 SQL Sever、Oracle 和 MySQL 等。

（2）应用软件

应用软件是用户为解决各种实际问题而编制的计算机应用程序及其有关资料。按照应用软件的开发方式和适用范围，应用软件可分成通用应用软件和定制应用软件两大类。

① 通用应用软件。通用应用软件易学易用，多数用户几乎不经培训就能使用。如办公软件（WPS Office）、媒体播放软件（爱奇艺、优酷）、图像处理软件（Photoshop）等。

② 定制应用软件。定制应用软件是按照不同领域用户的特定应用要求而专门设计开发的软件。如

超市的销售管理系统、大学的教务管理系统、通信大数据查询系统等。

综上所述，计算机系统是由硬件系统和软件系统组成的。硬件系统是根本，软件系统是灵魂，二者相互依存，缺一不可。一方面，硬件的快速发展为软件的发展提供了支持，是软件存在的依托；另一方面，计算机软件的发展对硬件又提出了更多、更高的要求，促进硬件的更新和发展。

3. 主要性能指标

计算机功能的强弱或性能的好坏，不是由某项指标决定的，而是由它的系统结构、指令系统、硬件配置、系统软件等因素综合决定的。对于大多数普通用户来说，可以从表1-5所列的指标来大体评价计算机的性能。

表1-5 计算机的主要性能指标

技术指标	概念	联系
字长	是指计算机在同一时间内处理的二进制数据的位数	在其他指标相同时，字长越大，计算机处理数据的速度越快
运算速度	通常所说的计算机运算速度（平均运算速度），是指每秒所能执行的指令条数，单位是MIPS（百万条指令/秒）	主频越高，运算速度就越快
时钟频率	即主频，是指CPU运算时的工作频率（单位时间内发出的脉冲数）。主频的单位是MHz。通常所说的某CPU是多少兆赫的，而这个多少兆赫就是"CPU的主频"	主频越高，CPU在一个时钟内所能完成的指令数越多，CPU的运算速度就越快
内存储器容量	是指内存储器存储信息的字节数。内存即主存，是CPU可以直接访问的存储器。内存容量的大小反映了计算机即时存储信息的能力	内存容量越大，存储的数据量就越大，计算机运行的速度也就越快
外存储器容量	外存储器主要指硬盘。外存储器容量越大，可以存储的信息就越多	硬盘容量越大，可安装的应用软件就越丰富

1.4.3 计算机硬件识别

以"微型计算机→台式计算机"为例，详细识别计算机硬件各部件及其性能指标。

1. 机箱

机箱分为卧式和立式两种。机箱的正面一般有电源开关、复位按钮、光盘驱动器接口、指示灯、USB接口等，如图1-6所示。

2. 电源

电源为计算机的各个部件提供动力，稳定的电源是微机各部件正常运行的保证。电源中一般都配有散热风扇，使得电源内部的温度不会太高。电源的外观如图1-7所示。

图1-6 机箱

图1-7 电源

3. 主板

主板又称母板，是微机最重要的部件，是计算机中其他组件的载体，在各组件中起着协调工作的作用。主板安装了组成计算机的主要电路，具有扩展槽和各种接插件，如图1-8所示。

图 1-8 主板

4. CPU

CPU（central processing unit，中央处理器）是计算机中最关键的部件，主要包括控制器和运算器两部分。运算器执行指令进行算术运算和逻辑运算；控制器控制计算机各部件协调地工作。

CPU 的速度主要取决于主频、核心数和高速缓存容量。主频一般以 GHz 为单位，表示每秒运算的次数。主频越高，计算机的运算速度越快。常见类型的 CPU，如图 1-9 所示。

5. 内存

存储器是有记忆能力的部件，用来存储程序和数据，包括内存储器和外存储器。

内存储器（简称内存），用于暂时存放需要 CPU 处理的数据。计算机在处理数据时，首先需要将数据从外存储器（如硬盘）中调入内存，然后才能由 CPU 处理。显然，内存容量越大，频率越高，CPU 在同一时间内处理的信息量就越大，计算机的性能就越好。

按功能分为随机存储器（RAM）、只读存储器（ROM）、高速缓存存储器（cache），如图 1-10 所示。

图 1-9 CPU

图 1-10 内存条

随机存储器（random access memory，RAM）通常指计算机主存，其特点：可读可写。断电后，存储内容立即消失，即具有易失性。

只读存储器（read only memory，ROM）的特点是：只能读出原有的内容，不能由用户再写入新内容。关机断电后信息不会丢失，一般由厂家写入并进行固化，一般存放计算机系统管理程序。

高速缓冲存储器 cache，介于 CPU 和内存之间的一种可高速存取信息的芯片，用于解决它们之间的速度冲突问题。

6. 硬盘

硬盘是计算机中主要的外部存储器，是系统永久保存信息的随机存储设备，用于存放系统文件和用户的应用程序数据。分为机械硬盘（HDD）、固态硬盘（SSD），如图 1-11 所示。

机械硬盘：具有存储容量大、存取速度快、可靠性高等优点。

固态硬盘：与机械硬盘相比，固态硬盘具有体积小、质量轻、速度快、发热量低、抗震性强、适应温度范围广、长期使用性能衰减低等优点，但容量偏小，单位容量价格高。

硬盘的主要性能指标有：容量、转速、平均访问时间、平均寻道时间和平均等待时间。

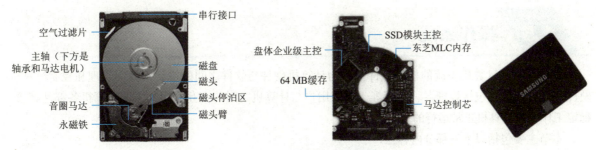

图 1-11　机械硬盘、固态硬盘

7. 显卡、声卡、网卡

显卡又称视频卡、视频适配器、图形卡、图形适配器和显示适配器等。显示器的显示内容和显示质量的高低主要由显卡的性能决定。按结构形式分为独立显卡和集成显卡两种。

声卡（sound card）又称音频卡，是多媒体技术中最基本的组成部分。

网卡又称网络适配器，是局域网中最基本的部件之一，它是连接计算机与网络的硬件设备。无论是双绞线连接、同轴电缆连接还是光纤连接，都必须借助于网卡才能实现数据的通信。

显卡、声卡、网卡如图 1-12 所示。

图 1-12　显卡、声卡、网卡

8. 输入设备

输入设备是用于向计算机输入命令、程序、数据、文本、图形、图像、音频和视频等信息的设备。常见的输入设备有键盘、鼠标和扫描仪等，如图 1-13 所示。

图 1-13　键盘、鼠标、扫描仪

9. 输出设备

输出设备可以将计算机的处理过程或处理结果以人们熟悉的文字、图形、图像、声音等形式展现出来。常见的输出设备有显示器和打印机等，如图 1-14 所示。

图 1-14　显示器、打印机

1.5 操作系统

操作系统是计算机系统的核心软件，作为计算机硬件与软件之间的桥梁，负责管理和控制计算机硬件和软件资源，包括处理器、内存等，提供用户与计算机之间的交互界面，协调计算机各部件高效、稳定工作，是计算机正常运行的基石。

本节主要包括以下三部分内容：
① 操作系统基础知识；
② Windows 10 文件管理；
③ 国产操作系统。

1.5.1 操作系统基础知识

操作系统是管理计算机硬件与软件资源的计算机程序，是计算机系统的核心与基石。操作系统提供一个让用户与系统交互的操作界面，确保协同工作，实现高效、稳定的计算体验。

1. 操作系统的特征

操作系统的主要特性有并发、共享、异步、虚拟。

并发：是指两个或多个事件在同一时间间隔内发生。操作系统的并发性是指计算机系统中同时存在多个运行的程序，因此它具有处理和调度多个程序同时执行的能力。

共享：是指系统中的资源（硬件资源和信息资源）可以被多个并发执行的程序共同使用，而不是被其中一个独占。资源共享有两种方式：互斥访问和同时访问。

异步：在多道程序环境下，允许多个程序并发执行，但由于资源有限，进程的执行不是一贯到底。而是走走停停，以不可预知的速度向前推进，这就是进程的异步性。

虚拟：虚拟性是一种管理技术，把物理上的一个实体变成逻辑上的多个对应物，或把物理上的多个实体变成逻辑上的一个对应物的技术。采用虚拟技术的目的是为用户提供易于使用、方便高效的操作环境。

2. 操作系统的主要功能

（1）进程管理

进程管理的任务是采用多通道技术将 CPU 合理分配给每个任务，提高 CPU 的利用率。通过进程管理，确保多个进程能够并发执行，提高系统的吞吐量。

（2）存储管理

存储管理的任务是分配内存空间，保证各作业占有的存储空间不发生矛盾。包括存储分配、存储共享、存储保护和存储扩张。

（3）设备管理

设备管理的任务是有效管理各类外围设备，协调计算机处理器与设备操作之间的时间差异，提高系统的总体性能。包括设备分配、设备传输控制和设备独立性。

（4）文件管理

文件管理是操作系统对信息资源的管理。其任务是对存放在计算机中的文件进行逻辑和物理组织，实现从逻辑文件到物理文件之间的转换。包括文件存储空间的管理、目录管理、文件操作管理和文件保护。

（5）作业管理

作业：就是用户要求计算机处理的某项工作。作业管理的任务是使用户能有效地组织自己的工作流程，为用户提供一个良好的系统使用环境。包括作业的输入、输出、调度和控制。

3. 主流桌面操作系统

（1）Windows

Windows是微软公司开发的一种具有图形化工作界面的操作系统。其特点有：图形化界面、简化的菜单、人机操作性优异、多任务操作、良好的网络支持和硬件支持（即插即用）和众多应用软件支持等。

（2）UNIX

UNIX操作系统是一个支持多用户、多任务、多种处理器架构的分时计算机操作系统。自1969年问世以来，其应用仍然是笔记本计算机、个人计算机、计算机服务器、中小型机、工作站、多处理机和大型机等的通用操作系统。

（3）Linux

Linux操作系统是一种支持多用户、多进程、多线程、多CPU、实时性较好且稳定的操作系统。自1991年问世以来，借助于Internet网络，并通过全世界各地计算机爱好者的共同努力，已成为今天世界上使用最多的一种UNIX类操作系统，已经被业界认定为未来最有前途的操作系统之一。

（4）Mac OS

Mac OS是由苹果公司开发的计算机操作系统，基于X86/X86-64构架，基于UNIX内核的图形用户界面操作系统，是服务于Mac系列计算机上的专属操作系统，能够移植iOS的软件。

4. 主流移动终端操作系统

（1）Android

Android是2007年11月5日宣布的基于Linux平台的开源手机操作系统，是由Google公司和开放手机联盟领导及开发的，主要应用于移动设备。该平台由操作系统、中间件、用户界面和应用软件组成。

（2）iOS

iOS是由苹果公司开发的移动操作系统，基于ARM构架，适用于苹果手机和iPad，不适用于计算机，不能移植Mac OS的软件，属于类UNIX商业操作系统。苹果公司最早于2007年1月9日的Macworld大会上公布该系统，最初是设计给iPhone使用的，后来陆续套用到iPod touch、iPad以及Apple TV等产品上。其特点包括简单易用的界面、超强的稳定性和令人惊叹的特殊功能。

1.5.2 Windows 10 文件管理

Windows 10是微软公司发布的跨平台操作系统，应用于计算机和平板电脑等设备。Windows 10在易用性和安全性方面有了极大的提升，除了在云服务、智能移动设备、自然人机交互等新技术方面进行融合外，还对固态硬盘、生物识别、高分辨率屏幕等硬件进行了优化完善与支持。

日常办公和学习中，Windows文件和文件夹是我们不可或缺的伙伴。想象一下，你正在准备一个项目报告，需要整理大量的数据和文档。这时，Windows文件和文件夹功能就派上了大用场。你可以轻松创建文件夹来分类存放文件，通过搜索功能快速找到需要的文件，还可以设置文件的属性和权限，确保数据的安全和隐私。熟练掌握Windows文件和文件夹的管理技巧，将让你的工作和生活更加高效有序。

1. Windows 10文件系统

文件是一组相关信息的集合，可以是一个应用程序、一段文字、一张图片等。磁盘上存储的一切信息都以文件的形式保存着。根据文件中信息种类的区别，将文件分为很多类型，有系统文件、数据文件、程序文件和文本文件等。

文件名由两部分组成：主文件名和扩展名，中间用"点（.）"分隔。主文件名是用户根据使用文件时的用途自己命名的。扩展名是系统给定的，用于说明文件的类型。

在计算机中，操作系统通过树状结构和文件名管理文件。文件的绝对路径是由在磁盘树状结构中的位置和所用文件的名称组成。

小提示：
为了避免文件或文件夹管理发生混乱，规定同一个磁盘、同一个文件夹中的文件或文件夹不能同名。

2. 资源管理器

打开 Windows 10 资源管理器的方法：

① 单击"开始"→"Windows 系统"→"文件资源管理器"命令。

② 双击桌面上"我的电脑"图标，如图 1-15 所示

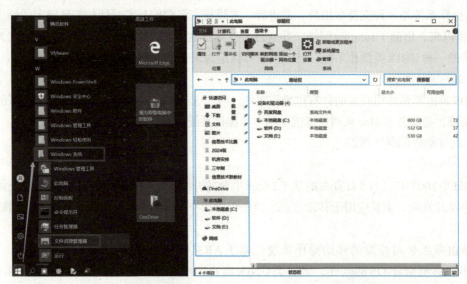

图 1-15　打开"文件资源管理器"的方法及 Windows 10 资源管理器窗口组成

3. Windows 10 文件或文件夹的操作

文件或文件夹常规操作包括创建、重命名、复制、移动、删除、查找、修改文件属性，创建文件的快捷操作方式等。操作方法总结如下：

① 菜单命令。
② 工具命令按钮。
③ 操作对象的快捷菜单。
④ 鼠标拖动。
⑤ 组合键。

小提示：
执行上述操作前，应先选定文件或文件夹。

（1）选择文件或文件夹

方法：单击文件或文件夹即可。

（2）选择多个文件或文件夹

不连续文件或文件夹的选择：按住【Ctrl】键的同时，依次单击文件或文件夹。

多个连续文件或文件夹的选择：① 按住【Shift】键的同时，单击第一个文件或文件夹，再单击最后一个文件或文件夹即可；② 拖选连续的文件或文件夹。

任务描述

在 Windows 10 操作系统中，根据以下情境完成相应的操作。

① 在 E 盘创建一个名为"个人资料"的文件夹，在 D 盘创建一个名为"信息技术"的文件夹。

② 在"个人资料"文件夹下创建一个 WPS 文字文稿、一个文本文件，把 WPS 文字文稿重命名为"自荐信 .wps"，文本文件重命名为"个人介绍 .txt"。

小提示：

打开"个人介绍 .txt"文本文件，写 100 字左右的个人介绍内容，保存后关闭；打开"自荐信 .wps"文档，写 100 字左右的自荐信内容，保存后关闭。

③ 把"自荐信 .wps"移动到 D 盘的"信息技术"文件夹。

④ 把"自荐信 .wps"文档在桌面上备份一份。

⑤ 把"自荐信 .wps"文档属性修改为只读。

⑥ 搜索"个人介绍 .txt"文件。

⑦ 在桌面创建"个人资料"文件夹的快捷方式，并解释快捷方式的作用。

⑧ 将 D 盘的"信息技术"文件夹设置成共享文件夹。

⑨ 将桌面上的"自荐信 .wps"文档删除。

⑩ 将 E 盘的"个人资料"文件夹压缩。

任务实施

① 创建文件夹。双击"此电脑"图标，进入资源管理器，打开 E 盘，右击空白区域，在弹出的快捷菜单中选择"新建"→"文件夹"命令，重命名为"个人资料"；同理，打开 D 盘，创建"信息技术"文件夹，如图 1-16 所示。

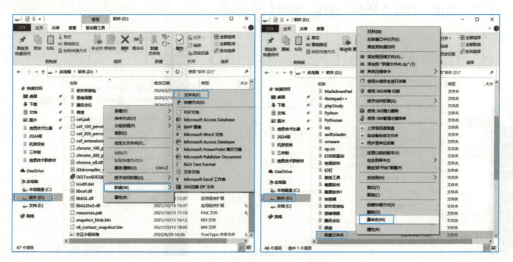

图 1-16　新建文件夹并重命名

② 创建文件。打开"个人资料"文件夹，在空白处右击，在弹出的快捷菜单中选择"新建"→"文本文档"命令，重命名为"个人介绍"；同理，打开"信息技术"文件夹，在空白处右击，在弹出的快捷菜单中选择"新建"→"RTF文字文稿"命令，重命名为"自荐信.wps"，如图1-17所示。

小提示：显示文件扩展名的方法（见图1-18）

a.如果未显示文件的扩展名，可勾选"查看"选项卡"显示/隐藏"组中的"文件扩展名"复选框。

b.打开"文件夹选项"对话框，选择"查看"选项卡，取消勾选"文件和文件夹"→"隐藏已知文件类型的扩展名"复选框。

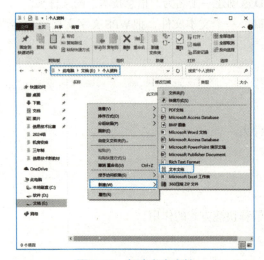

图1-17　新建文本文档　　　　　　　　图1-18　显示文件扩展名

③ 移动文件或文件夹。选中"自荐信.wps"，按【Ctrl+X】组合键剪切，打开D盘的"信息技术"文件夹，按【Ctrl+V】组合键粘贴即可，如图1-19所示。

④ 复制文件或文件夹。选中"自荐信.wps"，按【Ctrl+C】组合键复制，在桌面上按【Ctrl+V】组合键粘贴即可。

⑤ 修改文件或文件夹属性。选中文件或文件夹后右击，在弹出的快捷菜单中选择"属性"命令，弹出"属性"对话框，勾选"只读"属性，如图1-20所示。

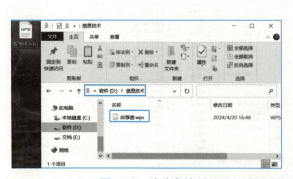

图1-19　移动文件　　　　　　　　图1-20　修改文件属性

模块 1 信息技术应用基础 27

⑥ 搜索文件或文件夹。双击"此电脑"图标，进入资源管理器，在空白处右击，在弹出的快捷菜单中选择"属性"命令，打开"属性"对话框，勾选"只读"属性即可，如图 1-21 所示。

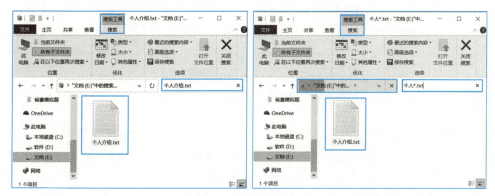

图 1-21 搜索文件

小提示：
搜索时可以结合通配符进行。通配符有两个："*"代表多个任意的字符；"?"代表任意一个字符。

⑦ 创建文件或文件夹的快捷方式

打开 E 盘，选中"个人资料"文件夹并右击，在弹出的快捷菜单中选择"发送到"→"桌面快捷方式"命令即可，如图 1-22 所示。

图 1-22 创建文件夹快捷方式

快捷方式的定义：快捷方式是指向原文件的指针，是 Windows 提供的一种快速启动程序。快捷方式的扩展名一般为 *.lnk。

例如，桌面图标█的左下角有一个小箭头。这个箭头就是用来表明该图标是一个快捷方式图标。

作用：对经常使用的程序、文件和文件夹非常有用。免去查找的步骤，不用一层一层地去打开，最后再从一大堆文件中找到正确的可执行文件双击启动。

快捷方式和程序既有区别又有联系。例如，如果把程序比作一台电视机的话，快捷方式就像是一只遥控板。

⑧ 共享文件夹。常用方法有如下两种：

方法 1：打开 D 盘，选择"信息技术"文件夹，单击"共享"选项卡"共享"组中的"特定用户"

按钮，弹出"网络访问"窗口，选择"Administrators 所有者"，单击"共享"按钮，"信息技术"文件夹共享完成，如图 1-23 所示。

图 1-23　共享文件夹

方法 2：打开 D 盘，选择"信息技术"文件夹并右击，在弹出的快捷菜单中选择"属性"命令，弹出"信息技术 属性"对话框，选择"共享"选项卡，单击"共享"按钮，也可以完成"信息技术"文件夹的共享，如图 1-24 所示。

⑨ 删除或还原文件或文件夹。选择桌面上的"自荐信.wps"文档并右击，在弹出的快捷菜单中选择"删除"命令，此时该文档被放到回收站中，需要时可以打开回收站，选中文档，还原即可，如图 1-25 所示。

小提示：

如需永久删除文件或文件夹，可以清空回收站，或者按【Shift+Del】组合键，但要慎重使用。

⑩ 压缩文件夹。打开 E 盘，选择"个人资料"文件夹并右击，在弹出的快捷菜单中选择"添加到'个人资料.zip'"命令即可，如图 1-26 所示。

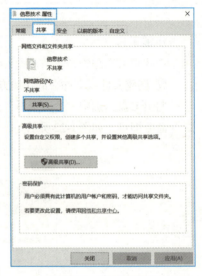

图 1-24　共享文件夹

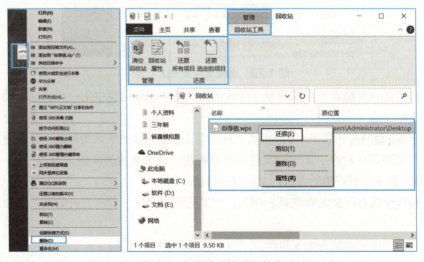

图 1-25　删除文件或文件夹

模块1 信息技术应用基础

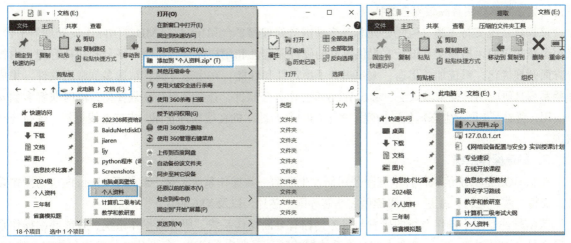

图1-26 压缩文件夹

1.5.3 国产操作系统

国产操作系统，既是市场需要，更关乎国家信息安全。近年来，国内科技研发团队立足于自主可控之路，推出各类国产操作系统，填补了我国在信息安全领域核心技术的空白，使我国自主可控核心技术得到重要发展，正逐步缩小与国际先进水平的差距，为国家信息安全和产业发展提供了有力支撑。

1. 麒麟操作系统

为顺应产业发展趋势、市场客户需求、国家网络空间安全战略需要，发挥中央企业在关键信息基础设施建设中的主力军作用，推动产业创新与安全保障双轮驱动，2019年12月，中国电子信息产业集团有限公司（简称"中国电子"）旗下的天津麒麟信息技术有限公司和中标软件有限公司强强联合，成立麒麟软件有限公司（简称"麒麟软件"），打造中国操作系统核心力量，攻克中国软件核心技术"卡脖子"的短板。

麒麟软件以安全可信操作系统技术为核心，面向通用和专用领域打造安全创新操作系统产品和相应解决方案，现已形成银河麒麟服务器操作系统、桌面操作系统、嵌入式操作系统、麒麟云、操作系统增值产品为代表的产品线。麒麟操作系统（KylinOS）支持飞腾、龙芯、兆芯、海光、鲲鹏、申威六款主流国产CPU，具有高安全、高可靠、高可用、跨平台等特点，已广泛应用于军工、党政、金融、交通、能源、教育等重点行业，为我国的信息化建设保驾护航。

（1）服务器操作系统

银河麒麟高级服务器操作系统V10是针对企业级关键业务、依据CMMI 5级标准研制的新一代自主服务器操作系统。

该操作系统能够适应虚拟化、云计算、大数据、工业互联网时代对主机系统的需求，具备高可靠性、安全性、扩展性和实时性等特点；支持飞腾、龙芯、鲲鹏等六款主流自主平台；用户可轻松构建大型数据中心、高可用集群、负载均衡集群、分布式文件系统、虚拟化应用和容器云平台等，适应各类云环境；广泛应用于政府、国防、金融、教育、公安、交通、医疗等领域，为用户提供融合、统一、自主创新的基础软件平台及管理服务。

（2）桌面操作系统

银河麒麟桌面操作系统V10是新一代面向桌面应用的图形化桌面操作系统。具有适配国产软硬件平台优化、简单易用且高效安全的特点。

该操作系统支持飞腾、鲲鹏、龙芯等多种国产处理器平台和Intel、AMD等国际主流处理器平台，采用全新的界面风格和交互设计，提供更好的硬件兼容性和用户体验。在国产平台的功耗管理、内核等方面开展优化，系统加载迅速，大幅提升了稳定性和性能。在生态方面，精选多款常用软件，集成麒麟系列自研应用和搜狗输入法、金山WPS等合作办公软件，让办公更加高效便捷，同时兼容多款安卓应用，弥补了Linux生态短板；构建了多个CPU平台统一的在线软件仓库，支持在线更新，保持与时俱进。

2．统信操作系统

统信UOS是由统信软件技术有限公司研发生产的一款操作系统，是一款基于Linux内核的操作系统，支持龙芯、飞腾、鲲鹏、海思麒麟、兆芯等国产芯片，以及X86芯片。

统信软件专注于操作系统的研发与服务，拥有桌面操作系统、服务器操作系统、智能终端操作系统等产品，同时创建了中国首个桌面操作系统根社区，可为政企用户、行业用户信息化和数字化建设，提供坚实可信的基础支撑，牢筑信息安全基座。

（1）服务器操作系统

统信服务器操作系统V20是统信操作系统（UOS）产品家族中面向服务器端运行环境、用于构建信息化基础设施环境的一款平台级软件。

其产品主要面向于我国党政军、企事业单位、教育机构，以及普通的企业型用户，着重解决客户在信息化基础建设过程中，服务端基础设施的安装部署、运行维护、应用支撑等需求。以其极高的可靠性、持久的可用性、优良的可维护性，在用户实际运营和使用过程中深受好评，是一款体现当代主流Linux服务器操作系统发展水平的商业化软件产品。

（2）桌面操作系统

以家庭版为例，为个人用户提供美观易用的国产操作系统。具有一键安装、自动高效、安全可靠、高稳定性等特点；同时支持Linux原生、Wine和安卓应用、软件应用生态丰富；优化注册流程，支持微信扫码登录UOS ID；新增跨屏协同，计算机与手机互联，轻松管理手机文件，支持文档同步修改；对桌面视觉和交互体验进一步优化。统一桌面环境，统信UOS让开机点亮美好新生活。

3．华为操作系统

在信息和通信技术（ICT）领域，华为作为一家全球知名的基础设施和智能终端提供商，致力于把数字世界带入每个人、每个家庭、每个组织，构建万物互联的智能世界。其操作系统技术一直备受关注。华为的操作系统不仅具有高度的灵活性和可定制性，还拥有卓越的性能和可靠的安全性，可以满足不同场景和需求。

（1）Harmony OS 鸿蒙操作系统

华为鸿蒙系统（HUAWEI Harmony OS），是华为公司在2019年8月9日于东莞举行的华为开发者大会（HDC.2019）上正式发布的新一代智能终端操作系统。

华为鸿蒙系统是一款面向万物互联时代的、全新的分布式操作系统，能够支持手机、平板、智能穿戴、智慧屏、车载终端、PC、智能音箱、耳机、AR/VR眼镜等多种终端设备，提供全场景（移动办公、运动健康、社交通信、媒体娱乐等）业务能力。具有极速发现、极速连接、硬件互助、资源共享等特征。Harmony OS技术架构整体遵从分层设计，从下向上依次为：内核层、系统服务层、框架层和应用层。

（2）OpenEuler 欧拉操作系统

欧拉系统（OpenEuler）是 2021 年 9 月 25 日，继鸿蒙之后，发布的面向数字基础设施的第一款服务器操作系统。

该操作系统是基于 Linux 稳定内核研发的服务器操作系统，是一个面向企业级的通用服务器架构平台。支持服务器、云计算、边缘计算、嵌入式等应用场景，支持多样性计算，致力于提供安全、稳定、易用的强大性能，可以满足企业用户对于高性能、高可用性和高扩展性的需求，为企业用户提供了极大的灵活性和可定制性。

习 题

一、单选题

1. 下列不是信息素养主要要素的是（　　）。
   A. 信息意识　　B. 信息知识　　C. 信息道德　　D. 信息技术　　E. 信息能力
2. 世界上第一台电子计算机的名称是（　　）。
   A. EDSAC　　B. ENIAC　　C. EDVAC　　D. PC
3. （　　）决定了计算机具有很强的记忆能力。
   A. 自动编程　　　　　　　　B. 逻辑判断能力强
   C. 大容量存储装置　　　　　D. 通用性强
4. 以微处理器为核心，配上存储器、输入/输出接口电路及系统总线可以组成（　　）。
   A. CPU　　　　　　　　　　B. 微型计算机系统
   C. 微型计算机　　　　　　　D. 硬件系统
5. 用（　　）来衡量计算机的性能，单位为 MHz。
   A. 字符长　　　　　　　　　B. CPU 的主频
   C. 打印机工作速度　　　　　D. 存储器容量
6. 下列不属于操作系统的是（　　）。
   A. Harmony OS　　B. WPS　　C. Windows　　D. KylinOS　　E. Linux
7. 在 Windows 中，关于文件快捷方式的说法正确的是（　　）。
   A. 是原文件的一个备份　　　B. 是原文件的文件名
   C. 是指向原文件的指针　　　D. 是原文件的文件属性
8. 文件 ABC.Bmp 存放在 D 盘的 T 文件夹中的 G 子文件夹下，它的完整文件标识符（即绝对路径）是（　　）。
   A. D:\T\G\ABC　　　　　　B. T:\ABC．Bmp
   C. D:\T\G\ABC．Bmp　　　D. D:\T:\ABC．Bmp
9. 在信息安全领域，防火墙是指（　　）。
   A. 一个特定硬件　　　　　　B. 一个特定软件
   C. 执行访问控制策略的一组系统　　D. 一批硬件的总称
10. 身份认证的主要目标包括：确保交易者是交易本人、避免与超过权限的交易者进行交易和（　　）。
    A. 可信性　　B. 访问控制　　C. 完整性　　D. 保密性

二、简答题

1. 简述信息技术的概念及其发展历程。
2. 信息安全的五大属性是什么?
3. 谈谈国产科技之光带给我们的启示。
4. 查阅并分析信息伦理案例,谈谈行为自律方法。
5. 完成下列不同数制之间的转换。

(1) 108 = (　　　) B　　(2) $(1100100)_2$ = (　　　)$_{10}$　　(3) $(10101101)_2$ = (　　　)$_8$

(4) 34.56Q = (　　　) B　　(5) (11010.101)B = (　　　) H　　(6) (56.78)H = (　　　) B

6. 根据计算机采用的主要元器件不同,简述计算机的发展历程。
7. 识别计算机主要硬件并说出其功能及主要性能指标。
8. 完成书中 Windows 10 文件管理任务操作。

模块 2
计算机网络应用基础

模块导读
　　计算机网络作为现代信息技术的基石，连接着世界的每一个角落，承载着数据传输、资源共享的重任，让信息流通无阻。掌握计算机网络，就是掌握通往数字化世界的钥匙，让我们共同探索这一领域的奥秘，开启智慧互联的新篇章。

　　本模块详细介绍了计算机网络基础和 Internet 基础应用相关知识。

知识目标
1. 理解计算机网络的概念和功能；
2. 熟悉计算机网络的组成和分类，认识常用计算机网络设备；
3. 掌握 Internet 基本概念；
4. 理解信息检索的概念和基本要素；
5. 了解信息检索的类型；
6. 掌握信息检索常用技术和一般方法。

能力目标
1. 能描述计算机网络的概念和功能；
2. 能区分计算机网络的组成和分类，并认识常用计算机网络设备；
3. 能描述 Internet 基本概念；
4. 学会运用信息检索常用技术和一般办法检索有价值的信息。

素质目标
1. 具备遵守职业道德规范、尊重知识产权的意识，学会保护用户隐私和数据安全；
2. 培养创新意识和创新精神，具备不断探索新的网络技术和应用服务的能力；
3. 培养良好沟通能力，能够清晰、准确地表达自己的观点和想法；
4. 增强信息洞察意识，提高信息检索能力。

内容结构图

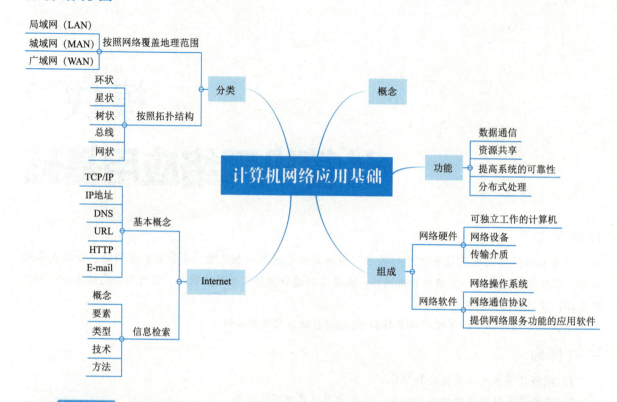

2.1 计算机网络概述

计算机网络是现代通信技术的核心，能够实现信息的快速交流，支撑社会信息化发展，构建互联互通的数字世界。本节将从网络的概念、功能、组成及分类四部分入手，为深入探索计算机网络世界奠定基础。

本节主要包括以下四部分内容：
① 计算机网络的概念；
② 计算机网络的功能；
③ 计算机网络的组成；
④ 计算机网络的分类。

2.1.1 计算机网络的概念

计算机网络是把分布在不同地点且具有独立功能的多台计算机，通过通信设备和通信线路连接起来，并通过功能完善的网络软件实现资源共享和信息传递的系统。

2.1.2 计算机网络的功能

计算机网络的功能主要有数据通信、资源共享、提高系统的可靠性和分布式处理。

1. 数据通信

数据通信是计算机网络最基本的功能。使用计算机网络可以快速传送计算机与终端、计算机与计算机之间的各种信息，包括文字、图片、视频、动画等。

2. 资源共享

资源共享包括计算机硬件资源、软件资源和数据资源的共享。硬件资源的共享提高了计算机硬件资源的利用率，使用计算机网络不仅可以使用自身的硬件资源，也可共享网络上的软件资源。

3. 提高系统的可靠性

提高系统的可靠性指计算机联网后，各计算机可以通过网络互为后备，一旦某台计算机发生故障，则由其他计算机代为处理，还可以在网络的一些节点上设置一定的备用设备。

4. 分布式处理

分布式处理指当某台计算机负担过重或该计算机正在处理某项工作时，计算机网络自动将新任务交给空闲的计算机来完成，从而均衡各计算机的负载。对于大型的综合性问题，可将问题拆分成多个部分并交给不同的计算机分别处理，充分利用网络资源，提高处理问题的效率。

2.1.3 计算机网络的组成

计算机网络由网络硬件和网络软件两部分组成。

1. 网络硬件

网络硬件是计算机网络的物质基础，包括可独立工作的计算机、网络设备和传输介质。

（1）可独立工作的计算机

可独立工作的计算机是计算机网络的核心，也是主要的网络资源。根据用途不同，可将其分为服务器和网络工作站两种。

（2）网络设备

网络设备是构成计算机网络的部件，如网卡、调制解调器、中继器、网桥、交换机、路由器和网关等。独立工作的计算机可通过网络设备访问计算机网络中的其他计算机。网络设备如图2-1所示，不同网络设备的作用见表2-1。

图2-1　计算机网络设备

表 2-1　网络设备及其作用

设　备	作　用
网卡	是计算机与传输介质的接口，用于使计算机联网（network interface）
调制解调器	利用调制解调技术实现数字信号与模拟信号在通信过程中的相互转换
集线器	对接收到的信号进行再生整形放大，以扩大网络的传输距离，同时把所有节点集中在以它为中心的节点上。具有分发和复制信号的作用。 集线器可以增加网络的带宽，但性能较低，可能导致网络拥堵
中继器	是从物理层上延长网络的设备，用于放大传输介质上传输的信号，以便在网络上传输得更远。中继器不能增加网络的带宽，且可能增加网络的延迟
网桥（Bridge）/2层交换机	是从数据链路层上延长网络的设备，用于连接使用相同通信协议、传输介质和寻址方式的网络
路由器（Router）/3层交换机	是网络层转发分组数据的设备，用于连接局域网和广域网，有判断网络地址和选择路径的功能。路由器主要克服了交换机不能路由转发数据包的不足
4~7层交换机	处理传输层以上各层的网络传输
网关（Gateway）	不仅具有路由功能，还能实现不同网络协议之间的转换，并将数据重新分组后传送

（3）传输介质

传输介质是网络通信使用的信号线路，为数据信号传输提供了物理通道。按其特征分为有线传输介质和无线传输介质。

有线传输介质包括双绞线、同轴电缆和光缆等；无线传输介质包括无线电波、微波和红外线等。它们具有不同的传输速率和传输距离，分别支持不同的网络类型。

2．网络软件

网络软件一般是指网络操作系统、网络通信协议和提供网络服务功能的应用软件。

（1）网络操作系统

网络操作系统用于管理网络软硬件资源，提供简单网络管理功能的系统软件。常见的网络操作系统有UNIX、Windows、Linux等。

（2）网络通信协议

网络通信协议是网络中计算机交换信息时的约定，它规定了计算机在网络中互通信息的规则。

（3）提供网络服务功能的应用软件

提供网络服务功能的应用软件指在网络环境中能够为用户提供各种服务的软件，如浏览器软件Internet Explorer、文件传输软件CuteFTP、远程登录软件Telnet、电子邮件管理软件Foxmail、即时通信软件QQ和微信、下载工具软件迅雷等。

2.1.4　计算机网络的分类

1．按照网络覆盖地理范围大小划分

按照网络覆盖地理范围大小，可将计算机网络分为局域网、城域网和广域网三种类型，它们之间的关系如图2-2所示，详细介绍见表2-2。

视频
计算机网络分类

图 2-2　根据网络覆盖地理范围划分

表 2-2　各网络具体属性

属　性	类　型		
	局域网（LAN）	城域网（MAN）	广域网（WAN）
英文名称	local area network	metropolitan area network	wide area network
覆盖范围	10 km以内	10~100 km	几百到几千千米

续表

属　性	类　型		
	局域网（LAN）	城域网（MAN）	广域网（WAN）
协议标准	IEEE 802.3	IEEE 802.6	IMP
结构特征	物理层	数据链路层	网络层
典型设备	集线器	交换机	路由器
终端组成	计算机	计算机或局域网	计算机、局域网、城域网
误码率	最小	中	大（采用光纤误码率较低）
拓扑结构	规则结构：总线、星状、环状	规则结构：总线、星状、环状	不规则的网状结构
特点	连接范围小、用户数少、配置简单	实质上是一个大型的局域网、传输速率高、技术先进、安全	主要面向通信服务：距离远、覆盖范围广、技术复杂
主要应用	分布式数据处理、办公自动化	LAN互联、综合数据业务	远程数据传输

2. 按照拓扑结构划分

按照拓扑结构，可将计算机网络分为总线、星状、环状、网状和树状等，如图2-3所示。

视　频

计算机网络拓扑结构

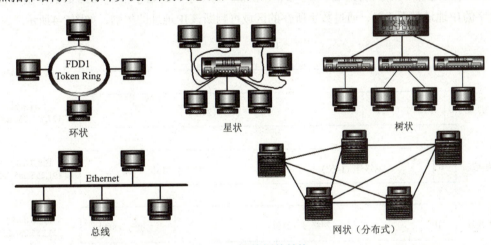

图 2-3　网络拓扑结构

2.2　Internet 基础应用

Internet，即互联网，是全球最大、覆盖范围最广、连接能力最强的计算机网络。它连接了世界各地的计算机，提供了海量的信息资源和服务，使人们能够轻松实现信息共享与交流。Internet改变了人们的生活方式，推动了社会的进步与发展。

本节主要包括以下两部分内容：

① Internet基本概念；

② 信息检索基础应用。

2.2.1　Internet 基本概念

1. TCP/IP

TCP/IP（transmission control protocol/internet protocol，传输控制协议/互联网协议）是指能够在多

个不同网络间实现信息传输的协议簇。TCP/IP 协议不仅仅指的是 TCP 和 IP 两个协议,而是指一个由 FTP、SMTP、TCP、UDP、IP 等协议构成的协议簇。TCP/IP 协议是保证网络数据信息及时、完整传输的两个重要的协议。

2. IP 地址

IP 地址(internet protocol address)是指互联网协议地址,又称网际协议地址。IP 地址是 IP 协议提供的一种统一的地址格式,为互联网上的每一个网络和每一台主机分配一个逻辑地址,以此来屏蔽物理地址的差异。

常见的 IP 地址,分为 IPv4 与 IPv6 两大类。现有的互联网是在 IPv4 协议的基础上运行的,IPv6 是下一代互联网协议。

IPv4 地址由 4 字节(32 位)组成,通常用小圆点分隔,其中每个字节可用一个十进制数来表示。IP 地址通常由网络号和主机号两部分组成。例如,点分十进制 IP 地址(100.4.5.6),实际上是一个 32 位二进制数(01100100.00000100.00000101.00000110)。

Internet 的 IP 地址可以分为 A、B、C、D、E 五类。每个字节的数字由 0~255 的数字组成,大于或小于该数字的 IP 地址都不正确,通过数字所在的区域可判断该 IP 地址的类别,如图 2-4 所示。

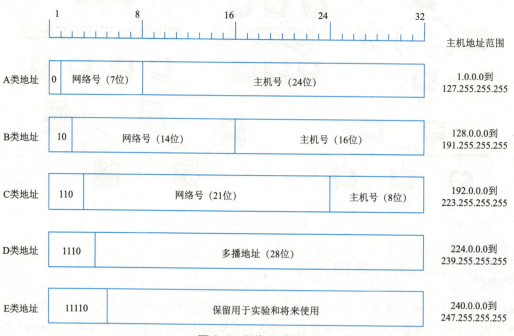

图 2-4　五类 IP 地址

3. DNS

数字形式的 IP 地址难以记忆,故在实际使用时常采用字符形式来表示 IP 地址,即域名系统(domain name system,DNS)。DNS 是互联网的一项服务,作为将域名和 IP 地址相互映射的一个分布式数据库,能够使人更方便地访问互联网。

DNS 由若干子域名构成,中间以点分隔。域名的层次结构图如图 2-5 所示。

4. URL

在 Internet 上,每一个信息资源都有唯一的地址,该地址称为统一资源定位符(URL)。URL 由资源类型、主机域名、资源文件路径和资源文件名四部分组成，其格式是"资源类型://主机域名/资源文件路径/资源文件名"。

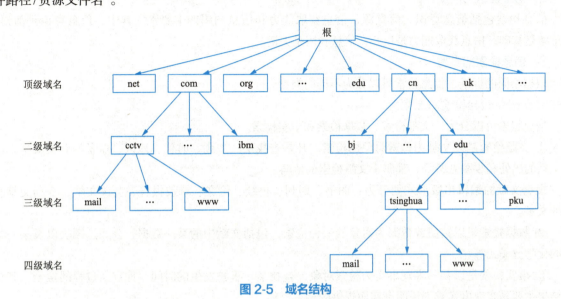

图 2-5　域名结构

5. HTTP

超文本传输协议（hypertext transfer protocol，HTTP）是一个简单的请求-响应协议，它通常运行在 TCP 之上。有了超文本传输协议，浏览器和服务器之间才能够通信，用户也可以浏览网络中的各种信息。

小提示：

HTTP 是超文本传输协议，表示信息是明文传输；HTTPS 则解决 HTTP 不安全的缺陷，在 TCP 和 HTTP 网络层之间加入了 SSL/TLS 安全协议，使得报文能够加密传输。

6. E-mail

电子邮箱（E-mail）是指通过网络为用户提供交流的电子信息空间，既可以为用户提供发送电子邮件的功能，又能自动地为用户接收电子邮件，同时还能对收发的邮件进行存储，但在存储邮件时，电子邮箱对邮件的大小有严格规定。

与普通邮件的投递一样，电子邮件的传送也需要地址，这个地址称为 E-mail 地址。电子邮件存放在网络的某台计算机上，所以电子邮件地址一般格式为：用户名@主机域名（如 zhxm13578@163.com）。

2.2.2　信息检索基础应用

1. 信息检索的概念

信息检索（information retrieval）是用户进行信息查询和获取的主要方式，是查找信息的方法和手段。

狭义的信息检索仅指信息查询（information search）。即用户根据需要，采用一定的方法，借助检索工具，从信息集合中找出所需要信息的查找过程。

广义的信息检索是信息按一定的方式进行加工、整理、组织并存储起来，再根据用户特定的需要将相关信息准确地查找出来的过程，又称信息的存储与检索。

视　频
信息检索概述

一般情况下，信息检索指的就是广义的信息检索。

2. 信息检索的要素

信息检索包括信息意识、信息源、信息获取能力和信息利用四个要素。其中，信息意识是前提；信息源是基础；信息获取能力是核心；信息利用是关键。

3. 信息检索的类型

根据不同的标准，信息检索可以分为不同的类型。

（1）按存储与检索对象划分

信息检索可以分为：文献检索、数据检索和事实检索。

① 文献检索是以文献为检索对象的检索。凡是查找某一主题、时代、地区、作者的有关文献，以及文献的出处和收藏处所等，都属于文献检索的范畴。

根据文献的编辑出版形式划分为：图书、期刊、报纸、论文、科技报告、会议文献、专利文献和标准文献。

② 数据检索是以数值或数据为对象的一种检索，包括文献中的某一数据、公式、图表以及某一物质的化学分子式等。

③ 事实检索是以某一客观事实为检索对象，查找某一事物发生的时间、地点及过程的检索，其检索结果主要是客观事实或为说明事实而提供的相关资料。

（2）按检索设备划分

信息检索可分为手工检索和机器检索。

① 手工检索是指利用印刷型检索工具检索信息的过程。

优点：回溯性好，没有时间限制。

缺点：费时费力，效率低。

② 机械检索是指利用计算机检索数据库的过程，又称计算机检索。

优点：速度快、耗时少，大大提高了检索效率，还拓展丰富了信息检索的研究内容。

缺点：回溯性不好，有时间限制。

按处理方式不同，计算机检索分为脱机批处理和联机处理检索。

信息检索的种类繁多，都有其特定的用途，随着技术的不断进步，信息检索将会变得更加智能、高效和个性化。计算机检索、网络文献检索将成为信息检索的主流。

4. 常用信息检索技术

计算机信息检索的基本检索技术主要有布尔逻辑检索、截词检索、位置检索和字段限定检索。

（1）布尔逻辑检索

布尔逻辑检索是基于布尔逻辑运算符的信息精准检索方法。包括三种运算，即"逻辑与""逻辑或""逻辑非"。

特点：形式简洁、语义表达好、实现简单和检索速度快等。

（2）截词检索

截词检索是利用检索词的词干加上截词符号进行检索，是预防漏检、提高查全率的一种检索技术。常用的截词符有*、?、#等。?代表任意一个字符，*代表零个或多个字符。

按截断位置的不同分为前截词检索、中截词检索和后截词检索。例如，输入"*ware"、可检出

software、hardware 等所有以 ware 结尾的词。当输入"wom?n",可检出 woman, women 等词语,当输入"stud*",可检出 study、studies、studying 等以 stud 开头的词。

(3) 位置检索

位置检索又称临近检索,用特定的位置算符表达检索词的前后顺序和所间隔的词间距的检索。位置算符主要有以下几种。

(W) 算符:表示其两侧的检索词必须紧密相连,除空格和标点符号外,不得插入其他词或字母,两词的词序不可以颠倒。

(nW) 算符:表示其两侧的检索词必须按此前后相邻的顺序排列,顺序不可颠倒,而且检索词之间最多有 n 个其他词。

(N) 算符:表示其两侧的检索词必须紧密相连,除空格和标点符号外,不得插入其他词和字母,两词的词序可以颠倒。

(nN) 算符:检索词之间最多插入 n 个其他词,包括实词和系统禁用词。

(F) 算符:表示其两侧的检索词必须在同一字段中出现,词序不限。例如,同在题目字段或摘要字段。

(S) 算符:表示在此运算符两侧的检索词必须同时出现在记录的同一个字段内。

(4) 字段限定检索

字段限定检索是计算机检索时,检索范围限定在数据库特定的字段中。常见的检索字段有主题名、关键词、摘要、作者、作者单位、刊名等。

5. 信息检索一般方法

信息检索一般方法包括普通法、追溯法和分段法。

① 普通法是利用书目、文摘、索引等检索工具进行文献资料查找的方法。运用这种方法的关键在于熟悉各种检索工具的性质、特点和查找过程,从不同角度查找。

普通法又可分为顺检法和倒检法。顺检法是从过去到现在按时间顺序检索,费用多、效率低。倒检法是逆时间顺序从近期向远期检索,它强调近期资料,重视当前的信息,主动性强、效果较好。

视 频

文献检索实例演示

② 追溯法是利用已有文献所附的参考文献不断追踪查找的方法,在没有检索工具或检索工具不全时,此方法可获得针对性很强的资料,查准率较高、查全率较差。

③ 分段法是追溯法和普通法的综合,它将两种方法分期、分段交替使用,直至查到所需资料为止。

随着技术的发展,信息检索方法也在不断进步。现代信息检索技术致力于提高检索结果的准确性和个性化,例如,引入机器学习和人工智能技术,以提高检索的查准率和查全率;根据用户的兴趣、历史查询等行为,提供个性化的检索结果。同时,支持多模态数据的检索,如图像、音频、视频等;还可以实现跨语言检索,帮助用户查找不同语言的信息资源等。

习 题

一、单选题

1. 因特网起源于美国,采用( )协议。
   A. IPX/SPX　　　B. TCP、UDP　　　C. TCP/IP　　　D. IPv4、IPv6

2. 在许多宾馆中，都有局域网方式上网的信息插座，一般都采用DHCP服务器分配给客人笔记本计算机上网参数，这些参数不包括（　　）。

　　A. IP地址　　　　B. 子网掩码　　　C. MAC地址　　　D. 默认网关

3. 正确的IP地址是（　　）。

　　A. 203.3.3.3.3　　　　　　　　B. 202.257.14.13
　　C. 202.202.5　　　　　　　　　D. 202.112.111.1

4. 中国境内某公办大学要建立www网站。一般来说其域名的后缀应该是（　　）。

　　A. com.cn　　　　B. mil.cn　　　　C. gov.cn　　　　D. edu.cn

5. 正确的E-mail地址是（　　）。

　　A. 123456.cn　　　　　　　　　B. 202.2.2.2.2
　　C. hjy134589@126.com　　　　　D. ylr13579@com

二、简答题

1. 简述计算机网络的概念和主要功能。
2. 简述计算机网络的组成和分类。
3. 简述计算机网络的常见网络设备及其功能。
4. 简述TCP/IP、IP地址、DNS、URL、HTTP和E-mail的概念。
5. 简述信息检索的概念、主要要素和类型。
6. 常用信息检索技术和一般方法有哪些？请举例说明。

应用篇

模块 3　WPS 文档处理

　　任务 3.1　制作调研报告
　　任务 3.2　民族团结宣传海报的制作
　　任务 3.3　毕业论文排版
　　任务 3.4　个人简历表的制作
　　任务 3.5　批量文件的制作
　　习题
　　综合实训

模块 4　WPS 表格处理

　　任务 4.1　学生信息管理
　　任务 4.2　美化 GDP 发展情况表
　　任务 4.3　统计计算常用数据表
　　任务 4.4　可视化 GDP 数据
　　任务 4.5　分析和管理学生数据
　　任务 4.6　汇总分析商品销售数据
　　习题
　　综合实训

模块 5　WPS 演示制作

　　任务 5.1　创建演示文稿基础框架
　　任务 5.2　编辑幻灯片媒体对象
　　任务 5.3　统一演示文稿的风格
　　任务 5.4　演示文稿动画的设置
　　任务 5.5　设置幻灯片放映效果
　　习题
　　综合实训

模块 3
WPS 文档处理

模块导读

　　文档处理是信息化办公的重要组成部分，广泛应用于人们日常生活、学习和工作的方方面面，如个人简历、调研报告、工作总结、校园宣传海报、报刊、毕业论文等。WPS文字是WPS Office套件中的一部分，它是一款功能强大、操作简便的文字处理软件，广泛应用于文档的创建、编辑和排版。

　　本模块通过完成五个任务，详细介绍了WPS文字的各项常用功能，主要包括文本编辑、图文混排、表格处理、长文档处理及邮件合并等功能。

知识目标

1. 掌握文档的基本操作，如新建、打开、保存、打印等，了解文档加密、将文档输出为不同格式等操作；
2. 理解文档保护的有关知识；
3. 掌握文本的输入、选择、复制与移动、查找与替换等基本编辑操作；
4. 掌握字体格式设置、段落格式设置、页面设置等操作；
5. 掌握图片、形状、艺术字、文本框的使用和编辑；
6. 掌握表格的创建、编辑、美化、表格中数据的输入与编辑、数据的简单处理；
7. 理解分页符和分节符的作用，掌握文档的分栏操作，掌握页眉、页脚、页码的插入和编辑等操作；
8. 掌握样式的创建、修改和应用，掌握目录的制作和编辑操作。

能力目标

1. 能使用WPS文字创建文档并保存，并能在文档中输入各类文本；
2. 能对文本内容、结构按需求进行格式化；
3. 能创建、编辑、美化电子表格，并按需求绘制不规则的表格；
4. 能使用WPS文字进行文档的基本布局，并能够根据需求使用图片、形状、艺术字、文本框进行排版；
5. 能使用样式进行长文档的编辑、排版；
6. 能对编辑好的文档进行打印输出。

素质目标

1. 通过任务的操作流程，培养学生良好的规范化、标准化的使用习惯，养成耐心、严谨的工作态度；
2. 通过引导学生对学习任务的模仿制作，培养学生的复用性、模块化思维能力；
3. 通过引导学生对学习任务的自由发挥制作，培养学生的个性化及发散思维；
4. 通过引导学生完成学习任务，培养学生使用计算机应用软件解决日常办公事务的能力；
5. 通过对学习任务的制作，强化铸牢中华民族共同体意识的宣传教育，激发学生的爱国主义精神。

内容结构图

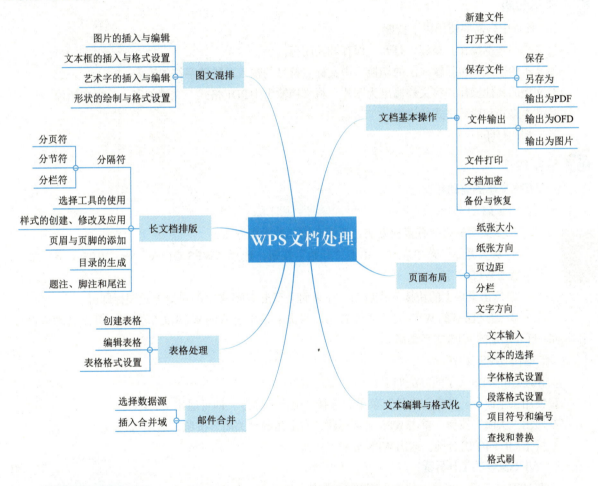

任务 3.1　制作调研报告

任务描述

1. 情境描述

新学期，小明同学接到一个任务，对大学生的职业意向做一个调研并完成调研报告。小明选择使用 WPS 文字来完成调研报告。那么他该如何制作调研报告呢？

2. 任务分解

针对以上情境描述，完成调研报告的制作，需要完成下列任务：
① 调研报告的创建和编辑。
② 调研报告的排版。

3. 知识准备

在制作调研报告前，首先需要根据任务需求设计出合适的文档内容。在本任务中，小明决定从引言、调研方法、调研结果、结论与建议四方面完成调研报告。调研报告要设计得清晰美观，让人一目了然。

技术分析

本次任务中，需要使用以下技能：
① 文档的基本操作：新建、打开、保存和关闭等。
② 文本的输入：包括输入法的切换、中文标点符号的输入及特殊字符的输入。
③ 文档的其他操作：将文档输出为图片、将文档输出为PDF格式、文档加密、分享文档等。
④ 文本格式和段落格式的设置。
⑤ 文档的打印。

预备知识

1. WPS文字的启动和退出

（1）启动WPS文字

WPS文字的启动有多种方法，下面介绍三种常用方法：

① 从"开始"菜单启动。单击"开始"按钮，选择"WPS Office"→"WPS文字"命令，即可启动WPS文字。

② 双击桌面上的快捷方式启动。在桌面上双击WPS文字的快捷方式图标即可。

③ 通过已有的WPS文字文稿启动。双击磁盘中已有的WPS文字文稿，可以启动WPS文字，同时打开选定的WPS文字文稿。

（2）退出WPS文字

常用的退出WPS文字的方法如下：
① 使用菜单命令。单击"文件"菜单，选择"退出"命令，即可退出WPS文字。
② 使用"关闭"按钮。单击WPS文字标题栏右上角的"关闭"按钮，退出WPS文字。
③ 按【Alt+F4】组合键，退出WPS文字。

2. WPS文字的工作界面

启动WPS文字后，屏幕上就会出现WPS文字工作界面，如图3-1所示。WPS文字工作界面包括标题栏、"文件"菜单、快速访问工具栏、选项卡、功能区、工作区、任务窗格和状态栏等。

（1）标题栏

标题栏位于窗口的最上方，其主要功能是显示当前编辑的文档名和当前使用的应用程序名。标题栏包括：WPS文字菜单、正在编辑的文档名（如文字文稿1）、最小化按钮、最大化（还原）按钮和关闭按钮。

（2）"文件"菜单

"文件"菜单位于标题栏下方，主要包括一些对WPS文字文稿操作的命令。

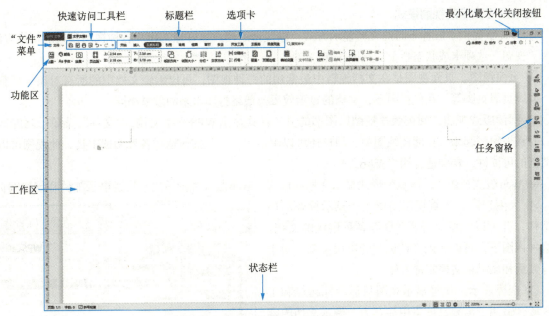

图 3-1　WPS 文字工作界面

（3）快速访问工具栏

快速访问工具栏位于"文件"菜单右侧，由几个常用工具按钮组成，主要包括：保存、输出为 PDF、打印、打印预览、撤销及恢复按钮。也可以根据需要自定义快速访问工具栏。

（4）选项卡

选项卡包括"开始""插入""页面布局""引用""审阅""视图""章节""安全""开发工具""云服务""百度网盘"等内容，单击不同的选项卡，功能区中就会出现相应的工具按钮。

（5）功能区

功能区与选项卡相对应，单击选项卡，功能区会出现相应的按钮，功能区中的按钮几乎包含了 WPS 文字全部的功能。

（6）工作区

工作区即 WPS 文字的文档窗口，是 WPS 文字窗口中的主要组成部分，主要用于文档的输入、编辑等操作。工作区包括：编辑区、标尺、滚动条。

① 编辑区：用于文本的输入、编辑等操作。

② 标尺：包括水平标尺和垂直标尺，它们为用户显示当前页面设置、段落缩进等状态。可以直接使用标尺进行段落编排、改变页边距、调整上下边界、设置页眉页脚区等操作。

③ 滚动条：包括水平滚动条和垂直滚动条，用来对文档进行定位。

（7）任务窗格

任务窗格位于窗口的最右侧，用来显示一些操作工具，包括样式、选择、属性等内容。根据不同的选择，任务窗格会显示不同的操作工具。

（8）状态栏

状态栏位于窗口的最下方，显示当前文档的页码、字数、语言等内容，还包括视图按钮及显示比例调整。

3. WPS文字的视图模式

WPS文字提供了五种不同的文档显示方式，以便帮助用户更好地工作。各种视图模式的切换方法：使用"视图"选项卡或状态栏上的视图按钮。

① 页面视图。页面视图是在文档编辑中最常用的一种视图，可以编辑文档中的所有对象、调整边界、编辑页眉页脚等。在该视图下，文档的显示效果与最终打印出来的效果相同。

② 阅读版式视图。阅读版式视图以图书的分栏样式显示WPS文字文稿，"文件"菜单、功能区等窗口元素被隐藏起来。在阅读视图中，用户还可以单击"工具"按钮选择各种阅读工具，此视图可以增加文档的可读性，特别适合用户查阅文档。

③ Web版式视图。以网页的形式显示文档的内容。Web版式视图适用于发送电子邮件和创建网页。

④ 大纲视图。大纲视图主要用于显示标题的层级结构，并可以方便地折叠和展开各种层级的文档。在这种视图下，可以看到文档标题的层次关系，对于编写大纲和显示长文档非常方便。

⑤ 全屏显示。全屏显示视图只显示标题栏和工作区域，适用于需要高度集中注意力、展示文档内容或进行仔细审阅的场合。退出全屏显示方法：单击"退出"按钮即可。

4. WPS文字的帮助系统

WPS文字提供了丰富的联机帮助功能，如果遇到问题用户可以随时使用帮助系统。按【F1】键或单击"文件"菜单，选择"帮助"→"WPS文字帮助"命令，打开如图3-2所示的"帮助"窗口。使用"目录"选项卡查找问题或使用"搜索"选项卡在文本框中输入关键词，都可以获得相关的帮助信息。

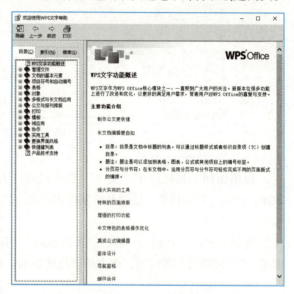

图3-2 "帮助"窗口

任务3.1.1 调研报告的创建

 示例演示

制作调研报告有两种方式，一种是利用联机模板，需要在联网状态下才能完成，但制作起来非常简便，只需将具体内容改成自己的即可；另外一种方法是创建空白文档，下面讲解使用这两种方法制作调研报告。输入内容后的调研报告效果如图3-3所示。

任务实施

【操作步骤】

1. 新建文档

使用联机模板：

① 启动WPS文字，单击窗口左上角的"WPS文字"，选

图3-3 输入内容后的调研报告效果图

择"从模板新建",如图3-4所示。

② 在打开的"新建"窗口中单击"查看免费模板",如图3-5所示。

③ 在打开的"稻壳儿"官网页面中,选择"打开WPS",如图3-6所示。

④ 在打开的"稻壳"窗口,选择"WPS文字",就会出现WPS文字的相关模板,在搜索栏中输入"调研报告",会看到调研报告模板,如图3-7所示。

⑤ 选择自己满意的模板,添加具体的内容即可。

小提示:

WPS的联机模板需要注册会员才能使用。

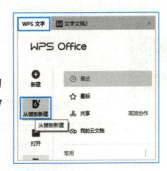

图 3-4　联机模板

图 3-5　查看免费模板

图 3-6　稻壳儿官网

图 3-7　调研报告模板

使用空白文档：

启动 WPS 文字创建一个空白文字文稿。

2. 设置页面

① 单击"页面布局"选项卡，纸张大小使用默认 A4 纸。

② 在页边距部分，将上下页边距设置为 2.5 cm，左右页边距设置为 3 cm，如图 3-8 所示。

图 3-8 设置页边距

3. 输入文本

将调研报告所需的文本内容输入空白文档中。

4. 保存文档

按【Ctrl+S】组合键、单击快速访问工具栏中的"保存"按钮或选择"文件"→"保存"命令，弹出"另存文件"对话框，如图 3-9 所示。

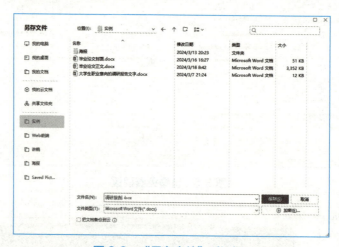

图 3-9 "另存文件"对话框

分别选择保存的位置、保存类型及保存的文件名，单击"保存"按钮。

5. 关闭文档

选择"文件"→"退出"命令，或单击窗口右上角的"关闭"按钮。

小提示：

若当前文件没有保存，关闭前会提示是否保存对文档的修改。

【知识链接】

1. 本机上的模板

WPS 提供了一些模板，用户可以根据自己的需要选择适合的模板创建相应的文档，创建完成后，修改成自己的内容即可。选择"文件"→"新建"命令，选择"本机上的模板"弹出图 3-10 所示"模板"对话框。

2. 创建空白文档的其他方式

① 选择"文件"→"新建"命令，选择"新建"。

② 选择"文件"→"新建"命令，选择"从默认模板新建"。

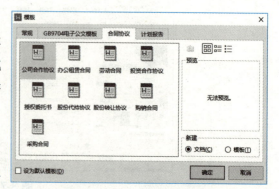

图 3-10 "模板"对话框

3. 切换输入法

①【Ctrl+Shift】：多种输入法之间轮流切换。
②【Ctrl+Space】：中、英文输入法之间切换。
③【Shift+Space】：全角、半角转换。
④【Ctrl+.】：中、英文标点符号之间切换。

4. 输入文本

英文和数字可以直接从键盘输入，如果要输入汉字，可以切换到汉字输入法状态。当输入到每行的结尾时，会自动换行。输完一个段落，可以按【Enter】键换行，段落结尾处会插入一个段落标记。输入错误时，按【Backspace】键删除插入点左边的字符，按【Delete】键删除插入点右边的字符。

视 频

输入文本

5. 输入中文标点符号

在中文输入法状态下，键盘符号与常用中文标点符号的对应关系见表3-1。

表 3-1 常用中文标点符号与键盘符号对照表

中文标点符号	键盘符号	中文标点符号	键盘符号
。句号	.	，逗号	,
；分号	;	、顿号	\ 或 /
《》书名号	< >	：冒号	:
……省略号	^	？问号	?
！感叹号	!	""双引号	"
·间隔号	`	——破折号	_

6. 插入特殊字符

选择"插入"选项卡，单击"符号"按钮，如图3-11所示，然后选择"其他符号"命令，弹出"符号"对话框，如图3-12所示，在其中选择合适的符号即可。

图 3-11 "符号"按钮

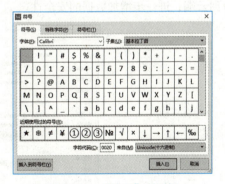

图 3-12 "符号"对话框

能力拓展

1. 文档加密

WPS文字提供了文档加密的方法，可以限制其他人对文档的查看和修改，单击"文件"菜单，选择"文档加密"→"文件加密"命令，弹出"选项"对话框，如图3-13所示，在其中可以对文档进行密码保护设置及文档权限设置等操作。

（1）文档权限

设置文档权限，仅指定人可查看或编辑文档，可单击"设置"按钮，添加指定人。

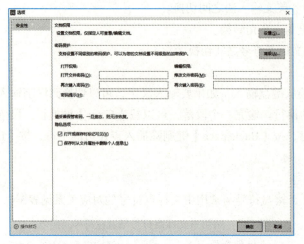

图 3-13 "选项"对话框中的"安全性"设置

（2）密码保护

此项可以对文档的打开权限和编辑权限分别进行密码设置，只有输入正确的密码才能打开或编辑文档。若想取消保护，回到加密文档对话框，将原来的密码删除即可。

2. 备份设置

WPS文字提供了文档的备份设置，可以在编辑文档时自动备份文件，确保你的数据安全。当你在WPS文字中编辑文档时，系统会根据你设定的时间间隔自动保存和备份文件。可以通过单击"文件"菜单，选择"选项"命令，弹出"选项"对话框，选择"备份设置"，如图3-14所示。在此对话框中可以选择"备份模式"、设置"备份位置"及"保存周期"，还可以"启用云端备份"。云端备份是将文件备份到云端，进一步增加数据的安全性。

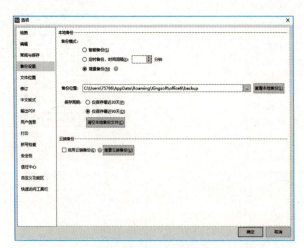

图 3-14 备份设置

小提示：

记得定期检查和清理备份文件，确保备份的完整性和有效性。

任务 3.1.2　调研报告的排版

示例演示

调研报告的内容输入完成后，为了制作精美的调研报告，需要对文档进行格式化设置，格式化设置主要包括字体格式设置、段落格式设置、页面设置、打印预览及文档的输出等操作，完成后的效果如图 3-15 所示。

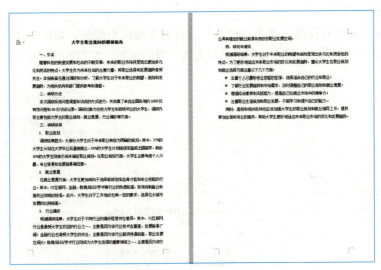

图 3-15　调研报告最终效果图

任务实施

【操作步骤】

1. 打开文档

启动 WPS 文字，打开任务 3.1.1 制作的"调研报告"文档。选择"文件"→"打开"命令，弹出"打开文件"对话框，如图 3-16 所示，在"位置"下拉列表框中选择要打开文档所在的文件夹，然后选中要打开的文档，单击"打开"按钮即可。

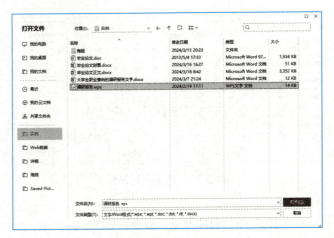

图 3-16　"打开文件"对话框

2. 字体设置

选中标题"大学生职业意向的调研报告",单击"开始"选项卡,将字体设置为"宋体",字号设置为"四号",再单击"加粗"按钮及"居中"按钮,如图3-17所示。

设置字体格式

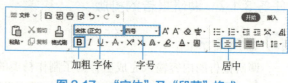
图3-17 "字体"及"段落"格式

选中正文,设置字体为"宋体",字号为"小四",并将每一个小标题设置为"黑体""小四"。

3. 段落设置

选中正文的所有段落,单击"段落"分组右下角的小按钮,如图3-18所示,弹出"段落"对话框,如图3-19所示,将正文的段落设置为"首行缩进"2字符,行间距为"固定值,25磅"。

设置段落格式

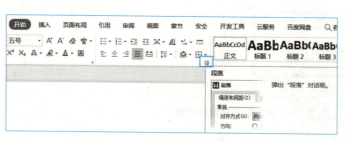

图3-18 "段落"分组右下角的小按钮

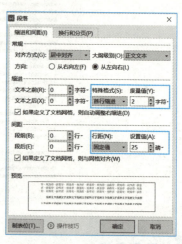

图3-19 "段落"对话框

4. 添加项目符号

选中第四部分要添加项目符号的四行文字,在"段落"分组中,单击"项目符号"按钮,选择合适的项目符号。如果没有合适的项目符号,可选择"自定义项目符号"命令,弹出"项目符号和编号"对话框,再单击"自定义"按钮,弹出"自定义项目符号列表"对话框,如图3-20所示,从中选择需要的项目符号即可。

图3-20 添加项目符号

5. 打印预览

选择"文件"→"打印"→"打印预览"命令,如图3-21所示,可以看到打印出来的效果,还可以进行打印设置。

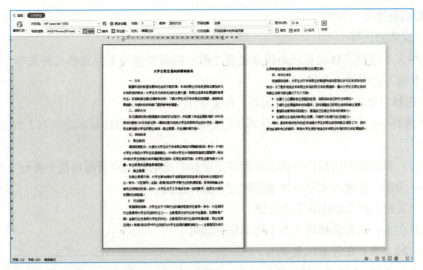

图 3-21 打印预览

6. 将文档输出为 PDF 格式

单击"文件"菜单,选择"输出 PDF"命令,弹出"输出 PDF 文件"对话框,如图 3-22 所示。在其中可以设置输出的位置、输出的范围及输出选项。除了可以将文档输出为 PDF 格式,WPS 文字还提供了将文档输出为图片,输出为 OFD 格式等。

图 3-22 "输出 PDF 文件"对话框

小提示:

PDF 是一种广泛使用的标准文档格式,应用于各种场景,如电子书、产品手册、在线文档、合同、报告等。许多应用程序都支持将文档导出为 PDF 格式,以方便在不同设备和平台上进行查看和分享。同时,也有许多专门的 PDF 编辑工具,允许用户对 PDF 文件进行编辑、修改和注释等操作。

OFD 是一种开放的电子文档格式,旨在实现电子文档跨平台、跨应用程序的互操作性。它由我国工业和信息化部软件与集成电路促进中心(CSIP)主导制定,基于 XML、ZIP、OPF 等开放标准形成。OFD 格式的设计初衷是为了解决不同电子文档格式之间的兼容性问题,以及满足电子政务、电子商务等领域对电子文档的标准化需求。

【知识链接】
1. 文本的选择

在对文本进行字体设置或是段落设置之前，都需要选中要设置格式的文本，在WPS文字中选中文本的方式有如下几种：

① 选择一个英文单词或中文词语：在文字上双击。

② 选择一行：将鼠标指针移动到该行的最左面，鼠标指针显示为向右上的箭头形状时，单击即可选中该行。

③ 选择多行：在要选中的起始行的最左面按下鼠标并拖动到结束行即可选中多行文本。

④ 选择一个段落：在此段文字中快速地按三下鼠标左键。

⑤ 选择整个文档：按【Ctrl+A】组合键。

⑥ 选择任意文本：在要选择的文本上拖动鼠标即可。

⑦ 取消选中的文本：在任意位置单击。

⑧ 用键盘进行选择：【Shift+方向键】。

2. 字体设置

字体设置主要包括：字体、字形、字号、字体颜色、下划线、文本的效果等，可以通过"开始"选项卡中的"字体"各按钮或是"字体"对话框（见图3-23）进行设置。

3. 段落设置

段落设置主要包括：段落样式、对齐方式、缩进、行距、段间距等操作，可以使用"开始"选项卡中的"段落"各按钮设置，也可以使用"段落"对话框进行设置，如图3-24所示。

图3-23 "字体"对话框

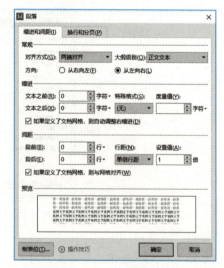

图3-24 "段落"对话框

4. 移动和复制文本

在编辑文档时，用户经常需要将文档的一部分内容移动或复制到另一个地方，避免重复输入，提高工作效率。移动和复制文本的方法如下：

（1）使用鼠标拖动来移动和复制文本

当用户在同一文档中进行短距离的移动和复制时，可使用拖动的方法。操作步骤如下：

① 选中要移动或复制的文本。

② 若要移动文本，则将鼠标指针移到被选中的文本，按住左键拖动文本，移到新的位置松开鼠标即可；若要复制文本，则先按住【Ctrl】键，然后用鼠标拖动到指定的位置。

（2）通过"剪贴板"进行移动和复制

① 选中要移动或复制的文本。

② 若要移动文本，选择"开始"选项卡，单击"剪切"按钮，或按【Ctrl+X】组合键，或在被选文字上右击，在弹出的快捷菜单中选择"剪切"命令，所选文本被放入剪贴板中；若要复制文本，单击"复制"按钮，或按【Ctrl+C】组合键，或在被选文字上右击，在弹出的快捷菜单中选择"复制"命令，所选文本被放入剪贴板中。

③ 将鼠标指针定位到新的位置。

④ 单击"粘贴"按钮，或按【Ctrl+V】组合键，或在插入文本的位置右击，在弹出的快捷菜单中选择"粘贴"命令，即可完成文本的移动或复制。

小提示：

WPS 文字提供了"选择性粘贴"功能，允许用户在复制文本或对象后，以不同的格式粘贴到文档中。这个功能非常有用，因为它提供了对粘贴内容的控制，允许用户根据需要选择最合适的粘贴选项。

5. 查找和替换

查找功能可以帮助用户快速找到指定的文本，而替换功能可以将指定的文字换成想要的文字。"查找和替换"对话框如图 3-25 所示。

6. 撤销与恢复

在编辑文档的过程中，可能会出现操作错误，例如，误删除了一段文字。WPS 文字提供了非常有用的撤销与恢复功能。

撤销操作可以取消前一步或多步的操作，方法如下：单击快速访问工具栏中的"撤销"按钮或按【Ctrl+Z】组合键。

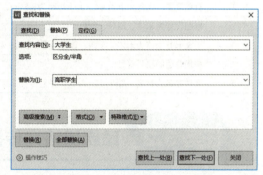

图 3-25　"查找和替换"对话框

恢复操作是恢复最近一次被撤销的操作，"恢复"按钮也位于快速访问工具栏中，其快捷键为【Ctrl+Y】。

能力拓展

1. 格式刷的使用

在格式化文本时，常常需要将某些文本、标题的格式复制到文档的其他地方。这时，使用格式刷复制格式会很方便。具体方法如下：

① 选中已设置好格式的文本。

② 选择"开始"选项卡，单击"格式刷"按钮，此时鼠标指针变为小刷子形状。

小提示：

单击"格式刷"按钮：用于设置一段文本；双击"格式刷"按钮，用于设置多段文本。

③ 拖动鼠标选中要设置相同格式的文本即可。

2. 文档的打印

单击"文件"菜单，选择"打印"→"打印"命令，弹出"打印"对话框，在其中根据需要对打印进行设置，如图3-26所示。

① 设置打印的范围：可以打印整篇文档，也可以打印文档的一部分，可以在"页码范围"部分选中"页码范围"单选按钮，在右侧的文本框中输入需要打印的页码范围。如"3-5"，表示打印第3页、第4页和第5页。

② 可以选中"双面打印"复选框，以节约纸张。

③ 如果打印多份文档，在"副本"区域设置打印的"份数"并选中"逐份打印"复选框。

④ 此外，还可以设置"按纸型缩放"打印。

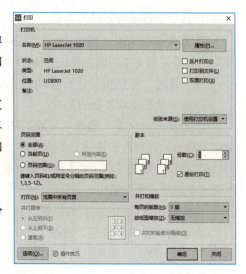

图3-26 打印设置

综合评价

按下表所列操作要求，对自己完成的文档进行检查，并给出自评分。

序号	操作要求	分值	完成情况	自评分
1	页面设置：纸张大小为A4，上下边距为2.5 cm，左右边距为3 cm	20		
2	标题设置为宋体、四号、加粗、居中	20		
3	正文部分字体为宋体、小四；首行缩进2字符；行距为固定值25磅	20		
4	添加合适的项目符号	20		
5	文件命名为姓名+调研报告.docx，并上传	20		

任务 3.2　民族团结宣传海报的制作

任务描述

1. 情境描述

民族团结进步宣传月是我国为了促进不同民族之间的相互理解和团结，推动社会和谐发展而设立的一个特别活动时期。民族团结进步宣传月的目的是增强民族团结、传承民族文化、促进社会和谐、推动共同发展。为了迎接民族团结进步宣传月的到来，某高职院校举办了以"中华民族一家亲　同心共筑中国梦"为主题的海报设计制作比赛，作为大一的学生刘小敏刚刚学习完文档处理软件的使用，对这次比赛跃跃欲试，信心满满地报了名。

2. 任务分解

针对以上情境描述，完成民族团结宣传海报的设计与制作，需要完成下列任务：
① 海报的页面布局。
② 海报的设计与制作。

3. 知识准备

在制作宣传海报前，首先需要根据任务需求准备好制作海报所需的素材，包括文字内容和相关图片，其次是对海报整体版式的设计，最后进行具体的制作。

模块 3 WPS 文档处理 59

技术分析

本次任务，需要使用以下技能：
① 页面布局，包括纸张大小、页边距、纸张方向的设置。
② WPS 文字的图文混排功能，包括图片、艺术字、文本框、形状的使用。

任务 3.2.1 宣传海报的页面布局

示例演示

页面布局是文档排版的基本操作之一，制作宣传海报首先应该对页面进行布局，包括纸张的大小、纸张的方向、页边距的设置等，然后根据准备的宣传海报内容，使用背景图片、形状和文本框设计宣传海报的整体排版效果，宣传海报的排版设计如图 3-27 所示。读者也可以自行设计。

图 3-27 宣传海报的排版设计图

任务实施

【操作步骤】

① 启动 WPS 文字，创建一个空白文字文稿。

② 宣传海报使用的纸张大小默认为 A4 纸张，纸张方向默认为横向，若要改变纸张大小和纸张方向，可以选择"页面布局"选项卡，单击"纸张大小"下拉按钮，在下拉菜单中选择需要的纸张大小。也可选择"其他页面大小"命令，弹出"页面设置"对话框，在"纸张"选项卡中，选择需要的纸张大小，如图 3-28 所示。宣传海报还可以采用横向纸张，设置纸张方向时，选择"页面布局"选项卡，单击"纸张方向"按钮即可，如图 3-29 所示。

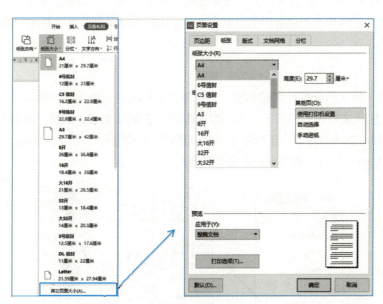

图 3-28 "页面设置"对话框"纸张"选项卡

③ 设置完纸张大小和纸张方向后，修改页边距。选择"页面布局"选项卡，在"页边距"微调框

中将上、下、左、右页边距均改为 1 cm，如图 3-30 所示，还可以单击"页边距"下拉按钮，在下拉菜单中选择"自定义页边距"命令，弹出"页面设置"对话框，在其中完成设置，如图 3-31 所示。

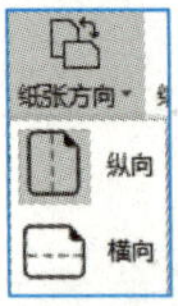

图 3-29 "纸张方向"按钮

图 3-30 修改页边距

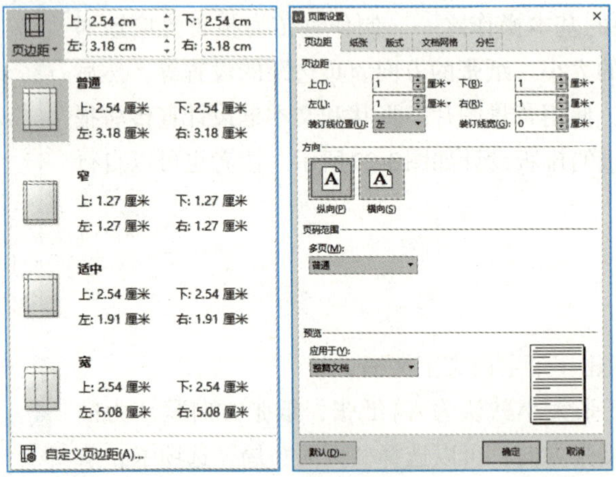

图 3-31 "页面设置"对话框"页边距"选项卡

【知识链接】

页面布局：页面布局包括纸张大小、纸张方向、页边距、分栏及文字方向的设置。设置方法有两种：一种是使用"页面布局"选项卡；另一种是使用"页面设置"对话框。默认状态下，WPS 文字自动使用纵向的 A4 幅面的纸张来显示新的空白文字文稿，用户可以根据需要选择不同的纸张大小和方向。

能力拓展

分栏

WPS 文字提供了将文档分栏排版的功能。分栏是将文档页面设置为几个栏，当一栏排满后，文档自动转到下一栏。默认文档为单栏状态。多栏版式多用于报纸和期刊。选择"页面布局"选项卡，单击"分栏"下拉按钮，在下拉菜单中进行分栏操作，选择"更多分栏"命令，弹出"分栏"对话框，如图 3-32 所示，在其中可以设置栏数及各栏的宽度和间距。

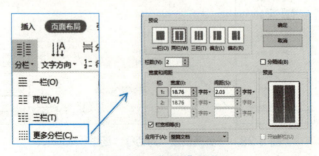

图 3-32 "分栏"操作

任务 3.2.2　宣传海报的制作

示例演示

宣传海报的页面布局及基本版式设定好之后，就可以向宣传海报内插入背景图片并添加具体的内容，在添加具体内容时，可以根据内容的多少调整用来布局的形状或是文本框的大小。完成后的主题宣传海报效果图，如图3-33所示。

任务实施

【操作步骤】

① 选择"插入"选项卡，单击"图片"→"本地图片"按钮，弹出"插入图片"对话框，如图3-34所示，选择背景图片，单击"打开"按钮。选中图片，图片上出现8个控制点，用鼠标拖动这些控制点就可以调整图片的大小，调整好背景图片后的海报效果如图3-35所示。

视 频

插入与编辑图片

图 3-33　宣传海报效果图

② 继续选择"插入"选项卡，单击"图片"→"本地图片"按钮，弹出"插入图片"对话框，选择"主题图片"，插入主题图片后，选中此图片，在出现的"图片工具"选项卡中，单击"环绕"下拉按钮，在下拉菜单中选择图片的环绕方式为"浮于文字上方"，如图3-36所示，调整主题图片的大小和位置，调整后的效果如图3-37所示。

小提示：

拖动控制点改变图片大小，尽量使用对角线上的控制点，以免改变图片的纵横比，使图片变形。

图 3-34　"插入图片"对话框

图 3-35　插入背景图片后的效果

图 3-36　环绕方式设置

图 3-37　插入主题图片后的效果

视频
插入艺术字

③ 选择"插入"选项卡,单击"艺术字"下拉按钮,在列表中选择第一行第三个,如图3-38所示。将"请在此放置你的文字"改为"民族团结",选中"民族团结"设置字体为"华文行楷",字号为"88",加粗,调整好位置,单击"文本工具"→"文本填充"→"渐变填充"→"红色-栗色渐变",如图3-39所示,完成后的效果如图3-40所示。

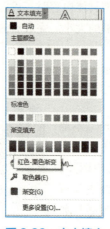

图3-38 插入艺术字　　图3-39 文本填充　　图3-40 插入艺术字后的效果

视频
插入文本框

小提示:
设置字号时,可以直接在字号文本框中输入数字,如图3-41所示。

④ 选择"插入"选项卡,单击"文本框"→"横向"按钮,如图3-42所示,在艺术字下方绘制合适大小的文本框,输入文字"【中华民族一家亲　同心共筑中国梦】",选中文字将字体设置为"微软雅黑"、字号为"二号"、加粗、颜色为"红色",调整到合适的位置。

视频
绘制形状

⑤ 选择"插入"选项卡,单击"形状"下拉按钮,选择圆角矩形,在"【中华民族一家亲 同心共筑中国梦】"文字下方,绘制圆角矩形,选中圆角矩形,选择"绘图工具"选项卡,在样式栏中选择"纯色填充-巧克力黄,强调颜色2",如图3-43所示,单击"轮廓"下拉按钮,选择"无轮廓颜色";拖动圆角矩形上的调整按钮,将圆角矩形的弧度调大一些,调整前后的效果如图3-44所示。

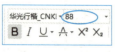

图3-41 手动输入字号

图3-42 文本框按钮

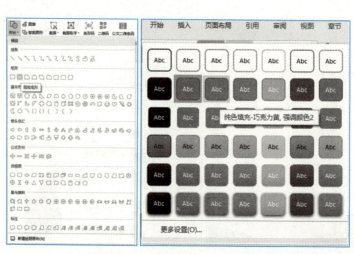

图3-43 插入圆角矩形并设置其填充效果

⑥ 在圆角矩形的边框上右击，在弹出的快捷菜单中选择"添加文字"命令，如图 3-45 所示。在圆角矩形中输入文字"紧密相连"，并将字体设置为"华文细黑"，字号为"二号"，颜色设置为"白色"。选中圆角矩形，按【Ctrl+C】组合键复制，然后按【Ctrl+V】组合键粘贴两

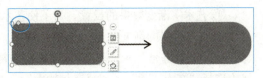

图 3-44　改变圆角矩形的弧度

个，调整到合适的位置，将文字分别改为"永不分离""抱团取胜"。再绘制两个圆角矩形，将填充设置为"无填充颜色"，轮廓设置为"巧克力黄"，调整至合适的位置；绘制两条短线，将颜色同样设置为"巧克力黄"，放置到合适的位置，如图 3-46 所示。

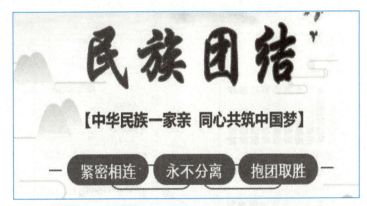

图 3-45　添加文字　　　　　　　　　　图 3-46　添加形状后的效果

⑦ 在圆角矩形下，插入"竖排文本框"，输入"中华民族一家亲，同心共筑中国梦，这是全体中华儿女的共同心愿，也是全国各族人民的共同目标。实现这个心愿和目标，离不开全国各族人民大团结的力量。我国 56 个民族都是中华民族大家庭的平等一员，共同构成了你中有我、我中有你、谁也离不开谁的中华民族命运共同体。实现中华民族伟大复兴的中国梦是各民族大家的梦，也是我们各民族自己的梦。"文字，将文字设置为"华文中宋""四号""加粗""居中"。选中文本框，在"绘图工具"选项卡中将文本框的"填充"设置为"无填充颜色"，"轮廓"设置为"无边框颜色"，如图 3-47 所示。

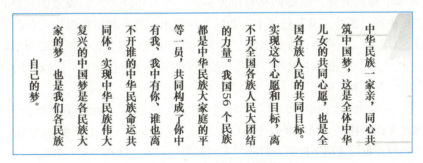

图 3-47　文本效果的设置

⑧ 宣传海报制作完成，单击快速访问工具栏中的"保存"按钮进行保存。

【知识链接】

1. 艺术字样式的设置

在文档中插入艺术字后，可以对艺术字的样式进行设置，包括文本填充、文本轮廓及文本效果，如图 3-48 所示。

① 艺术字渐变效果的设置。为了使艺术字的效果更好，可以添加艺术字的渐变效果。选中艺术字，单击"文本工具"→"文本填充"→"渐变"，在窗口右侧的"属性"窗格中选择"文本选项"→"填充与轮廓"→"文本填充"→"渐变填充"，如图3-49所示。在此可以进行渐变设置。

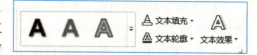

图3-48　艺术字样式

② 艺术字的变形设置。艺术字常用于报刊标题或海报宣传文字，在使用的过程中，常常需要对艺术字进行变形处理，WPS文字提供了丰富的艺术字的转换效果，在"文本工具"中的"文本效果"列表中，单击"转换"，可以看到各种不同变形效果的艺术字，用户可以根据自己的需要进行选择，如图3-50所示。

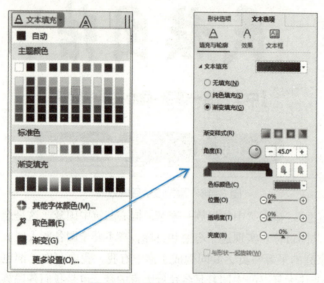

图3-49　艺术字渐变设置

图3-50　艺术字转换设置

2. 图片的基本操作

图片插入后为了排版需要，还要调整其位置、大小以及环绕方式，设置图片格式有两种方法：一种是使用功能区中的"图片工具"选项卡，如图3-51所示；另一种是在图片上右击，在弹出的快捷菜单中选择"设置对象格式"命令，在打开的"属性"窗格中进行设置，如图3-52所示。

① 改变图片的大小。单击选中图片，在图片的四周会出现8个控制点，可以使用鼠标拖动控制点来改变图片的大小，如图3-53所示。

② 移动图片。图片插入文档中时，默认的环绕方式是"嵌入式"，此时不能随意移动图片。如果希望将图片自由地在文档中移动，则需要改变图片的环绕方式，如改为"上下型环绕"或"四周型环绕"等，单击图片右侧的"布局选项"按钮，打开"布局选项"列表，选择"文字环绕"→"四周型环绕"，如图3-54所示，或在图片上右击，在弹出的快捷菜单中选择"其他布局选项"命令，弹出"布局"对话框，在"文字环绕"选项卡中进行设置，如图3-55所示。

图3-51　"图片工具"选项卡

图3-52 "图片属性"窗格

图3-53 图片的8个控制点

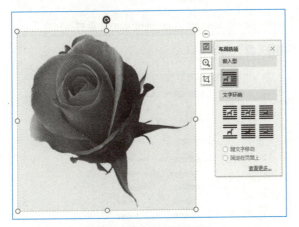

图3-54 文字环绕设置

图3-55 "布局"对话框

③ 删除图片。要删除图片，选中图片后，按【Delete】键即可。

3. 形状

WPS文字提供了绘图工具可以在文档中绘制形状，包括直线、矩形、椭圆及箭头等形状，可以直接单击"形状"中相应的按钮，在工作区中拖动鼠标进行绘制。

小提示：

按住【Shift】键，可以画出圆、正方形、正五角星等图形。按住【Shift】键，画直线和带箭头的线时，只能画与水平线夹角为45°、90°、135°、180°等几种固定角度的线。

4. 文本框

当需要将一些特殊信息与主体文档分开时，就会用到文本框。文本框以图形对象方式出现，可作为存放文本的容器，可以置于页面的任何位置并随意调整大小。

选择"插入"选项卡，单击"文本框"按钮，在下拉菜单中可选择"横向""竖向""多行文本"命令，此时鼠标指针变成十字形状，按下鼠标左键拖动即可生成一个文本框。文本框插入后可在其中输入文本、插入图片或绘制表格。

小提示：

文本框可以以任意大小放置在文档的任意位置，因为文本框使用灵活的特点，文本框成为WPS文字图文混排中常用的工具。

能力拓展

1. 形状格式的设置

选中形状后，形状四周会出现8个空心控制点，拖动控制点可调整形状的大小；将鼠标指针置于形状的边框上拖动鼠标可以移动形状；形状被选中后，在功能区中单击"绘图工具"选项卡，功能区中出现设置形状样式的相关工具按钮，如图3-56所示。通过这些按钮可以设置形状填充、形状轮廓及形状效果。另外，在形状的边框上右击，在弹出的快捷菜单中选择"设置对象格式"命令，打开"属性"窗格，如图3-57所示。在此窗格中可以设置形状的格式，包括形状的填充颜色、边框的线条、形状的大小、形状的效果（包括阴影、倒影、发光、三维效果等）、形状中的文字距四个边框的距离等。

图3-56 "绘图工具"选项卡

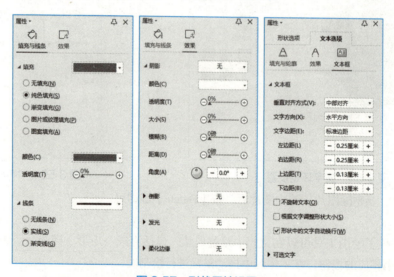

图3-57 形状属性设置

此外，还可以为形状添加背景图像。在形状属性窗格的"填充"区域，选中"图片或纹理填充"单选按钮，在"图片填充"下拉列表中选择"本地文件"，如图3-58所示，添加背景图像后的效果如图3-59所示。

小提示：

填充的背景图片可以通过调整上下左右的偏移量达到更合适的效果。填充的背景图片如果色彩比较丰富会影响形状中文字的显示效果，此时，可以通过设置填充图片的透明度，使图片变得模糊，从而不会影响文字的显示。

小提示：

文本框格式的设置与形状格式设置相同。

图 3-58 添加背景图　　　图 3-59 为圆形添加背景图像后的效果

2. 多个图形的组合

文档中插入的形状、图片或其他对象可以组合在一起，成为一个整体，也可以随时取消组合。按住【Shift】键的同时单击要组合的形状、图片或其他对象，在出现的按钮组中选择"组合"按钮；或是右击选中形状，在弹出的快捷菜单中选择"组合"命令，如图 3-60 所示。

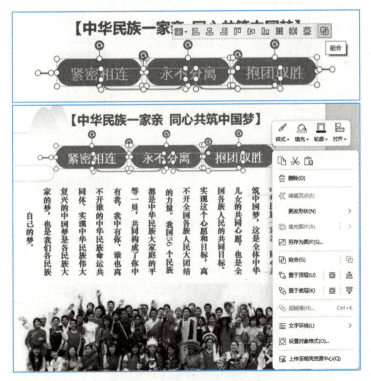

图 3-60 多个图形的"组合"

小提示：
环绕方式为"嵌入式"的图形无法组合，要想组合先将环绕方式改为"上下型"或"四周型"。

3. 多个图形排列

选中多个图形，在出现的工具栏中还可以设置图形的排列方式，包括分布方式及对齐方式，如图3-61所示。

图3-61　多个图形排列工具

4. 插入智能图形

智能图形主要是用来表示流程或层次结构的图形，利用智能图形可以快速、轻松、有效地传达信息。WPS文字提供了13种智能图形，分别是组织结构图、基本列表、垂直项目符号列表、垂直框列表、垂直块列表、水平项目符号列表、垂直图片列表、梯形列表、分离射线、聚合射线、基本流程、重点流程图、射线维恩图、循环矩阵等。选择"插入"选项卡，单击"智能图形"按钮，弹出"选择智能图形"对话框，如图3-62所示。选择所需图形，单击"确定"按钮即可。

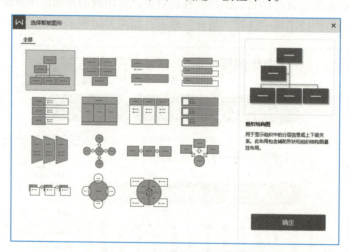

图3-62　"选择智能图形"对话框

5. 页面边框

边框可以吸引注意力并为文档增加时尚特色，选择"页面布局"选项卡，单击"页面边框"按钮，打开"边框和底纹"对话框，如图3-63所示，在此对话框中可以选择不同样式的页面边框。

小提示：

在"边框和底纹"对话框中，"边框"选项卡可以为选定的段落添加边框；"底纹"选项卡可以为选定的段落添加底纹，设置背景的颜色和图案，但不能为页面添加底纹。可以通过"页面布局"选项卡中的"背景"按钮，为整个页面添加背景颜色、背景图片，但此背景在打印时无法显示。

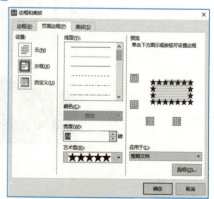

图3-63　"边框和底纹"对话框

6. 首字下沉

首字下沉是报刊排版中常见的一种效果，选中要设置首字下沉的文字，选择"插入"选项卡，单击"首字下沉"按钮，弹出"首字下沉"对话框，如图 3-64 所示，可以设置首字下沉的位置、首字下沉的字体、下沉的行数及首字与正文的距离，设置完成，单击"确定"按钮，就会显示段落首字下沉的效果，如图 3-65 所示。

图 3-64 "首字下沉"对话框

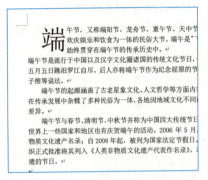
图 3-65 段落首字下沉效果

7. 汉字加拼音

如果需要给汉字自动加上拼音，先选中要加拼音的汉字，在"开始"选项卡中单击 按钮，弹出"拼音指南"对话框，如图 3-66 所示。在此对话框中可以设置"字体""字号""对齐方式"，还可以选择给"单字"加拼音还是"组合"后加拼音。

8. 带圈的文字

带圈的文字是给单字加上格式边框，加以强调。WPS 文字提供了"圆圈""方形""三角形""菱形"四种形式。在"开始"选项卡中单击 按钮，在弹出的菜单中选择"带圈字符"命令，弹出"带圈字符"对话框，如图 3-67 所示。在对话框中输入文字，选择圈号，选择样式即可。单击"确定"按钮后，会显示"⊕"。

图 3-66 拼音指南

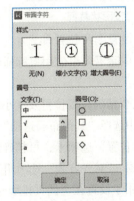
图 3-67 带圈字符

9. 图片的编辑

（1）图片的裁剪

在 WPS 文字文稿中，用户可以方便地对图片进行裁剪操作，以截取图片中最需要的部分，操作方法如下：

选中要裁剪的图片，选择"图片工具"选项卡，单击"裁剪"按钮，对图片的裁剪可以直接裁剪、按形状裁剪或是按比例裁剪。

① 直接裁剪：图片周围出现八个方向的裁剪控制柄，用鼠标拖动控制柄将对图片进行相应方向的裁剪，同时可以拖动控制柄将图片复原，直至调整合适为止，按【Enter】键即可对图片进行裁剪。

② 按形状裁剪：如图3-68所示，可以选择不同的图案，将图片裁剪成选中的形状，例如将图片裁剪成心形，裁剪后的效果如图3-69所示。

③ 按比例裁剪：可以按图3-70所示比例对图片进行裁剪。选择"重设形状和大小"命令可将图片恢复成原始的形状和大小。

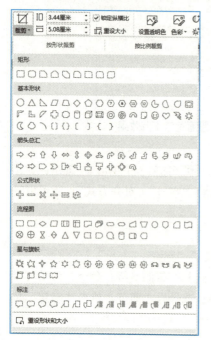
图3-68　按形状裁剪

图3-69　将图片裁剪成心形

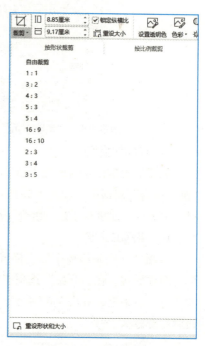
图3-70　按比例裁剪

（2）精确设置图片位置和大小

WPS文字中除了可以使用鼠标拖动来改变图片的大小和位置外，还可以精确设置图片的大小和位置。方法如下：

① 选中需要精确设置位置及大小的图片。先将图片的环绕方式设置为非嵌入式，右击图片，在弹出的快捷菜单中选择"其他布局选项"命令，弹出"布局"对话框。

② 选择"位置"选项卡，可精确设置图片的位置，如图3-71所示。在"水平"区域提供了多种图片位置设置选项。"对齐方式"选项用于设置图片相对于页面或页边距等的左对齐、居中或右对齐；"书籍版式"选项用于设置在奇偶页排版时图片位置在内部还是外部；"绝对位置"选项用于精确设置图片自页面或栏的左侧开始，向右侧移动的距离数值。"垂直"区域的设置与"水平"区域的设置基本相同，设置完毕单击"确定"按钮。

③ 选择"大小"选项卡，可以设置图片的高度和宽度，如图3-72所示。

小提示：

还可以在"图片工具"选项卡中直接设置图片的大小，如图3-73所示。

模块 3　WPS 文档处理

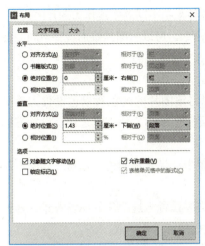

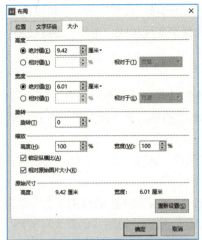

图 3-71　图片精确位置的设置　　　图 3-72　图片精确大小的设置　　　图 3-73　图片宽度、高度的设置

（3）图片效果的设置

WPS 文字提供了丰富的图片效果设置，包括阴影、倒影、发光、柔化边缘、三维旋转等，设置方法：选中要设置效果的图片，选择"图片工具"选项卡，单击"效果"按钮，在下拉菜单中选择相应的功能即可设置不同的图片效果，选择"更多设置"命令，在右侧的"属性"窗格的"效果"选项中，可进行图片效果的设置，如图 3-74 所示。

（4）图片边框的添加

在 WPS 文字中，用户可以为选中的图片设置多种颜色、多种粗细尺寸的实线边框或虚线边框，操作方法如下：

① 选中需要设置边框的一张或多张图片。

② 选择"图片工具"选项卡，单击"边框"按钮。在打开的图片边框列表中，可以选择边框的颜色及线型，边框颜色的选择包括主题颜色、标准色、渐变填充，还可以选择"其他边框颜色"命令选择更多的颜色或是单击"取色器"选取窗口中任意一种色彩。如果希望取消图片边框，则可以选择"无边框颜色"命令，如图 3-75 所示。

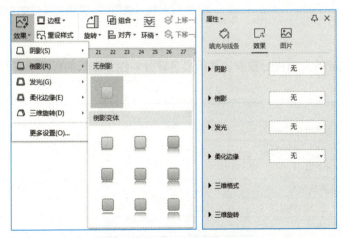

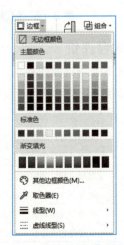

图 3-74　"图片效果"的设置　　　　　　　　　　图 3-75　"图片边框"的设置

③ 在"图片边框"下拉菜单中选择"线型"命令，可以选择各种粗细不同的实线作为图片的边框，还可以选择"其他线条"命令选择渐变线样式；选择"虚线线型"命令，可以为图片添加各种不同的虚线边框。

（5）设置图片透明色

在 WPS 文字中，对于背景色只有一种颜色的图片，用户可以将该图片的纯色背景色设置为透明色，从而使图片更好地融入 WPS 文档中。该功能对于设置有背景颜色的 WPS 文档尤其适用。设置方法如下：

① 选中需要设置透明色的图片，选择"图片工具"选项卡，单击"设置透明色"按钮，如图 3-76 所示。

② 鼠标指针呈现彩笔形状，将鼠标指针移动到图片上并单击需要设置为透明色的纯色背景，则被单击的纯色背景将被设置为透明色，从而使得图片的背景与 WPS 文档的背景色一致。

10. 条形码、二维码及公文二维条码

条形码在商品标签、库存管理、物流跟踪等领域非常实用，WPS 文字提供了在文档中插入条形码的功能，你可以选择不同类型的条形码并且还可以自定义条形码的数值和外观。

二维码是一种可以存储更多信息的编码方式，它能够包含文本、网址、联系信息等。在 WPS 文字中可以生成二维码，并自定义其内容。生成的二维码可以用于营销活动、信息分享、个人名片等场合。

公文二维条码是一种特殊的二维码，通常用于正式文件或公文，以确保文件的安全性和可追溯性。WPS 文字中的公文二维条码功能允许用户生成带有特定信息的二维码，这些信息可能包括文件标题、作者、日期等，以便于文件的管理和验证。

可以通过"插入"选项卡中的"条形码""二维码""公文二维条码"在文档中插入需要的内容，如图 3-77 所示。

图 3-76　设置透明色

图 3-77　插入条形码、二维码及公文二维条码

综合评价

按下表所列操作要求，对自己完成的文档进行检查，并给出自评分。注：海报的版式及各部分样式均可参照任务示例自行设计制作。

序号	操作要求	分值	完成情况	自评分
1	页面设置：纸张大小为 A4，上下左右边距均为 1 cm	10		
2	插入并设置背景图片及主题图片	20		
3	海报主题文字的设置：艺术字的使用	20		
4	海报正文文字的添加及格式设置：文本框的使用	20		
5	海报中关键词文字的添加和格式设置：形状的使用	20		
6	文件命名为姓名+宣传海报.docx，并上传	10		

任务 3.3 毕业论文排版

任务描述

1. 情境描述

小明是某高职院校计算机应用技术专业的一名即将毕业的大三学生，已经按照导师的要求完成了毕业论文，在提交论文之前需要按学院的统一要求对毕业论文进行编辑和排版，基本要求如下：

① 页面设置：纸张大小为A4，默认页边距，纵向。

② 一级标题：中文字体为黑体、西文字体为Times New Roman，字号为小三号、加粗、居中、行距为最小值20磅、段前66磅、段后36磅。

③ 二级标题：黑体、四号、行距为最小值20磅、段前22磅、段后22磅。

④ 三级标题：黑体、四号、行距为最小值20磅、段前12磅、段后12磅。

⑤ 正文：中文字体为宋体、西文字体为Times New Roman，字号为小四号，行距为固定值20磅，首行缩进2字符。

⑥ 目录标题：宋体、小三号、加粗、居中。

⑦ 摘要格式：中文摘要标题为宋体、二号、居中；英文摘要标题为Times New Roman、二号、居中；摘要下方的关键字为宋体、四号、加粗；致谢与参考文献使用一级标题格式。目录内容及摘要内容与正文样式相同。

⑧ 页眉采用"单节标题"，页脚为居中的页码。目录没有页眉只有页脚，其页码单独标记。

2. 任务分解

针对以上情境描述，完成毕业论文的编辑和排版，需要完成下列任务：

① 毕业论文样式的设置。

② 毕业论文页眉/页脚的添加。

③ 毕业论文目录的制作。

3. 知识准备

在使用WPS文字的过程中，常会对毕业论文、用户手册、图书等长文档进行编辑和排版，WPS文字提供了方便的编辑长文档的功能，包括样式的设置与使用、页眉页脚页码的添加、目录的制作等内容。

技术分析

本次任务中，需要使用以下技能：

① 样式的创建、编辑及应用。

② 页面的分节、分页设置。

③ 页眉和页脚的添加。

④ 目录的制作。

任务 3.3.1 毕业论文样式的设置

示例演示

毕业论文中包含的各级标题内容较多，如果一一进行格式设置比较麻烦并且容易出错，可

视频

创建和应用样式

以将论文中用到的样式全部创建出来，然后分别在论文中引用即可。设置了样式后的毕业论文效果如图 3-78 所示。注意：为了突出知识点的应用，此任务中的毕业论文具体内容省略了。

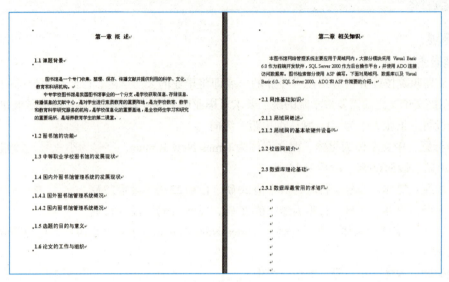

图 3-78　毕业论文样式效果图

 任务实施

【操作步骤】

① 打开已经输入好的毕业论文文稿。

② 选择"开始"选项卡，右击"标题 1"，在弹出的快捷菜单中选择"修改样式"命令，如图 3-79 所示，弹出"修改样式"对话框，如图 3-80 所示。将字体设置为"黑体"、字号设置为"小三号"、加粗、居中，然后单击"格式"按钮，选择"段落"命令，弹出"段落"对话框，将段前设置为 66 磅，段后设置为 36 磅，行距设置为最小值 20 磅，大纲级别设置为"1 级"，如图 3-81 所示，单击"确定"按钮，返回到"修改样式"对话框，单击"确定"按钮。

图 3-79　标题 1 快捷菜单

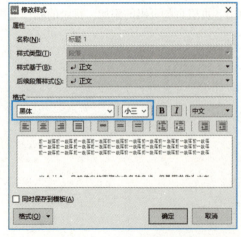

图 3-80　"修改样式"对话框

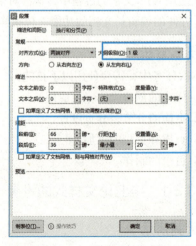

图 3-81　"段落"对话框

③用同样的方法，将"标题2"样式修改为：黑体、四号、行距为最小值20磅、段前22磅、段后22磅，大纲级别为2级；"标题3"样式修改为黑体、四号、行距为最小值20磅、段前12磅、段后12磅，大纲级别为3级；"正文"样式修改为中文为宋体、小四号字，英文为Times New Roman、小四号，行距为固定值20磅，大纲级别为正文。

④单击"样式"分组右下角的小按钮，展开"预设样式"菜单，选择"显示更多样式"命令，如图3-82所示，打开右侧的"样式和格式"窗格，如图3-83所示，在"预设样式"菜单中选择"新建样式"命令，或单击"样式和格式"窗格中的"新样式"按钮，弹出"新建样式"对话框，如图3-84所示。将名称修改为"摘要样式"，格式设置为宋体、二号、居中，单击"格式"按钮，选择"字体"命令，弹出"字体"对话框中，将西文字体设置为"Times New Roman"。

  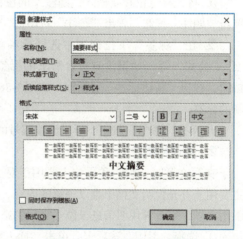

图3-82　"预设样式"菜单　　图3-83　样式和格式窗格　　图3-84　"新建样式"对话框

⑤选中目录页中的"目录"两个字并将字体设置为宋体、小三号、加粗、居中；选中下一页的"中文摘要"，在"预设样式"菜单中选择"摘要样式"，将样式应用于中文摘要；选中摘要下方的关键词，直接在"开始"选项卡中设置字体为宋体、字号为四号、加粗。用同样的方法设置英文摘要的内容。

⑥选中"第一章　概述"，在"预设样式"菜单中选择"标题1"；选中"1.1 课题背景"，在"预设样式"菜单中选择"标题2"；选中"1.4.1 国外图书馆管理系统概况"，在"预设样式"菜单中选择"标题3"。用同样的方法，将论文中所有的标题应用修改好的样式。

小提示：
正文样式修改好后，文稿中的正文格式会自动改变。

【知识链接】

1. WPS文字的样式

在WPS文字中可以使用样式来设置文字或段落的格式，样式分为内置样式和自定义样式，内置样式是WPS文字本身所提供的样式，自定义样式是用户将常用的格式定义为样式。样式是一套预先设置好的文本格式，它能迅速改变文档的外观。

在WPS文字文稿中，用户可以对样式进行管理，包括新建样式、修改样式、删除样式等操作。

小提示：
用户只能删除用户新建的样式，不能删除WPS文字内置的样式。

2. 选择工具的使用

在 WPS 文字中，若想快速选中同一格式的多个文本，可以使用"选择"下拉按钮。首先选中一个应用了"标题 1"样式的文本，然后选择"开始"选项卡，单击"选择"下拉按钮，选择"选择格式相似的文本"命令，这样就会把所有应用了"标题 1"样式的文本都选中。

能力拓展

1. 题注

题注可以对文档中的图片、表格、图表和公式等对象添加名称和编号，保证长文档中的对象能够按照顺序自动编号。

① 将光标定位在要插入"题注"的位置，选择"引用"选项卡，单击"题注"按钮，弹出"题注"对话框，如图 3-85 所示。

② 在"标签"下拉列表中选择标签类型，如"表""图""图表""公式"等，如果没有符合需求的标签，可以单击"新建标签"按钮，弹出"新建标签"对话框，如图 3-86 所示，在此对话框中创建新的标签。

③ 单击"编号"按钮，可以设置编号的格式。

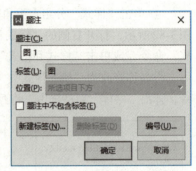

图 3-85 "题注"对话框

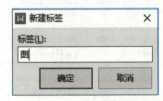

图 3-86 "新建标签"对话框

2. 脚注和尾注

在写文章时，脚注和尾注主要用于对文档进行一些补充说明。脚注主要用于补充说明文档中难以理解的内容，位于一页的底部；尾注常用于引用文献、作者等说明信息，位于文档的结尾处或某一章节的结尾处。

① 选择"引用"选项卡，单击"插入脚注"按钮，则光标会直接定位到页面的下方，输入脚注内容即可。如图 3-87 所示。单击"插入尾注"按钮，则光标定位到整个文档末尾，输入尾注内容即可。

② 单击"脚注"分组右下角的小按钮，弹出"脚注和尾注"对话框，如图 3-88 所示。在此对话框的"位置"区域可以设置脚注或尾注的位置，在"格式"区域可以设置编号的格式等。

3. 字数统计

写文章时，有时需要控制字数，WPS 文字提供了字数统计功能，可以随时统计文档中的字数。选择"审阅"选项卡，单击"字数统计"按钮，弹出"字数统计"对话框，如图 3-89 所示，在此对话框中可以查看文档的统计信息。

图 3-87 插入脚注　　图 3-88 "脚注和尾注"对话框　　图 3-89 "字数统计"对话框

任务 3.3.2　毕业论文页眉/页脚的添加

示例演示

视　频
设置页眉页脚

页眉和页脚是一篇论文不可缺少的部分，页眉和页脚常用于显示论文的附加信息，可以是论文的标题、单位名称、作者姓名、页码、图标等内容。在此任务中需要给论文的正文添加页眉，内容为"章节标题"，给目录和正文添加页脚，内容为"页码"，且目录的页码是单独标记的。页眉和页脚完成的效果如图 3-90 所示。

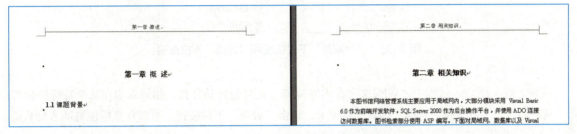

图 3-90　第一章与第二章的页眉效果图

任务实施

【操作步骤】

① 分别在每一章的最后插入分节符，使每一章处在不同的"节"中。选择"页面布局"选项卡，单击"分隔符"下拉按钮，选择"下一页分节符"命令，插入一个具有分页功能的分节符。或者选择"插入"选项卡中，单击"分页"下拉按钮，选择"下一页分节符"命令。

② 将光标定位在第一章开始处，选择"插入"选项卡，单击"页眉页脚"按钮，添加文字页眉"第一章　概述"，在"页眉页脚工具"选项卡中单击"页眉页脚切换"按钮，将光标定位在页脚中，单击"页码设置"按钮，可以设置页码的样式、位置及应用范围，如图 3-91 所示。

③ 在第二章的页眉处双击鼠标，在"页眉页脚工具"选项卡中单击"同前节"按钮，这样就可以为不同的"节"设置不同的页眉了。

④ 用同样的方法为"参考文献"和"致谢"页添加页眉和页脚。

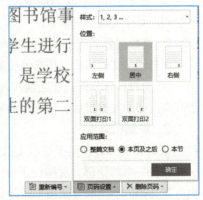

图 3-91　在页脚插入页码

小提示：

在添加页眉和页脚时，还可以设置"奇偶页不同"或"首页不同"。在页眉和页脚的编辑模式下，单击"页眉页脚选项"按钮，在弹出的对话框中选择"奇偶页不同"复选框则可以让奇数页和偶数页的页眉页脚分别设置不同的内容。选择"首页不同"复选框则可以让首页设置独有的页眉和页脚，首页不同、奇偶页不同常用在书籍的排版中。

【知识链接】

1. 分隔符

分隔符是文档中分隔页、栏或节的符号，WPS 文字中的分隔符包括分页符和分节符两大类。选择

"页面布局"选项卡,单击"分隔符"下拉按钮,或选择"插入"选项卡,单击"分页"下拉按钮,如图 3-92 所示。

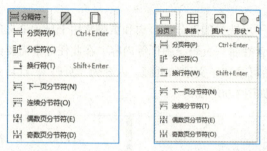

图 3-92 "分隔符"下拉按钮和"分页"下拉按钮

(1)分页符

通常,在文档录入过程中,WPS 文字在内容排满一页时会自动分页,如果希望在某个特殊的位置分页,则需插入一个分页符,选择"插入"选项卡,单击"分页"下拉按钮,可以在光标位置插入分页符。

(2)分节符

WPS 文字提供了分节的功能,分节符是插入到节结尾的标记,它可以将文档分成任意数量的节,用户可以以节为单位设置页眉和页脚、段落编号或页码等内容。

共有四种分节符,作用如下:

① 下一页分节符:在当前插入点处插入一个分节符,强制分页,新节从下一页开始,常用于在文档中开始新的章节。

② 连续分节符:在当前插入点处插入一个分节符,不强制分页,新节从本页的下一行开始,常用于在同一页中实现不同格式。

③ 奇数页分节符:在当前插入点处插入一个分节符,强制分页,新节从下一个奇数页开始。常用于双面打印的文档排版,用来保证某些页面始终在装订好的文档的左边或右边。

④ 偶数页分节符:在当前插入点处插入一个分节符,强制分页,新节从下一个偶数页开始,常用于双面打印的文档排版,用来保证某些页面始终在装订好的文档的左边或右边。

2. 页眉和页脚

页眉和页脚通常用于显示文档的附加信息,如文档章节标题、公司名称、页码、书名等。页眉位于文档每一页的顶部,页脚位于每一页的底部。WPS 文字可以给文档的所有页建立相同的页眉和页脚,也可在文档的不同部分使用不同的页眉和页脚。

页眉和页脚与文档的正文处于不同的层次上,因此,不能同时编辑正文与页眉和页脚。插入页眉和页脚的方法如下:

① 选择"插入"选项卡,单击"页眉页脚"按钮,即可在文档中插入页眉。

② 输入页眉内容,此时功能区显示"页眉页脚工具"选项卡,如图 3-93 所示,单击"页眉页脚切换"按钮,可以对页脚进行编辑。

图 3-93 "页眉页脚工具"选项卡

如果想重新编辑页眉和页脚，在页眉或页脚区双击，即可再次进入页眉和页脚编辑模式。

3. 插入页码

页码常出现在页脚处，选择"插入"选项卡，单击"页码"下拉按钮，如图3-94所示，可以选择不同位置不同格式的页码。选择"页码"命令，弹出"页码"对话框，如图3-95所示，可以设置页码的格式，如果想删除页码，则选择"删除页码"命令即可。

图 3-94 "页码"下拉按钮

图 3-95 "页码"对话框

能力拓展

1. 奇偶页不同的页眉和页脚的设置

在有些长文档的编排中，通常要求目录的开始页和每篇的开始页都在奇数页上，目录的页码使用罗马数字，正文的页码使用阿拉伯数字，奇偶页页码位置不同，内容不同。具体设置如下：

① 分节：将光标移动到目录的末尾，选择"页面布局"选项卡，单击"分隔符"下拉按钮，在下拉菜单中选择"奇数页分节符"命令，用同样的方法，在目录前和每章的结束页末尾分别插入分节符，类型为"奇数页分节符"，这样就保证了目录和每章都以奇数页开始。

② 在"页眉页脚工具"选项卡中单击"页眉页脚选项"按钮，弹出"页眉/页脚设置"对话框，如图3-96所示，根据需要可以选择"奇偶页不同"或"首页不同"复选框，来为文档的不同部分设置不同的页眉和页脚。

③ 分别对奇数页和偶数页设置不同的页眉和页脚。

图 3-96 "页眉/页脚设置"对话框

2. 修订和批注

为了便于多人协作审阅文档，WPS文字允许在文档中快速创建和查看修订和批注。

（1）修订

修订：显示文档中所做的如删除、插入或其他编辑更改的位置的标记。启用修订功能时，你或其他审阅者的每一次插入、删除操作都会被标记出来，不同的审阅者可以用不同的颜色显示。当用户查看修订时，可以选择接受或拒绝每处更改。

（2）批注

批注：作者或审阅者为文档添加的注释或修改意见。在文档的页边距处显示批注。当需要对文档进行附加说明时就可以插入批注，当不需要某条批注时，也可以将其删除。

将光标定位到需要插入批注的内容后面，或选中需要添加批注的内容。选择"审阅"选项卡，单击"插入批注"按钮，如图3-97所示，此时在编辑区的右侧出现批注框，在批注框中输入批注内容即可创建批注。

图3-97 修订和批注工具

如需删除批注，只需选定文档中的批注，单击"删除"按钮即可。

任务3.3.3 毕业论文目录的制作

示例演示

WPS文字提供了自动生成目录的功能，要实现目录的自动生成，其前提是文档中需要提取到目录的文本应用了大纲级别格式或标题样式。上一任务已经完成了样式的设置，现在就可以制作毕业论文的目录了。目录制作完成的效果如图3-98所示。

视频
制作目录

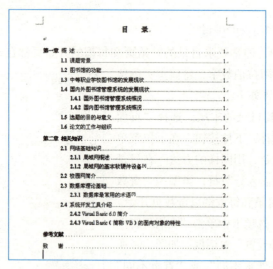

图3-98 毕业论文目录页

任务实施

【操作步骤】

① 在"目录"两个字下方定位光标，选择"引用"选项卡，单击"目录"下拉按钮，在下拉菜单中可以选择内置的目录，如图3-99所示，或选择"自定义目录"命令，弹出"目录"对话框，选中"显示页码"和"页码右对齐"复选框，并设置"显示级别"为3，可以选择"制表符前导符"的样式，如图3-100所示，然后单击"确定"按钮。

图 3-99 内置目录

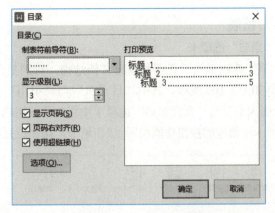

图 3-100 "目录"对话框

② 在目录页就插入了图 3-98 所示目录。

③ 双击目录页的页脚,在"页眉页脚工具"选项卡中单击"同前节"按钮,然后单击"页码设置"按钮,可以选择页码的位置和样式,此处,将页码的样式设置为"罗马数字",应用范围设置为"本节",单击"重新编号"按钮将页码编号设为"1",如图 3-101 所示。

【知识链接】

目录

通常情况下,用 WPS 文字制作目录是根据文档设置的标题样式自动生成。但在某些特殊场景下,用户需要根据不同的需求手动制作目录,实现更为灵活的目录样式。WPS 文字创建目录可以分为"智能目录""自动目录""自定义目录"。

智能目录:WPS 文字通过智能识别自动创建的目录,操作简单、可以自动更新,当文档结构发生变化时,只需更新目录即可。

自动目录:依据大纲/标题识别自动生成的。

自定义目录:用户可以按照自己的需求设计特定的目录样式,包括目录的前导符、级别、格式等。

选择"引用"选项卡,单击"目录"下拉按钮,选择"自定义目录"命令,弹出"目录"对话框,单击"选项"按钮,弹出"目录选项"对话框,如图 3-102 所示,在其中可更改目录的级别。

图 3-101 页码编号设置

图 3-102 "目录选项"对话框

小提示：

当文档的样式标题内容和文档的页数发生变化时，文档目录也需要随之更新。更新的方法：选择"引用"选项卡，单击"更新目录"按钮即可。

能力拓展

1. "章节"选项卡

"章节"选项卡用于管理和编辑文档结构，特别是在处理长文档时非常有用。"章节"选项卡中包含的工具如图3-103所示。其中"目录页"与"引用"选项卡中的"目录"相同；"页边距""纸张方向""纸张大小"与"页面布局"选项卡中相应的按钮功能相同；"页码""页眉页脚""封面页"与"插入"选项卡中相应的按钮功能相同。"新增节"按钮就是插入"分节符"。

图3-103 "章节"选项卡

"章节导航"是一个独立的窗口，如图3-104所示，可以更直观地查看文档的结构，快速定位到对应的位置。目前有四个独立功能，分别是：

① "目录"：可以智能提取文档中的标题，不依赖用户是否设置大纲级别，通过目录导航可以快速提升或降低当前标题的层级。

② "章节"：显示文档页面的缩略图，可以快速增加、删除、合并节。

③ "书签"：展示文档中所有的书签。

④ "查找和替换"：可以在文档中快速地查找内容或格式及替换内容和格式。

2. 中文版式

WPS文字提供了一些特殊的中文排版方式，如合并字符、双行合一。

（1）合并字符

在"开始"选项卡中单击 下拉按钮，选择"合并字符"命令，弹出"合并字符"对话框，在其中可以设置合并的文字及字体和字号。设置完成的效果如图3-105所示。

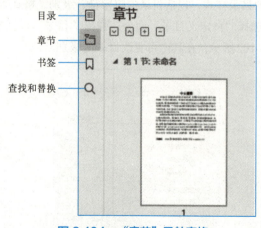

图3-104 "章节"导航窗格

图3-105 "合并字符"对话框及合并字符后的效果

（2）双行合一

选择"双行合一"命令，弹出"双行合一"对话框，在此对话框中输入文字即可，双行合一的效果如图 3-106 所示。

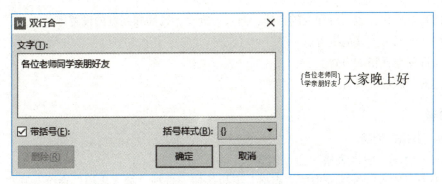

图 3-106　"双行合一"对话框及双行合一的效果

综合评价

按下表所列操作要求，对自己完成的文档进行检查，并给出自评分。

序　号	操作要求	分　值	完成情况	自　评　分
1	样式的设置和应用：标题1、标题2、标题3、正文样式的修改；摘要样式的创建；样式的应用	30		
2	分节、页眉和页脚的设置	30		
3	目录的生成	30		
4	文件命名为姓名+毕业论文.docx，并上传	10		

任务 3.4　个人简历表的制作

任务描述

1. 情境描述

在追求职业生涯的旅途中，即将迎来毕业季的大三学生小美，欣然接受了一项挑战，精心打造一份个人简历。她决定使用 WPS Office 的文字处理软件来制作她的个人简历，那么，小美将如何巧妙地运用 WPS 制作出一份既专业又具个性化的简历呢？

2. 任务分解

针对以上情境描述，完成个人简历表的制作，需要完成下列任务：
① 精心构建个人简历表。
② 视觉提升个人简历表。

3. 知识准备

在制作个人简历前，首先需要整理和归纳出需要展示的个人信息，在本任务中，小美决定从教育经历、实践经历、荣誉奖项、技能证书、个人评价、个人基本信息六方面完成个人简历。然后，小美需要确定一个清晰、专业的简历布局，以便高效地传达她的资质和优势。

技术分析

本次任务中，需要使用以下技能：

① 表格的创建。

② 表格的基本操作：包括行和列的选择、插入、删除、行高和列宽的设置等。

③ 表格中文字对齐方式的设置。

④ 合并与拆分单元格的设置。

⑤ 表格边框与底纹的设置。

知识预备

1. 表格的创建

（1）使用"插入表格"命令创建

单击"插入"选项卡中的"表格"下拉按钮，选择"插入表格"命令，弹出"插入表格"对话框，在"表格尺寸"区域输入行数和列数。

视频

创建和编辑表格

（2）使用"绘制表格"命令创建

单击"插入"选项卡中的"表格"下拉按钮，选择"绘制表格"命令，当鼠标指针出现笔形状时，按住鼠标左键拖动鼠标，绘制表格。

（3）使用"模拟表格"创建

单击"插入"选项卡中的"表格"下拉按钮，在"模拟表格"上根据需要拖动鼠标，单击鼠标即可创建表格。

2. 表格的常规操作

新表格创建后，如果表格的结构不能满足要求，可以选择"表格工具"选项卡，对表格进行编辑和修改。

（1）表格、单元格、行、列的选择

① 功能区的选择：单击表格的选择位置，在功能区中出现"表格工具"选项卡，如图3-107所示。单击"选择"按钮，可以选择行、列、单元格、整个表格、虚框选择表格。

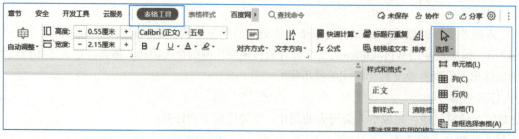

图 3-107 "表格工具"选项卡

② 直接选择有两种方法：一种是用鼠标单击选择，一种是用鼠标拖动选择。

- 单元格的选择：将光标移动到此单元格的左边，当出现黑色向右的箭头时单击。
- 行的选择：将光标移动到所选行的最左边的边线外一点，出现空心的箭头时单击可以选中此行。
- 列的选择：将光标移动到所选列的上方，当出现黑色向下的箭头时单击则可以选中此列。
- 整个表格的选择：将光标移动到表格的左上角时，单击 ⊞ 图标，则可以选中整个表格。

（2）调整表格的大小和位置

① 调整表格的大小。

- 将鼠标指针移动到表格上时，表格的右下角会出现控制点，拖动此控制点可以改变表格的大小，如图3-108所示。
- 右击表格，在弹出的快捷菜单中选择"表格属性"命令，弹出"表格属性"对话框，可以修改表格"指定宽度"。

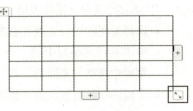

图 3-108　表格控制点

② 调整表格的位置。

- 将鼠标指针置于表格的左上角，直到出现表格移动控制点，选择控制点，拖动鼠标可以移动表格。
- 在"表格属性"对话框中，可以调整表格的对齐方式。

（3）插入或删除单元格、行或列

① 插入、删除单元格。

插入单元格时，在要插入新单元格位置的左边或上边选定一个或几个单元格，其数目与要插入的单元格数目相同，然后右击，在弹出的快捷菜单中选择"插入"命令，弹出"插入单元格"对话框，如图3-109所示。选中"活动单元格右移"或"活动单元格下移"单选按钮后，单击"确定"按钮。

删除单元格时，选定要删除的单元格，选择"表格工具"选项卡，单击"删除"下拉按钮，选择"单元格"命令，弹出"删除单元格"对话框，如图3-110所示。根据需要选择"右侧单元格左移"或"下方单元格上移"单选按钮，单击"确定"按钮。

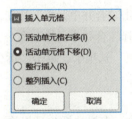 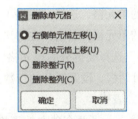

图 3-109　"插入单元格"对话框　　　图 3-110　"删除单元格"对话框

② 插入行或列。在表格中插入行和列的方法有以下几种：

- 单击某个单元格，选择"表格工具"选项卡，根据需要单击"在上方插入""在下方插入""在左侧插入""在右侧插入"按钮，如图3-111所示。

图 3-111　"表格工具"选项卡

- 选定单元格并右击，在弹出的快捷菜单中选择"插入"命令，根据需要选择"在上方插入""在下方插入""在左侧插入""在右侧插入"命令，如图3-112所示。
- 单击表格上的控制点⊕图标，根据需要插入行、列，如图3-113所示。
- 将鼠标指针放置到整个表格最右下角的单元格中，按【Tab】键。
- 将鼠标指针放置到表格某一行右侧的行结束处，按【Enter】键。

③删除行或列。删除表格中行和列的方法有以下几种：
- 选择要删除的行或列并右击，在弹出的快捷菜单中选择"删除行"或"删除列"命令。
- 单击某行或某列中的一个单元格，选择"表格工具"选项卡，单击"删除"下拉按钮，在下拉菜单中选择"删除行"或"删除列"命令。
- 将鼠标指针放置在需要删除的行或列最前面，当出现⊖图标时单击，如图3-113所示。

图3-112 "插入"命令

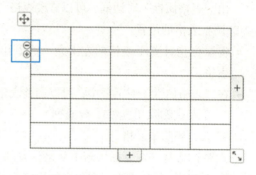

图3-113 "表格控制点"图标

（4）合并与拆分单元格

有时根据需要，可以将同一行或同一列中的两个或多个单元格合并为一个单元格，也可以将一个单元格拆分成多个单元格。

①合并单元格。合并单元格的常用操作有如下两种：
- 选择要合并的单元格，选择"表格工具"选项卡，单击"合并单元格"按钮。
- 选择要合并的单元格并右击，在弹出的快捷菜单中选择"合并单元格"命令。

②拆分单元格。选择要拆分的单元格，选择"表格工具"选项卡，单击"拆分单元格"按钮，弹出"拆分单元格"对话框，设置拆分的行数与列数。

（5）合并与拆分表格

表格的合并是将上、下两个独立的表格合并成一个表格。表格的拆分是指将一个表格以某一行为界进行拆分，将表格分成上、下两个独立的表格或以某一列为界进行拆分，将表格分成左、右两个独立的表格。

①拆分表格。将鼠标指针放置到需要拆分的单元格中，选择"表格工具"选项卡，单击"拆分表格"下拉按钮，根据需要选择"按行拆分"或"按列拆分"命令，如图3-114所示。

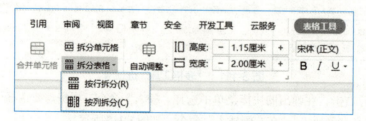

图3-114 "拆分表格"命令

②合并表格。将鼠标指针放置在上、下两个表格中间，按【Del】键。

任务 3.4.1　创建和编辑个人简历表

示例演示

为了打造一份精准而专业的个人简历表，需要细致地规划和布局各个构成要素，在设计过程中，需要对表格进行合并与拆分、调整行高与列宽等操作，完成后的效果如图 3-115 所示。

视　频

个人简历表格案例制作

任务实施

【操作步骤】

1. 创建个人简历表

① 启动 WPS 文字，选择"页面布局"选项卡，设置当前页边距为上下 2.5 cm、左右 2 cm。

② 选择"插入"选项卡，单击"表格"下拉按钮，在下拉菜单中选择"插入表格"命令，弹出"插入表格"对话框，设置"列数"和"行数"分别为"7"和"10"，如图 3-116 所示。

2. 编辑个人简历表

① 将鼠标指针移至表格右下角的表格大小控制点上，按住鼠标左键向下拖动，增大表格的高度。

② 选择表格的第 1 行～第 4 行中第 7 列的 4 个单元格后右击，在弹出的快捷菜单中选择"合并单元格"命令，将其合并，如图 3-117 所示。

③ 选择表格倒数第 5 行，第 2 列～第 7 列的单元格，选择"表格工具"选项卡，单击"合并单元格"按钮，合并选定的单元格，如图 3-118 所示。

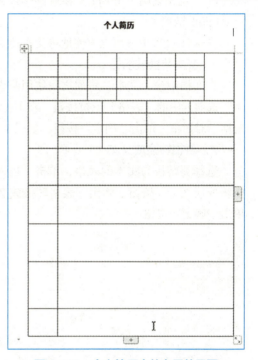

图 3-115　个人简历表的布局效果图

④ 使用上述方法将倒数第 1 行～第 4 行中第 2 列～第 7 列的单元格合并，将第 4 行中第 4 列～第 6 列单元格合并。

⑤ 选择表格第 5 行下框线，向下拖动鼠标调整第 5 行行高。

图 3-116　"插入表格"对话框

图 3-117　"合并单元格"命令

图 3-118　"合并单元格"按钮

⑥ 选择表格第5行中第2列~第7列单元格，选择"表格工具"选项卡，单击"拆分单元格"按钮，弹出"拆分单元格"对话框，如图3-119所示，将拆分的列数与行数分别设置为4列4行。

⑦ 选择表格第1行~第5行所有单元格，选择"表格工具"选项卡，单击"自动调整"下拉按钮，在下拉菜单中选择"平均分布各行"命令，如图3-120所示。

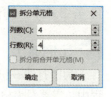

图3-119 "拆分单元格"对话框

⑧ 手动调整倒数第1行~第5行中第2列单元格高度。

【知识链接】

在WPS文字中，可以方便地将文本转换成表格，也可以将表格转换成文本。具体转换方法如下：

1. 文本转换成表格

在文档中输入文本，每列之间使用制表符、逗号或空格等分隔符隔开。选中这些文本，单击"插入"选项卡中的"表格"下拉按钮，在下拉菜单中选择"文本转换成表格"命令，弹出"将文本转换成表格"对话框，单击"确定"按钮，如图3-121所示。

2. 表格转换成文本

选择要转换为文本的表格，单击"插入"选项卡中的"表格"下拉按钮，在下拉菜单中选择"表格转换成文本"按钮，弹出"表格转换成文本"对话框，如图3-122所示，选择"文字分隔符"选项，单击"确定"按钮。

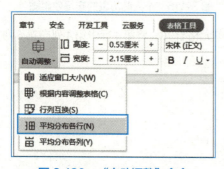

图3-120 "自动调整"命令

图3-121 "文本转换成表格"命令

图3-122 "表格转换成文本"对话框

小提示：

在转换过程中，WPS文字会尽量保持原有格式和内容，但有时可能需要手动调整以获得最佳效果。

任务 3.4.2 修饰个人简历表

示例演示

在完成了表格框架的精心构建之后，需要在表格中输入内容，然后对字体进行格式和对齐方式的设置,最后对表格的边框和底纹进行设置,从而得到更好的效果,完成后的效果如图3-123所示。

🚩 任务实施
【操作步骤】

1. 输入与编辑个人简历内容

① 将鼠标指针放置在表格第1行第1列处,按【Enter】键,在表格上方输入标题"个人简历",设置标题字体为"黑体",字号为"三号",对齐方式为"居中对齐",添加"加粗"效果。

② 单击第1行第1列单元格,输入文字内容,依次输入其他单元格文字内容,设置表格中文字字体为"宋体"、字号为"小四号"。

③ 选择整个表格,选择"表格工具"选项卡,单击"对齐方式"下拉按钮,设置文字在单元格中的对齐方式为水平居中,如图3-124所示。

2. 设置与美化个人简历表

① 选择整个表格并右击,在弹出的快捷菜单中选择"边框和底纹"命令,弹出"边框和底纹"对话框,选择"边框"选项卡,单击"自定义",根据需要选择"线型""颜色""宽度",在"预览"区域单击边框按钮,设置上、下、左、右边框,单击"确定"按钮,如图3-125所示。

② 选择第1列所有单元格,按住【Ctrl】键,选择第3列、第5列单元格,选择"表格样式"选项卡,单击"底纹"下拉按钮,在下拉菜单中选择"白色,背景1,深色5%"命令,为选定的单元格填充底色,如图3-126所示。

图 3-123　"个人简历"最终效果图

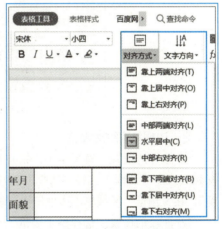

图 3-124　"对齐方式"命令

图 3-125　"边框和底纹"对话框

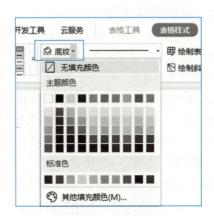

图 3-126　设置底纹

【知识链接】

表格的格式设置是指对表格的外观进行修饰，使表格具有精美的外观，包括设置表格的边框和底纹、套用表格样式、表格的文字方向等。

1. 表格中文本的位置与方向

视频
修饰表格

表格中文本的位置设置：WPS提供了9种对齐方式，包括靠上两端对齐、靠上居中对齐、靠上右对齐、中部两端对齐、水平居中、中部右对齐、靠下两端对齐、靠下居中对齐、靠下右对齐，用户可以根据需要调整文字在单元格中的对齐方式。选择表格，选择"表格工具"选项卡，单击"对齐方式"下拉按钮，在下拉菜单中选择需要的对齐方式即可。

表格中文本的方向设置：可以通过"表格工具"选项卡中的"文字方向"按钮设置合适的文字方向，以增强文档的视觉效果和可读性。

2. 套用表格样式

WPS提供了美观的表格样式，可以通过选择整个表格，切换到"表格样式"选项卡，单击表格样式右侧的箭头按钮打开"表格样式库"，如图3-127所示，单击选择需要的样式即可，还可通过表格样式左侧的复选框，来设置突出显示行或列。

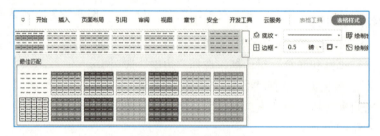

图3-127　表格样式库

3. 边框与底纹的设置

① 边框的设置。选择整个表格并右击，在弹出的快捷菜单中选择"边框和底纹"命令，弹出"边框和底纹"对话框，选择"边框"选项卡，单击"自定义"按钮，根据需要选择"线型""颜色""宽度"，在"预览"区域单击边框按钮，设置上下左右边框，单击"确定"按钮。

② 底纹的设置。选择整个表格，在"表格样式"选项卡中单击"底纹"下拉按钮，在下拉菜单中根据需要选择底纹颜色。

4. 设置行高和列宽

① 鼠标拖动调整。将鼠标指针放置到行与行的交界处或列与列的交界处，当鼠标指针变成上下箭头或左右箭头形状时，拖动鼠标，调整行或列的高度与宽度。

② 表格属性调整。将鼠标指针放置到需要调整行高或列宽的单元格位置并右击，在弹出的快捷菜单中选择"表格属性"命令，弹出"表格属性"对话框，选择"行"或"列"选项卡，设置行的指定高度与列的指定宽度值，如图3-128所示。

③ 自动调整功能调整。选择多行或多列，切换到"表格工具"选项卡，单击"自动调整"下拉按钮，在下拉菜单中选择"平均分布各行"或"平均分布各列"命令。

图3-128　"表格属性"对话框

模块 3　WPS 文档处理

④ 表格工具中高度、宽度微调框调整。将鼠标指针放置到需要调整行高或列宽的单元格位置，切换到"表格工具"选项卡，调整高度或宽度微调框值，如图 3-129 所示。

图 3-129　"表格工具"选项卡中高度和宽度微调框

能力拓展

WPS文字中公式的使用方法

① 打开学生成绩表，将光标置于第 2 行最后一个单元格，切换到"表格工具"选项卡，单击"公式"按钮，弹出图 3-130 所示"公式"对话框。在"公式"文本框中显示"=SUM(LEFT)"，表示对该行左侧数值求和，单击"确定"按钮，求出总成绩。

② 选择沈华同学总成绩数据并右击，在弹出的快捷菜单中选择"复制"命令，选中下方需要填充的单元格，按【Ctrl+V】组合键粘贴，粘贴后的数据和之前的数据是相同的，选定整个表格，按快捷键【F9】更新域，实现整体数据更新，如图 3-131 所示。

图 3-130　"公式"对话框

序号	姓名	平时成绩					总成绩
1	沈华	82	97	90	78	82	430
2	马佳博	79	83	50	89	88	391
3	杨皓冉	82	90	55	98	70	398
4	罗佳欣	82	95	75	97	94	447
5	侯宏东	79	90	45	82	75	377
6	冀耀彬	67	97	87	75	76	409
7	王博	87	85	76	86	65	407
8	包仲文	68	69	96	97	54	393

图 3-131　学生成绩表计算结果

小提示：

公式中括号内的参数有四个，分别是 LEFT、RIGHT、ABOVE、BELOW。除了使用 SUM() 函数外，还可以对数据进行加、减、乘、除、求平均值等常规运算。

综合评价

按下表所列操作要求，对自己完成的个人简历表进行检查，并给出自评分。

序　号	操作要求	分　值	完成情况	自　评　分
1	创建 13 行 7 列表格；设置当前页边距为上下 2.5 cm、左右 2 cm	10		
2	调整表格大小、行高、列宽	30		
3	合并单元格、拆分单元格	20		
4	单元格对齐方式和文字方向的设置	20		
5	添加边框和底纹	20		

任务 3.5 批量文件的制作

📄 任务描述

1. 情境描述

视频
邮件合并功能

小磊被上级领导赋予了一项至关重要的任务,批量制作并分发准考证给即将参加考试的考生们。面对这项任务,小磊心中既感到一丝紧张,又充满了期待,因为这不仅是一项对他工作能力的考验,也是一次展现他细致与效率的机会。

为了确保每一位考生都能准时收到自己的准考证,小磊决定采取一系列精心策划的步骤来完成任务。

2. 任务分解

针对以上情境描述,完成准考证的制作,需要完成下列任务:
① 主文档的策划与制作。
② 数据源的整合与创建。
③ 邮件合并的流畅执行。

3. 知识准备

在制作准考证之前,小磊首先需要详尽了解准考证的具体制作要求,这包括其尺寸规格、版式设计以及必须体现在准考证上的各类信息。紧接着,小磊必须搜集每位考生的详细信息,这些信息涵盖了考生的姓名、性别、身份证号码和近期照片。

📄 技术分析

本次任务中,需要使用以下技能:
① WPS 文字的基本操作:插入表格、合并单元格、拆分单元格等。
② 文本格式的设置:字体、字号、对齐方式。
③ WPS 表格的基本操作:新建工作簿、录入数据、保存工作簿。
④ 邮件合并工具的使用:包括数据源的打开、插入合并域、合并到新文档等。

💻 知识预备

1. 邮件合并的基本功能

邮件合并是将主文档和数据源两个基本元素合并成一个新文档。主文档包含了文件中固定不变的文本内容,如信函的正文、工资条的标题行。数据源是多条记录的数据集,用来存放变动文本内容,如信函中客户的姓名、地址等。在日常办公中,经常需要制作大量信函、信封等,如果采用逐条记录的输入方法,效率极低,而用邮件合并功能可以批量制作,效率很高。

2. 邮件合并的基本过程

(1) 创建主文档

新建 WPS 文字文档,在文档中输入主文档内容并保存。主文档是邮件合并中固定不变的文字内容,比如准考证的考试语种、时间、地点等。

（2）组织数据源

数据源可以选用 WPS 文档中的表格（或 Word 表格）、WPS 表格（或 Excel）、Access、HTML 文档等制作，不论选用哪种软件制作，都是含有标题行的数据记录表，由字段列和记录行构成，字段列规定了该列存储的信息，如准考证含有姓名、性别、准考证号、证件号码、考场号、座位号、照片等字段名。每一条记录行存储一个对象的相应信息，如准考证中每个学生的具体姓名、性别、准考证号、证件号码、考场号、座位号、照片等具体内容。

（3）邮件合并

使用邮件合并工具，打开数据源，在主文档中插入合并域。

（4）执行邮件合并

将数据源和主文档合并到新文档，生成一个新的文档。

任务 3.5.1　主文档的策划与建立

示例演示

为了确保准考证的美观与专业性，首先需要精心设计主文档，主文档是邮件合并过程中固定不变的文字内容部分，如图 3-132 所示。

图 3-132　主文档

任务实施

【操作步骤】

1. 设置页面

① 选择"页面布局"选项卡，单击"纸张大小"下拉按钮，选择"其他纸张大小"命令，弹出"页面设置"对话框，选择"纸张"选项卡，在"纸张大小"区域选择"自定义大小"，修改宽度为 18.4 cm，高度为 16 cm，如图 3-133 所示。

② 在页边距部分，将上下页边距设置为 2.54 cm，左右页边距设置为 2.5 cm，如图 3-134 所示。

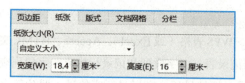

图 3-133　自定义纸张大小

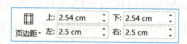

图 3-134　页边距的设置

2. 设计主文档内容

① 输入标题文本。将“2023年成人高等教育学士学位外国语水平”和“全省统一考试准考证”文本内容输入到文档中。字体格式分别是“宋体、四号字”和“宋体、小二号字、加粗”，如图3-135所示。

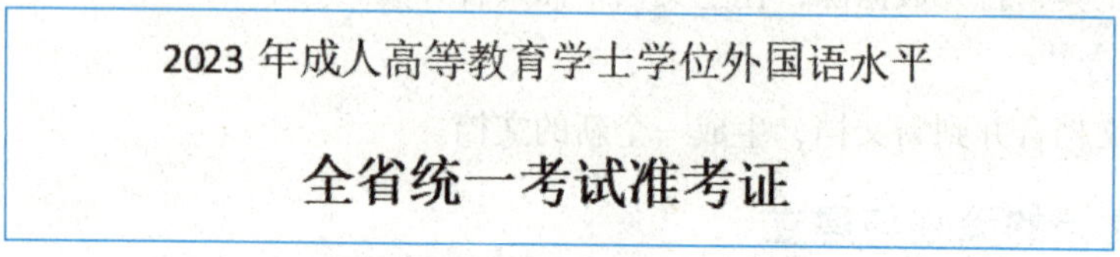

2023 年成人高等教育学士学位外国语水平

全省统一考试准考证

图 3-135　标题文字

② 插入表格。选择“插入”选项卡，单击“表格”下拉按钮，选择“插入表格”命令，弹出“插入表格”对话框，设置“列数”与“行数”分别为3列8行。

③ 调整表格结构。选择需要合并的单元格，切换到“表格工具”选项卡，单击“合并单元格”按钮，完成合并。选择需要拆分的单元格，单击“拆分单元格”按钮，弹出“拆分单元格”对话框，设置拆分的行数与列数。合并及拆分后的表格如图3-136所示。调整表格第一列的宽度，选择第一列，调整列的宽度值，如图3-137所示。

④ 将准考证所需的文本内容输入表格中。将文字字体设置为“宋体”“小四号字”，按图3-138所示设置文字在单元格中的对齐方式。

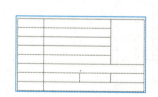

图 3-136　合并与拆分后的表格

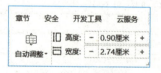

图 3-137　调整列宽

准考证号			
姓　名			
性　别			
证件号码			
考试语种	英语		
考试时间	2023 年 11 月 8 日　9：00-11：00		
考 场 号		座位号	
考试地点：	包头铁道职业技术学院　勤学楼		

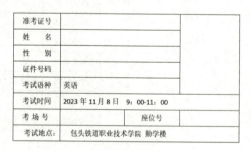

图 3-138　文字对齐方式设置

⑤ 保存文档。单击快速访问工具栏中的“保存”按钮或选择“文件”→“保存”命令，分别选择保存的位置、保存类型及保存的文件名，单击“保存”按钮。

任务 3.5.2　数据源的整合与创建

示例演示

在主文档制作完成并经过仔细审核后，接下来的一步是制作数据源文件。数据源文件采用WPS表格制作，其中包含了准考证中每个学生的具体信息，如姓名、性别、准考证号、证件号码、考场号、座位号以及照片详细数据，如图3-139所示。

	A	B	C	D	E	F	G
1	姓名	性别	准考证号	证件号码	考场	座位号	照片
2	包玉博	男	852165001	152324200012120001	01	10	I:\\准考证\\zp\\001.jpg
3	郭昊天	男	852165002	152324200012120002	01	11	I:\\准考证\\zp\\002.jpg
4	吴凡	男	852165003	152324200012120003	01	12	I:\\准考证\\zp\\003.jpg
5	徐睿虎	男	852165004	152324200012120004	01	13	I:\\准考证\\zp\\004.jpg
6	赵文斌	男	852165005	152324200012120005	02	05	I:\\准考证\\zp\\005.jpg
7	黄兴	男	852165006	152324200012120006	02	06	I:\\准考证\\zp\\006.jpg
8	卢光成	男	852165007	152324200012120007	02	07	I:\\准考证\\zp\\007.jpg
9	逯力格	男	852165008	152324200012120008	02	08	I:\\准考证\\zp\\008.jpg
10	谭福轩	男	852165009	152324200012120009	03	21	I:\\准考证\\zp\\009.jpg
11	王新林	男	852165010	152324200012120010	03	12	I:\\准考证\\zp\\010.jpg
12	张万里	男	852165011	152324200012120011	03	23	I:\\准考证\\zp\\011.jpg
13	王博瑞	男	852165012	152324200012120012	03	14	I:\\准考证\\zp\\012.jpg
14	张丽	女	852165013	152324200012123416	03	25	I:\\准考证\\zp\\013.jpg
15	赫晓霞	女	852165014	152324200012123417	04	07	I:\\准考证\\zp\\014.jpg

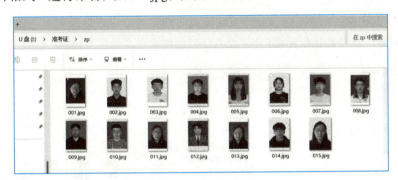

图 3-139　数据源文件

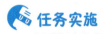

任务实施

【操作步骤】

1. 整合照片

照片统一使用.jpg或.jpeg格式，照片尺寸为1寸照片（25 mm × 35 mm，295 px × 413 px），照片命名以“编号+照片格式”进行命名，如001.jpg，如图3-140所示。

图 3-140　照片素材

小提示：

照片命名不能带空格，否则会因为名称与数据源表格不匹配，而导致邮件合并时照片无法正常显示。有时候收集的照片不符合要求，可以使用WPS应用市场中的“图片批量处理工具”批量更改照片尺寸。

2. 创建数据源文件

① 启动WPS表格。双击WPS表格快捷图标，如图3-141所示。

图 3-141　“WPS表格”快捷图标

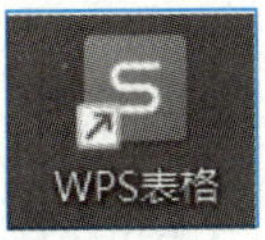

② 选择A1单元格，输入“姓名”按【Enter】键确认，分别将“性别”“准考证号”“证件号码”“考场”“座位号”基本信息输入到WPS表格中。

③ 选择G1单元格，输入“照片”按【Enter】键确认，在“照片”基本信息中不需要插入真实的照片，而是输入此照片的磁盘地址（绝对路径），比如I:\\准考证\\zp\\001.jpg。

④ 保存WPS表格。按【Ctrl+S】组合键或单击快速访问工具栏中的“保存”按钮或选择“文件”→“保存”命令，弹出“另存文件”对话框，分别选择保存位置、保存类型（.xls）及保存文件名，单击“保存”按钮，如图3-142所示。

⑤ 关闭文档：选择“文件”→“退出”命令。

图 3-142　"另存文件"对话框

小提示：

邮件合并所有素材为：一个名为"准考证主文档"的文件、一个名为"考生信息数据源"的文件以及所有考生的照片，这些素材都放在 I 盘"准考证"文件夹中，如图 3-143 所示。

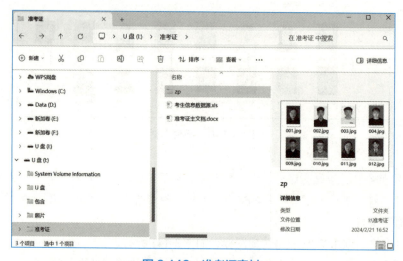

图 3-143　准考证素材

【知识链接】

邮件合并在 WPS 文字中是一个强大的工具，它允许用户在一个文档中插入和更新来自另一个数据源（如 WPS 表格、Excel 表格、Access 数据库、Outlook 联系人）的信息。在执行邮件合并时，可能会遇到与数据源关联失败的问题，这一问题通常由以下几个方面的原因所致：

1. 数据源存储位置发生改变

邮件合并过程中，一旦建立了主文档和数据源的联系，就不能随意更改数据源的存储位置，否则主文档将无法自动链接数据源内容。若已经更改了数据源的存储位置，可通过重新"选取数据源"来解决。此外，"考生照片"文件夹的存储位置也不能进行随意更改，否则同样会导致无法合并到新文档。

2. 数据源的文件格式不兼容

请确认数据源表格格式，如是 .xlsx，可另存为 .xls 格式后重新使用邮件合并打开数据，才可关联数据源，不兼容的格式将无法被正确识别和使用。

3. 缺少数据库引擎

有时可能是因系统里面缺少 Microsoft Access Database Engine 数据库引擎导致的，可尝试在网络上下载安装此数据后重新启动 WPS 再次打开数据源尝试。

4. 数据源文件已损坏

如果数据源文件已损坏，将无法正确打开或读取。

5. 权限问题

用户可能没有足够的权限访问数据源文件，尤其是当文件位于网络驱动器或受密码保护的文件时。

6. 数据源文件被其他程序占用

如果数据源文件正被其他应用程序或用户编辑和使用，WPS 文字可能无法获取独占访问的权限，导致无法打开，可通过关闭所有可能占用该文件的程序后重试，这样可以减少潜在的错误和冲突，确保邮件合并过程顺利进行。

任务 3.5.3 邮件合并的流畅执行

示例演示

邮件合并的核心目的是将数据源文件中的这些特定信息准确无误地插入主文档中相应的位置，以此生成个性化的准考证。一旦主文档和数据源文件准备就绪，便可以启动邮件合并流程，批量生成准考证，极大地提高工作效率和准确性，如图 3-144 所示。

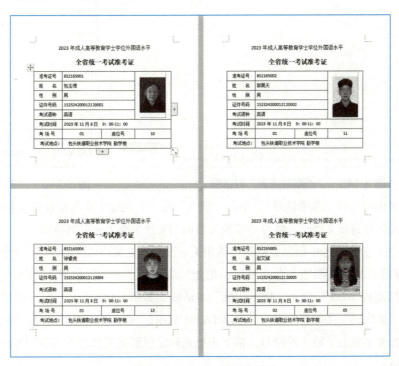

图 3-144 邮件合并效果图

任务实施

【操作步骤】

1. 连接数据源

打开"准考证主文档",切换到"引用"选项卡,选择"邮件"按钮,进入邮件合并选项卡,单击"打开数据源"按钮,弹出"选取数据源"对话框,打开数据源,如图3-145所示。此时主文档已经关联数据源文档。

小提示:

在WPS文字中,邮件合并时所使用的数据源文件格式如果是.xlsx需转换成.xls。否则将无法关联数据源文件。

2. 插入合并域

① 将鼠标指针定位到准考证后面的单元格,单击"插入合并域"按钮,弹出"插入域"对话框,如图3-146所示。

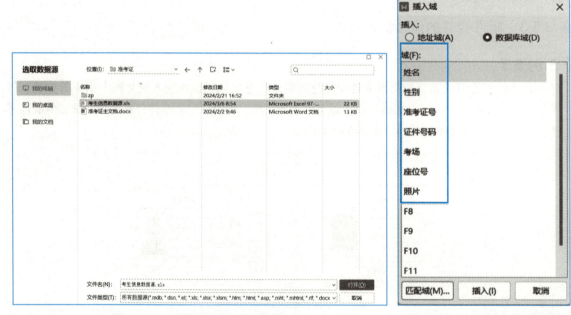

图3-145 "选取数据源"对话框   图3-146 "插入域"对话框

在"域"列表框中选择"准考证号",单击"插入"命令,光标所在的位置将显示«准考证号»,代表合并域,当生成合并到新文档时,将自动替换为数据源文件中准考证号列数据。

② 按照此方法,分别将考生信息数据源中的相关字段插入主文档相应的位置,如图3-147所示。

③ 当数据源前面的字段都插入合并域后,把光标放置于"照片"位置,切换到"插入标签"选项卡,选择"文档部件""域"命令,弹出"域"对话框,如图3-148所示。在"域名"列表框中选择"插入图片",在"域代码"文本框中输入INCLUDEPICTURE "照片",注意INCLUDEPICTURE后跟的双引号,必须是在英文状态下输入的符号,接下来把光标定位到英文状态下的双引号内,输入"照片",单击"确定"按钮。

准考证号	«准考证号»		
姓　　名	«姓名»		
性　　别	«性别»		
证件号码	«证件号码»		
考试语种	英语		
考试时间	2023 年 11 月 8 日　9：00-11：00		
考 场 号	«考场»	座位号	«座位号»
考试地点：	包头铁道职业技术学院　勤学楼		

图 3-147　插入域

④ 再次将光标定位到照片中，按【Alt+F9】组合键显示域代码，如图 3-149 所示。

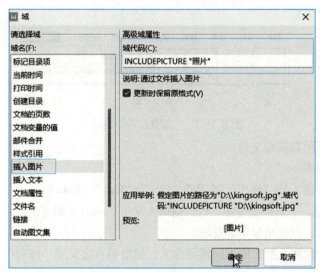

图 3-148　“域”对话框

准考证号	{ MERGEFIELD "准考证号" }		{ INCLUDEPICTURE "照片" * MERGEFORMAT }
姓　　名	{ MERGEFIELD "姓名" }		
性　　别	{ MERGEFIELD "性别" }		
证件号码	{ MERGEFIELD "证件号码" }		
考试语种	英语		
考试时间	2023 年 11 月 8 日　9：00-11：00		
考 场 号	{ MERGEFIELD "考场" }	座位号	{ MERGEFIELD "座位号" }
考试地点：	包头铁道职业技术学院　勤学楼		

图 3-149　域代码

在出现的大括号里选择“照片”，单击“插入合并域”按钮，弹出“插入域”对话框，单击“照片”字段，选择“插入”命令，插入照片域，此时按【Alt+F9】组合键隐藏域代码。

3. 完成并合并文档

① 单击“查看合并数据”按钮，可以查看域的显示情况，如图 3-150 所示。

② 单击“首记录”“尾记录”按钮，可以查看收件人列表中的第一条和最后一条记录，单击“上一条”“下一条”按钮可以查看收件人列表中的上一条记录和下一条记录，如图 3-150 所示。

③ 单击“合并到新文档”按钮，弹出“合并到新文档”对话框，如图 3-151 所示。

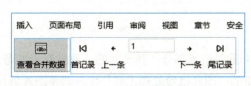

图 3-150　“查看合并数据”按钮

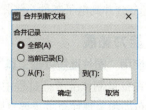

图 3-151　“合并到新文档”对话框

根据需要可以选择合并全部、当前记录或指定范围，单击"确定"按钮，系统会自动处理生成一个新的WPS文字文稿。

④ 按【Ctrl+A】组合键全选文档，按【F9】键，即可将照片全部刷新出来。如果单张照片尺寸显示不正确的话，可以单独选中之后进行手动调整。

⑤ 保存生成的准考证文件。

小提示：

在使用WPS文字进行邮件合并时，还需要注意邮件主题、附件、收件人的正确性、合并时的数据源筛选、邮件数量等细节问题。

【知识链接】

WPS"邮件合并"选项卡相关功能介绍

"邮件合并"选项卡如图3-152和图3-153所示。

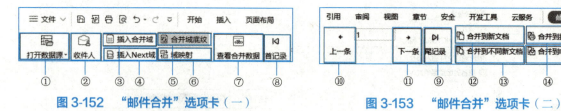

图3-152 "邮件合并"选项卡（一）　　　　图3-153 "邮件合并"选项卡（二）

① 打开数据源：单击该按钮可选择打开或关闭数据源文件。

② 收件人：添加或删除接收信函的收件人列表。

③ 插入合并域：在文档中插入收件人列表区域，如"姓氏""昵称""公司""部门""职称"。

④ 插入Next域：解决邮件合并中的换页问题，一页需要显示N行，则插入$N-1$个Next域即可。

⑤ 合并域底纹：对文档中的合并域添加底纹，以突出显示合并域。

⑥ 域映射：通过设置"域映射"，可以知道收件人列表中不同域的含义，如指明自定义域"邮码"等于正常内置域中的"邮政编码"。

⑦ 查看合并数据：将文档中的合并域转换成收件人列表中的实际数据，以便于查看域的显示情况。

⑧ 首记录：查看收件人列表中的第一条记录。

⑨ 尾记录：查看收件人列表中的最后一条记录。

⑩ 上一条：查看收件人列表中的上一条记录。

⑪ 下一条：查看收件人列表中的下一条记录。

⑫ 合并到新文档：将邮件合并的内容输出到新文档中。

⑬ 合并到不同新文档：将邮件合并的内容按照收件人列表输出到不同的文档中。

⑭ 合并到打印机：将邮件合并的内容打印出来。

⑮ 合并到电子邮件：将邮件合并内容通过电子邮件发送。

能力拓展

使用"图片批量处理工具"批量更改照片尺寸

在批量制作准考证过程中，照片作为准考证的一个重要组成部分，其尺寸的一致性对于准考证的整体布局和美观性至关重要。因此，可以借助WPS提供的"图片批量处理工具"统一调整图片的尺寸，具体方法如下：

① 选择"插入"选项卡，单击"图片"下拉按钮，选择"本地图片"命令，打开需要修改的图片。

② 选择"会员专享"选项卡，单击"批量工具箱"下拉按钮，在下拉菜单中选择"图片批量改尺寸"命令，如图3-154所示。

图 3-154　批量工具箱

打开"图片批量处理"对话框，如图3-155所示。此时可以看到插入的图片尺寸不一样，切换到"改尺寸"窗格，将"指定尺寸"设为"宽：295""高：413"，单位"像素（px）"，如图3-156所示。

图 3-155　"图片批量处理"对话框　　　　　　　图 3-156　指定尺寸

注意：默认图中小锁图标是锁定状态，如果照片的宽、高都需要修改，则需要单击小锁图标为开锁状态。

③ 单击"批量替换"按钮，将替换原来的图片；单击"批量导出"按钮，将图片批量导出到新的

文件夹，如图3-157所示。在WPS文字中，批量工具箱功能需要注册会员才能使用。

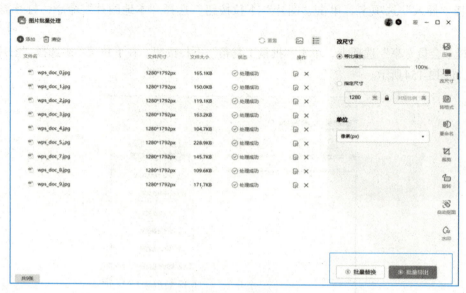

图3-157 批量替换

综合评价

按下表所列操作要求，对自己完成的文档进行检查，并给出自评分。

序号	操作要求	分值	完成情况	自评分
1	设计主文档，包括页面布局、文字格式、表格结构	25		
2	创建数据源，使用WPS表格创建数据源	25		
3	打开数据源	10		
4	插入合并域	30		
5	合并到新文档，要求合并全部文档	10		

习 题

一、填空题

1. 在使用WPS文字制作简历、编写报告时，可以切换到_____选项卡插入一个好看美观的封面。

2. 浏览长文档时，如浏览长篇小说、长篇论文。由于内容过多，常常遇到关闭WPS后忘记自己阅读到文章的哪个部分，为了避免这种情况发生，可以为文档添加_____。

3. 导航窗格中的_____可以更加直观地查看整个文档的结构框架，自由跳转查看内容。

4. 若要在WPS文字中插入一个水印，可以使用_____选项卡中的"水印"按钮。

5. 在WPS文字中，要将相邻页面的页码设置为不连续数值，应先在两页之间插入_____。

6. 在WPS文字中，要自动生成目录，需先对各章节的标题应用_____。

7. WPS文字中的视图模式包括_____、_____、_____、_____。

8. 在使用WPS文字办公时，常需要在文本中添加_____跳转网页或者跳转到其他内容文档部分。

9. 图的题注一般位于图的_____，表的题注一般位于表的_____。

10. 完成批量文档制作，如制作准考证，需要使用_____功能。

11. 建立邮件合并需要两部分内容，一部分是_____，另一部分是_____。

12. 在WPS文字中进行邮件合并时，数据源文件如果是.xlsx文件需转换成_____文件才可导入数据源，否则将无法连接数据源文件。

13. 合并到新文档时，可以选择合并全部、_____、指定范围。

14. 插入合并域后，可以查看域的显示情况，也可以通过单击首记录和_____，可以查看收件人列表中的第一条和最后一条记录。

15. 在WPS文字中，给每位家长发送一份《期末成绩通知单》，用_____命令最简便。

16. 在WPS文字中，可以通过_____选项卡设置表格的边框和底纹。

17. 在WPS文字中，可以通过_____选项卡插入行或列。

18. 在WPS文字中，可以通过_____命令，平均分布各行或平均分布各列。

19. 在WPS文字中，可以通过"拆分表格"命令，_____拆分或_____拆分。

20. 在WPS文字中，可以通过_____命令设置文字在单元格中的位置。

二、简答题

1. 简述邮件合并的基础操作步骤。
2. WPS文字中有哪几种分节符？各有什么作用？
3. 简述选择文本的方法。
4. 简述在WPS文字中创建表格的方法。
5. 简述在WPS文字中，选择单元格、行、列、表格的方法。

综合实训

综合实训 1

1. 实训内容

按图3-158所示样文完成中国传统节日报刊的制作。

2. 实训要求

① 纸张大小：A4；纸张方向：横向。页边距：上下左右边距均为2 cm。

② 报刊正文内容设置为宋体、五号字、行距为单倍行距。

③ 报刊使用文本框及形状进行布局。

④ 报刊名称及报刊中每篇文章的标题使用艺术字制作。

⑤ 为文本框和形状添加合适的边框及背景图片。

⑥ 添加页面边框。

⑦ 报刊整体效果和谐、美观。

图 3-158　综合实例一样文

3. 评分标准

序号	知识点	考核要求	评分标准	得分
1	页面布局	纸张大小：A4；纸张方向：横向；页边距：上下左右边距均为 2 cm	纸张设置是否符合要求（10分）	
2	文本的编辑及格式化	正文内容设置为宋体、五号字，行距为单倍行距	文字设置是否符合要求（10分）	
3	图片的使用	在报刊中添加合适的背景图片及装饰图片并设置合适的效果	图片的添加是否合适，作为背景的图片不能影响前景的文字；作为装饰图片不能太大影响报刊内容的显示（15分）	
4	文本框的应用	使用文本框进行页面的布局，对文本框的选取、边框及背景的设置	文本框的布局是否合理，文本框边框及背景的设置是否清晰并具有特色（15分）	
5	形状的使用及编辑	使用形状对报刊页面进行布局，对形状的选取、边框及背景的设置	是否使用了形状并设置了形状的边框及背景，形状的选取是否适合报刊的使用（15分）	
6	艺术字的使用	使用艺术字制作报刊刊首及文章的标题，对艺术字的文本填充、文本轮廓及文本效果的设置	刊首是否设计的有特色、美观；报刊中文章的标题是否清晰、突出（15分）	
7	页面边框的添加	为整个报刊添加装饰性的页面边框	页面边框添加是否美观（10分）	
8	报刊整体效果	整体和谐美观，布局合理	整体效果是否和谐（10分）	

综合实训 2

1. 实训内容

按图 3-159 所示样图完成领用单的制作。

发出仓库	
编　　号	

领用单

年　　月

领用部门	
工作令号	

材料编号		产品类别			产品图号		
型号	名称	规格	计量单位	数量		单价	金额
				请领	实领		
备注：				发料仓库		领料车间	
				复核	保管员	主管	材料员

图3-159 综合实例2样图

2. 实训要求

① 使用A4版面，纸张方向为横向，上、下边距为1.5 cm，左、右边距为2 cm。

② 标题“领用单”设置为居中、黑体、小初，加双下划线。

③ 标题下方插入一个10行8列的表格，并按照需要对单元格进行合并与拆分。领用单左上方插入2行2列表格并复制一份。

④ 行高列宽自行调整。

⑤ 整个表格居中放置，单元格在水平方向与垂直方向均居中。表格文字设置为宋体、小四、加粗。

⑥ 将表格外部边框线设置为2.25磅的实线。

⑦ 将底纹设置为白色，背景1，深色5%。

3. 评分标准

序　　号	知　识　点	考核要求	评分标准	得　　分
1	页面设置	A4纸张，横向，上、下边距为1.5 cm，左、右边距为2 cm	是否按要求完成页面设置（10分）	
2	插入表格	插入10行8列表格	是否按要求插入表格（10分）	
3	调整表格行高、列宽	根据样图调整单元格行高、列宽	表格行高和列宽是否适当（15分）	
4	合并与拆分单元格	根据样图合并与拆分单元格	单元格合并和拆分是否合理（15分）	
5	表格文字对齐方式	单元格文字在水平方向与垂直方向均居中	整个表格字体、字号、颜色、对齐方式是否一致（15分）	
6	表格边框设置	设置为2.25磅的实线	表格的边框是否按要求完成（15分）	
7	表格底纹设置	设置为白色，背景1，深色5%	表格的底纹是否按要求完成（10分）	
8	整体效果	表格整体效果美观，在页面中的位置合适	表格是否处于整个页面的水平居中位置，且几乎占满整个页面（10分）	

模块 4
WPS 表格处理

模块导读

WPS 表格是一款功能强大而易用的电子表格软件，它拥有丰富的功能和优秀的兼容性，能够满足各种办公需要。WPS 表格可以编辑和计算各种数据，支持多种数据导入和导出，如 Excel、csv 等，同时它还具有丰富的图表功能，可用于数据可视化和分析。此外，WPS 表格还支持模板的应用，用户可以根据自己的需要选择模板，快速创建符合要求的电子表格。与此同时，WPS 表格还集成了数据透视表功能，可帮助用户更轻松地分析和汇总大量数据，在统计、财务、人力资源等领域，WPS 表格得到了广泛应用。

本模块通过完成六个任务，由浅入深、环环相扣地学习使用 WPS 表格进行数据管理的方法，最终掌握 WPS 表格的常用功能及操作技巧，完成各类表格的制作和数据的统计分析。

知识目标

1. 掌握工作簿的新建、保存和打开操作；
2. 熟练掌握工作表的创建和编辑方法；
3. 掌握页面设置和工作簿的打印输出；
4. 掌握工作表中格式化数据、设置边框和底纹的操作；
5. 熟练掌握公式和函数的使用方法；
6. 掌握图表的创建和编辑方法；
7. 了解条件格式的特点和功能；
8. 掌握数据的排序、筛选方法；
9. 掌握分类汇总的操作过程及意义；
10. 熟知数据透视表和数据透视图的用途，掌握数据透视表和数据透视图的创建操作。

能力目标

1. 学会创建和管理工作簿；
2. 学会创建和编辑工作表，对已有信息可以进行编辑整合；
3. 能够进行工作表的页面设置和打印设置；
4. 学会美化工作表；
5. 能够使用公式和函数对工作表中的数据进行计算；

模块 4　WPS 表格处理

6. 能够创建和编辑图表；
7. 能够使用条件格式突出显示工作表中的数据；
8. 具备电子表格数据的管理、统计和分析能力。

素质目标

1. 通过课堂纪律的要求，培养学生遵纪守法，承担社会责任，树立学生规矩意识，养成守时敬业的好习惯；
2. 通过实践任务的操作，培养学生良好的规范化、标准化的使用习惯，养成耐心、细致、严谨、正确、高效的工作态度，培养精益求精的工匠精神、严谨务实的职业素养；
3. 通过引导学生对学习任务的拓展探究，进一步理解科学探究的意义，学习探究的基本方法，提高科学探究能力；
4. 通过实践操作，培养学生分析、解决问题的能力和知识迁移的能力；
5. 培养学生合作意识、协作学习的意识、团队合作的精神。

内容结构图

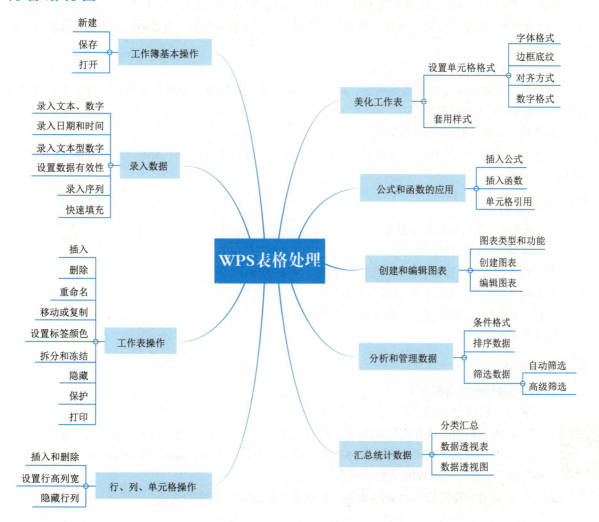

任务 4.1　学生信息管理

📖 任务描述

1. 情境描述

新学期开学后,班主任让学习委员小张利用 WPS 表格,制作本班学生信息表,那么小张是如何完成的呢?

2. 任务分解

针对以上情境描述,制作学生信息表,我们需要完成下列任务:

① 创建学生信息表。

② 编辑学生信息表。

3. 知识准备

在输入原始数据时,首先需要根据任务需求设计出合适的数据项,可以尽可能完整地收集相关数据。例如,学生信息一般包括学生的序号、学号、姓名、性别、出生日期、民族、政治面貌、身份证号、户口所在地、院系、专业、班级、班主任、年级、入学分数等内容,方便后面对学生情况进行摸底汇总。

原始数据输入时,要满足以下要求:

① 完整:数据项应尽可能考虑周全,后面计算时要使用的数据尽量前期准备好,尽量避免数据需要用到但是没有录入的情况发生。

② 准确:原始数据输入应准确无误。

③ 规范:数据录入要规范,方便后续计算时使用(如身份证号应是"文本"型数据输入,而不是"数值"型数据输入)。

📋 技术分析

本次任务中,需要使用以下技能:

① 工作簿的创建、保存和关闭。

② 工作表的新建、插入、移动或复制、删除、重命名等。

③ 不同类型数据的输入、数据验证的设置。

④ 行、列的插入/删除操作、列宽和行高的设置。

⑤ 工作表的打印。

🖥 预备知识

1. WPS 表格的启动和退出

视频

WPS表格简介

（1）启动 WPS 表格

WPS 表格的启动方法与 WPS 文字的启动方法完全一致,可通过以下几种方式完成:

① 从"开始"菜单中启动 WPS 表格。单击"开始"按钮,选择"WPS Office"→"WPS 表格"命令,即可启动 WPS 表格应用程序。

② 通过快捷图标启动 WPS 表格。在桌面上双击 WPS 表格的快捷方式图标即可。

模块 4　WPS 表格处理

③ 通过已存在的 WPS 表格文件启动 WPS 表格。双击磁盘中已有的 WPS 表格文件，可以启动 WPS 表格，同时打开选定的 WPS 表格文件。

（2）退出 WPS 表格

WPS 表格的退出方法与 WPS 文字的退出方法完全一致，包括：

① 单击 WPS 表格程序窗口右上角的"关闭"按钮。

② 选择"文件"→"退出"命令。

③ 按【Alt+F4】组合键。

2. WPS 表格的工作界面

启动 WPS 表格后，屏幕上就会出现 WPS 表格工作界面，如图 4-1 所示。WPS 表格工作界面包括标题栏、"文件"菜单、快速访问工具栏、选项卡、功能区、工作表编辑区和状态栏等。

（1）标题栏

标题栏位于 WPS 表格工作界面上方，用于标识当前窗口所属程序和表格文件的名字。如"工作簿1"。"工作簿1"是当前工作簿的名称，"WPS 表格"是应用程序的名称。如果同时又建立了另一个新的工作簿，WPS 表格自动将其命名为"工作簿2"，依此类推。在其中输入信息后，需要保存工作簿时，用户可以另取一个与表格内容相关的更直观的名字。

（2）快速访问工具栏

默认情况下，快速访问工具栏中只显示常用的"保存"按钮、"输出为 PDF"按钮、"打印"按钮、"打印预览"按钮、"撤销"按钮和"恢复"按钮。单击下拉按钮，选择"自定义快速访问工具栏"命令，在展开的菜单中选择相应的命令，可将所选的命令按钮添加到快速访问工具栏中。

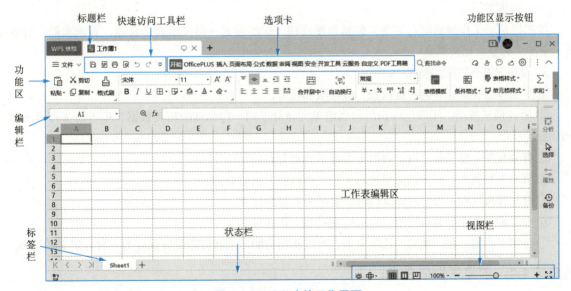

图 4-1　WPS 表格工作界面

（3）选项卡

选项卡包括"文件""开始""插入""页面布局""公式""数据""审阅""视图""安全""开发工具""云服务""查找命令"等。用户可以根据需要选择选项卡进行切换。

（4）功能区

每个选项卡都对应一个功能区，代表 WPS 表格执行的一组核心任务，功能区命令按照逻辑组的形式组织，旨在帮助用户快速找到完成某一项任务所需的命令。

（5）工作表编辑区

工作表编辑区是在 WPS 表格中编辑数据的主要场所，包括行号与列标、单元格和工作表标签等，如图 4-1 所示。行号以"1，2，3，…"阿拉伯数字标识，共 1 048 576 行；列标以"A ～Z，AA ～AZ，BA ～BZ，…"等大写英文字母标识，共 16 384 列；行号和列标的交叉处是表格单元（简称单元格）。单元格是 WPS 表格中存储数据的最小单位，一般情况下，单元格地址显示为"列标＋行号"，如位于 A 列 1 行的单元格可表示为 A1 单元格；工作表标签则用于显示工作表的名称。

（6）编辑栏

编辑栏用于显示和编辑当前活动单元格中的数据或公式，默认情况下，编辑栏包括名称框、"浏览公式结果"按钮、"插入函数"按钮和编辑框，如图 4-1 所示。名称框用于显示当前单元格的地址或函数名称，如在名称框中输入"A5"后，按【Enter】键表示在工作表中将选择 A5 单元格；单击"插入函数"按钮可在表格中插入函数；在编辑框中可编辑输入的数据或公式函数。

（7）标签栏

工作簿窗口的底部为工作表标签栏，通过单击某个标签，可以指定相应的工作表为当前工作表。单击标签左侧的滚动箭头，可以显示不同的工作表标签，而向左或向右拖动标签右侧的分隔条可减少或增加显示的标签个数。

（8）状态栏

状态栏位于工作界面底部，主要用于显示当前数据的编辑状态，并随操作的不同而改变。

（9）视图栏

视图栏位于工作界面的右下角，包括视图按钮（护眼模式、阅读模式、普通、页面布局、分页预览、全屏）和显示比例调整。

3. WPS 表格的视图模式

① 护眼模式视图：开启护眼模式，缓解眼部疲劳。

② 阅读模式视图：用颜色标识出与当前单元格处于同一行和列的相关数据，单击箭头可以选择不同的颜色。

③ 普通视图：显示整个电子表格（不显示分页和布局）。

④ 页面布局视图：以页面效果显示文档，可以查看页眉页脚。

⑤ 分页预览视图：查看打印文档时，显示分页符的位置。

⑥ 全屏视图：全屏显示视图只显示标题栏和工作区域。

⑦ 自定义视图：在"视图"选项卡下，可以将当前的显示和打印设置保存为一种自定义的视图。

任务 4.1.1　创建学生信息表

示例演示

要完成本次学生信息表的创建任务，在具体操作前，需要收集全班同学的信息，并设计出合适的数据项。完成效果如图 4-2 所示。

模块 4　WPS 表格处理

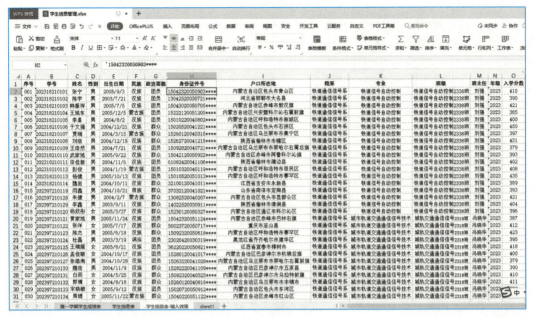

图 4-2　学生信息表

视 频

新建、保存和打开工作簿

 任务实施

【操作步骤】

1. 新建工作簿

① 启动 WPS 表格新建一个空白工作簿。

小提示：

除了可以新建一个"空白工作簿"外，WPS 表格也为用户提供了很多表格模板，如仓储管理、行政人事、计划营销、财务会计等，非常方便，如图 4-3 所示。

图 4-3　WPS 表格"模板"对话框

② 单击 WPS 表格左上角"保存"按钮，弹出"另存文件"对话框，在"位置"下拉列表中选择合适的位置，在"文件名"文本框中输入文件名"学生信息管理"。因为是第一次保存，所以选择"文件"→"保存"命令时，弹出"另存文件"对话框，如图 4-4 所示。

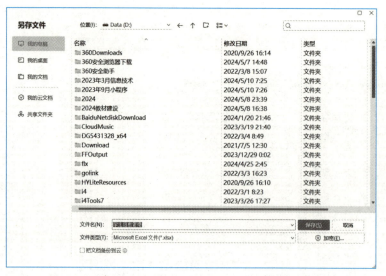

图 4-4 WPS 表格"另存文件"对话框

③ 保存类型使用默认的 Excel 类型。如果不输入扩展名，系统默认为 Excel 文件，并自动加上扩展名 .xlsx，也可以修改为 WPS 表格专用的 et 文件类型进行保存。

小提示：

给工作簿添加密码：在"另存文件"对话框中单击"加密"按钮，弹出"密码加密"对话框，如图 4-5 所示，输入打开权限密码和编辑权限密码，单击"确定"按钮，然后输入确认密码即可。

图 4-5 "密码加密"对话框

④ 单击"保存"按钮。这时，在 WPS 表格窗口的标题栏上会用"学生信息管理.xlsx"代替原来的"工作簿1"，如图 4-6 所示。

图 4-6 WPS 表格工作簿保存后界面

2．输入及编辑单元格数据

① 输入列标题：选中 A1 单元格，输入"序号"，其他依次输入。

② 输入序号：选中 A2 单元格，选择"开始"选项卡，单击"常规"下拉按钮，设置为文本型，输入"001"后按【Enter】键，鼠标指针移动到 A2 单元格右下角的填充柄上，当鼠标指针由空心十字变成实心十字时，按住鼠标左键拖动到 A31 单元格，则从单元格 A3～A31 自动填充"002～030"，如图 4-7 所示。

视 频

数据输入技巧

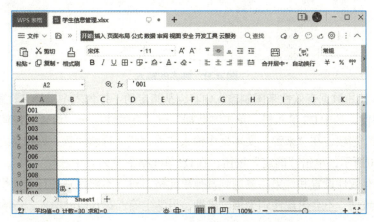

图 4-7　序号的输入

小提示：

自动进行序列填充是 WPS 表格提供的最常用的快速输入技术之一，主要通过以下途径操作：

- 拖动填充柄：输入第一个数据后，用鼠标向不同方向拖动该单元格的填充柄，放开鼠标即完成填充。可单击填充区域右下角的"自动填充选项"按钮，如图 4-7 方框所示，从列表中更改填充方式。
- 使用填充命令：选择"开始"选项卡，单击"填充"→"序列"按钮。
- 用鼠标右键快捷菜单：用鼠标右键拖动含有第一个数据的活动单元格右下角的填充柄到最末一个单元格后放开鼠标，在弹出的快捷菜单中选择"以序列方式填充"命令。

③ 输入学号：学号为文本型数据，在 B2 单元格直接输入"202318210101"，会自动转换为文本类型，依次输入其他学号，如图 4-8 所示。WPS 表格会自动在该单元格左上角加上绿色三角标记，说明该单元格中的数据为文本类型。

小提示：

在 WPS 表格中，如果输入数字大于或等于 12 位，会自动转换为文本类型，如果小于 12 位，默认为数字。本例中，如果学号小于 12 位，则需要在输入前设置 B2:B31 单元格区域为文本型数据，即可正确输入学号。

图 4-8　学号的输入

④输入姓名：按样表输入姓名列数据，如图4-9所示。（也可以参考知识链接内容进行自定义序列设置。）

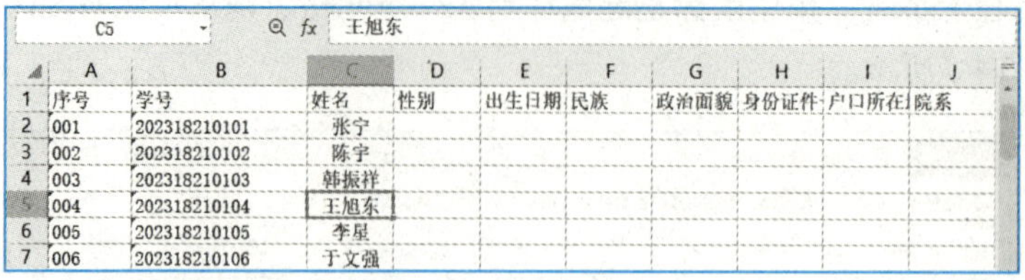

图 4-9 姓名的输入

⑤输入性别：使用数据有效性来限制输入内容，从指定的下拉列表中选择"性别"列的数据。

设置数据有效性： 选中D2单元格，单击"数据"→"有效性"→"设置"按钮，在"允许"下拉列表中选择"序列"选项，在"来源"文本框中输入"男,女"（特别注意，男和女之间用英文半角的逗号隔开），如图4-10所示，单击"确定"按钮，在D2单元格下拉列表中选择"男"，如图4-11所示，拖动填充柄，将数据有效性设置和"男"复制到其他单元格，对于不同性别进行个别修改，这样设置可以保证录入数据的一致性，不会出现性别为男、男性、男学生等五花八门的输入，影响后续数据的管理。

图 4-10 数据有效性"设置"选项卡

图 4-11 数据有效性设置效果

取消数据有效性： 在"数据有效性"对话框中，单击左下角的"全部清除"按钮。

设置输入信息： 选中单元格区域，在"数据有效性"对话框中，选择"输入信息"选项卡，在"标题"文本框中输入"性别"，在"输入信息"文本框中输入"请从下拉列表中选择输入性别"，如图4-12所示，设置效果，如图4-13所示。

图 4-12 输入信息设置

图 4-13 性别输入信息显示效果

⑥ 输入出生日期：以"/"或者"-"分隔，默认为右对齐的数字，如图4-14所示。

	A	B	C	D	E	F	G
1	序号	学号	姓名	性别	出生日期	民族	政治面貌
2	001	202318210101	张宁	男	2005/9/3		
3	002	202318210102	陈宇	男	2003/7/21		
4	003	202318210103	韩振祥	男	2005/7/5		
5	004	202318210104	王旭东	男	2005/12/5		
6	005	202318210105	李星	男	2004/8/2		
7	006	202318210106	于文强	男	2004/12/21		

图4-14　出生日期输入效果

⑦ 输入民族：因为本班同学大多数为汉族，所以在F2单元格中输入汉族，拖动填充柄向下完成填充，然后对个别少数民族信息进行修改即可。

⑧ 输入政治面貌：设置数据有效性，序列为"党员,群众,团员"，设置效果如图4-15所示。

	A	B	C	D	E	F	G	H	I	J
1	序号	学号	姓名	性别	出生日期	民族	政治面貌	身份证件	户口所在	院系
2	001	202318210101	张宁	男	2005/9/3	汉族	团员			
3	002	202318210102	陈宇	男	2003/7/21	汉族	团员			
4	003	202318210103	韩振祥	男	2005/7/5	汉族	团员			
5	004	202318210104	王旭东	男	2005/12/5	蒙古族	团员			
6	005	202318210105	李星	男	2004/8/2	汉族	团员			
7	006	202318210106	于文强	男	2004/12/21	汉族	党员			
8	007	202318210107	贾瑞	男	2004/3/15	蒙古族	群众			
9	008	202318210108	刘浩	男	2004/12/15	汉族	团员			
10	009	202318210109	王浩然	男	2004/7/21	汉族	团员			
11	010	202318210110	武家旭	男	2005/9/22	汉族	群众			
12	011	202318210111	田佳新	男	2004/11/6	汉族	团员			

图4-15　政治面貌输入效果

⑨ 输入身份证号：在单元格中输入数据时存在误输入的可能，如输入的数值不在指定范围内、输入的内容未在允许的序列范围内等，通过设置数据有效性，对"设置""输入信息""出错警告"等选项卡中的内容进行设置，可以解决这一问题。

选中H2:H31单元格区域，在"设置"选项卡中，设置文本长度为18位，如图4-16所示。

选择"出错警告"选项卡，设置出错提示信息，在"标题"文本框中输入"身份证号"，在"错误信息"文本框中输入"请输入18位的身份证号！"，如图4-17所示，当输入身份证号不满足18位或者超出18位时，出现错误警告，需要重新输入正确位数的身份证号，如图4-18所示。身份证号正确输入的效果如图4-19所示。

图4-16　文本长度设置

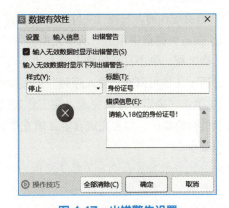

图4-17　出错警告设置

⑩ 输入户口所在地、院系、专业、班级、班主任：户口所在地为文本输入；院系、专业、班级可以使用数据有效性，从指定的下拉列表中选择；班主任为文本输入，配合填充柄进行快速填充。

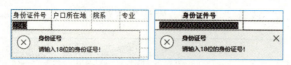

图 4-18　出错信息提示

图 4-19　身份证号正确输入效果（此处使用的为虚拟身份证号，实际操作中，效果相同）

⑪ 输入年级：在 N2 单元格中输入 2023，拖动填充柄向下至 N31，如图 4-20 所示，单击右下角的"自动填充选项"下拉按钮，选择"复制单元格"命令，如图 4-21 所示，填充的数字变成完全一样，这些学生都是同一个年级，如图 4-22 所示。

⑫ 输入入学分数：进行数字录入，默认情况下，数字靠右对齐。数据参考样图。

3. 保存表格文件

选择"文件"→"保存"或"另存为"命令保存表格文件。

小提示：

若一个单元格中输入的文本过长，WPS 表格允许其覆盖右边相邻的无数据的单元格；若相邻单元格有数据，则过长的文本将被截断，但在编辑栏中可以看到该单元格中输入的全部文本。

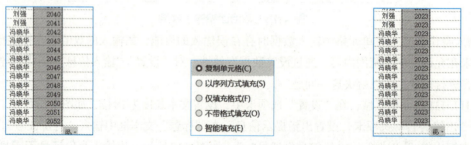

图 4-20　数字填充效果　　图 4-21　"自动填充选项"菜单　　图 4-22　"复制单元格"效果

【知识链接】

1. 自定义序列

① 打开工作簿，选择"文件"→"选项"命令，弹出"选项"对话框，选择"自定义序列"选项卡。

② 在右侧窗格中单击"从单元格导入序列"文本框右侧的折叠按钮，如图 4-23 方框所示，选择姓名单元格区域，单击打开折叠，单击"导入"按钮，就将工作簿中的已有序列导入到自定义序列中，如图 4-23 所示（也可以在"输入序列"列表框中，手动输入准备设置的序列，单击"添加"按钮）。

③ 单击"确定"按钮完成。在工作表的 C2 单元格中，输入第一个同学的姓名，向下拖动填充柄，拖动至目标位置后，即可完成自定义填充序列的操作。

小提示：

对系统内未内置而个人又经常使用的序列，可自定义序列，方便调用。以刚才完成的数据表为例，一般情况下，如果姓名仅使用一次，直接手动录入即可，但如果本机后续会有多张这个班级学生的工作表出现，我们可以将姓名定义为自定义序列，以后使用这台计算机的人只需要输入第一个学生的名字，拖动填充柄即可填充其他项，可以大大提高工作效率。

2. 其他序列

① 等差序列：打开工作表，包含起始值在内，选择所有要填充的数据区域，选择"开始"选项卡，单击"填充"下拉按钮，选择"序列"命令，如图4-24所示，弹出"序列"对话框，设置步长值（即公差），如图4-25所示，单击"确定"按钮，即可完成等差序列的填充。

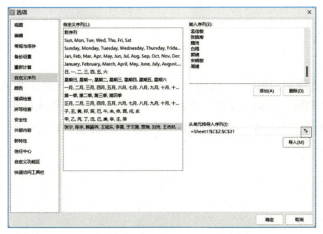

图 4-23　"选项"对话框的"自定义序列"选项卡

图 4-24　"填充"下拉菜单

小提示：

等差序列有种快捷的设置方法，输入前两个数字，选中这两个单元格，直接拖动填充柄，即可完成等差序列快速填充过程，步长值为两个数字的差值。

② 等比序列：打开工作表，操作方法同等差序列，如图4-25所示，只需选择等比序列即可，这里步长值为公比。

③ 日期序列：假设我们以后每个周日都会安排培训会议，就需要后面的周日的具体时间，可以通过日期序列完成。打开工作表，首先输入当前的周日具体日期，包含起始值在内选中待填充区域，选择"开始"→"填充"→"序列"命令，如图4-24所示，在弹出的"序列"对话框中"类型"设置为"日期"，步长值设置为7，单击"确定"按钮，填充完成，可以得到后面多个星期日的具体时间。

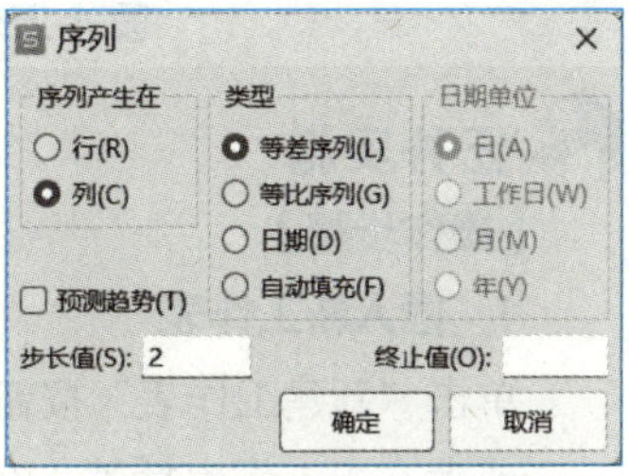

图 4-25　等差序列设置

3. 日期/时间型数据的输入

默认的日期和时间符号使用斜线（/）和连字符（-）作为日期分隔符，冒号（：）用作时间分隔符。如2024/5/3、2024-5-3、3/May/2024或03-May-2024都表示2024年5月3日，如图4-26所示。

如果要基于12小时制输入时间，须在时间后输入一个空格，然后输入AM或PM（也可输入A或P），用来表示上午或下午。否则，WPS表格将基于24小时制计算时间。例如，如果输入3:00而不是3:00 PM，将被视为3:00 AM保存。

如果要在同一单元格中同时输入日期和时间，须在其中间用空格分隔，如图4-26所示。

4. 特殊数值型数据的输入

① 分数的输入，例如，输入3/5，应输入"0 3/5"。如果直接输入"3/5"，则系统将其视为日期，显示成3月5日，如图4-27所示。

② 负数的输入，如输入-8，应输入-8或(8)，如图4-27所示。

图 4-26　日期和时间的输入

图 4-27　分数和负数的输入

任务 4.1.2　编辑工作表

编辑工作表

示例演示

在利用 WPS 表格进行数据处理的过程中，也需要对工作表进行操作，如工作表的插入、切换、移动或复制、重命名、删除、隐藏、设置工作表标签颜色等，右击工作表标签，弹出图 4-28 所示的快捷菜单，选择相应命令进行操作。还可以对窗口进行拆分和冻结，如图 4-29 所示。

图 4-28　工作表快捷菜单

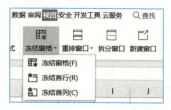

图 4-29　冻结窗格菜单

任务实施

【操作步骤】

1. 插入新工作表

单击"新建工作表"按钮，如图 4-30 方框所示，插入新的工作表。

或者右击工作表标签，在弹出的快捷菜单中选择"插入工作表"命令（见图 4-28），弹出"插入工作表"对话框，如图 4-31 所示，设置插入工作表数目及位置，单击"确定"按钮。（两种方法新工作表的插入位置不一样。）

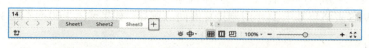

图 4-30　"新建工作表"按钮

图 4-31　"插入工作表"对话框

2. 工作表的切换

单击工作表的标签，可以在几个工作表中轮流切换当前工作表。

3. 工作表的重命名

常用的实现方法有如下两种：

方法1：双击要重命名的工作表标签，工作表标签呈高亮显示，即处于编辑状态，输入新的工作表名称即可。

方法2：右击工作表标签，在弹出的快捷菜单中选择"重命名"命令，如图4-32所示，输入新的工作表名称。

4. 删除工作表

右击需要删除的工作表的标签，在弹出的快捷菜单中选择"删除"命令，在弹出的对话框中单击"确定"按钮，如图4-33所示，即可删除当前工作表。

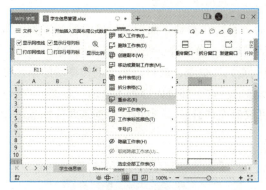 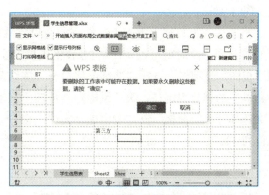

图4-32　工作表的重命名　　　　　　　　图4-33　"工作表删除确认"对话框

小提示：

如果工作表中没有数据，是一张空表，不会弹出删除提示框，会直接进行删除。

工作表的删除不可恢复，须谨慎操作。

5. 复制或移动工作表

建立副本是在原工作表数量的基础上，创建一个与原工作表具有相同内容的工作表，不勾选是指在不改变工作表数量的情况下，对工作表的位置进行调整。将"学生信息表"复制，副本移动至"学生信息表"之前，并重命名为"备份信息表"。选择要移动或复制的工作表标签并右击，在弹出的快捷菜单中选择"移动或复制"命令，弹出"移动或复制工作表"对话框，如图4-34所示，完成效果如图4-35所示。

图4-34　移动或复制对话框　　　　　　图4-35　复制工作表效果

6. 设置工作表标签的颜色

可以为工作表标签设置不一样的颜色，让工作表容易区分识别，方便编辑管理。右击工作表的标签，在弹出的快捷菜单中选择"工作表标签颜色"→"红色"命令。

7. 工作表窗口的拆分和冻结

工作表窗口的拆分和冻结功能在"视图"选项卡中。

（1）窗口的拆分

当工作表的内容比较多，不能在当前窗口中完整显示出来，却又需要同时看到几处不同位置的数据时，就可以使用WPS表格提供的窗口拆分功能。激活要拆分的单元格，单击"拆分"按钮，则当前工作表会以该单元格的上方和左方为分界线分为四个窗口，各自独立显示，如图4-36所示。单击"取消拆分"按钮即可取消拆分显示。

（2）窗口的冻结

当工作表太长或太宽而无法在当前窗口完整显示时，无法在看到下面记录的同时看到表头（即首行）或首列，这时就可以使用WPS表格提供的窗口冻结功能。激活要冻结处右下方的D2单元格，选择"视图"选项卡，选择"冻结窗格"→"冻结至第1行C列"命令，就可以将当前被激活的单元格以上和以左的部分固定住，滚动鼠标向右或向下拖动滚动条时，这一部分内容都不会动，如图4-37所示。再次选择"冻结窗格"→"取消冻结窗格"命令，即可取消冻结显示。（也可以根据需要选择冻结首行或首列。）

图 4-36　窗口的拆分

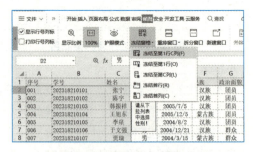

图 4-37　窗口的冻结

【知识链接】

为了对工作表的数据以及结构进行有效的保护，防止被非授权人员访问或意外修改，可以设置保护工作簿、保护工作表。

1. 保护工作簿

如果需要对工作表的窗口或结构进行保护，可以使用保护工作簿功能，保护所有工作表，可阻止其他用户添加、移动、删除、隐藏和重命名工作表。

对工资管理工作簿进行保护，选择"审阅"选项卡，单击"保护工作簿"按钮，如图4-38所示，输入密码：123，如图4-39所示，再次确认密码，如图4-40所示。

图 4-38　保护工作簿

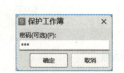

图 4-39　"保护工作簿"密码设置

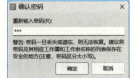

图 4-40　"确认密码"对话框

设置完成后可以看到，插入和删除工作表等编辑工作表的操作已经被禁止，如图4-41所示。但对已经存在的工作表是可以进行编辑的。

撤销的方法是选择"审阅"选项卡，单击"撤销工作簿保护"按钮，输入密码。

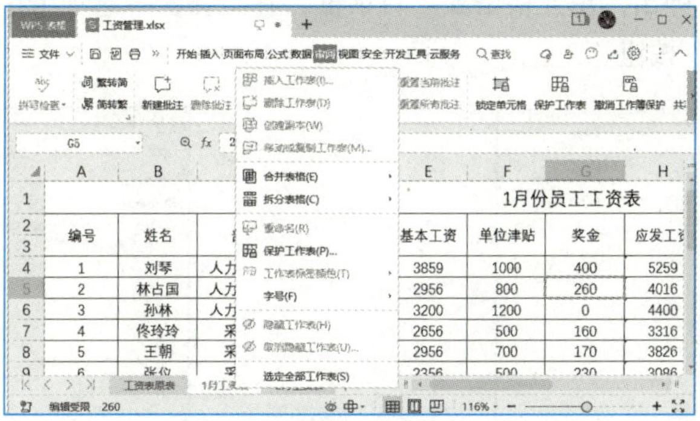

图 4-41 设置"工作簿保护"效果

2. 保护工作表

如果需要对当前工作表数据进行保护，可以使用保护工作表功能，保护工作表中的数据不被编辑，仅对该工作表起到保护作用，可以控制用户在工作表中的工作方式。在保护工作表的前提条件下，可完成锁定单元格或隐藏公式的操作，起到对单元格及公式的保护作用。

（1）对1月工资表进行保护

选择"审阅"选项卡，单击"保护工作表"按钮，输入密码234，如图4-42所示，这里可以按照所需进行多项目的保护，重复确认。选择"插入"选项卡，会发现绝大多数编辑命令已经被禁止，如图4-43所示，但这个禁止仅在当前工作表范围之内，切换到2月工资表，会发现"插入"选项卡中的操作均是有效，还可以进行编辑操作。

图 4-42 设置"工作表保护"效果

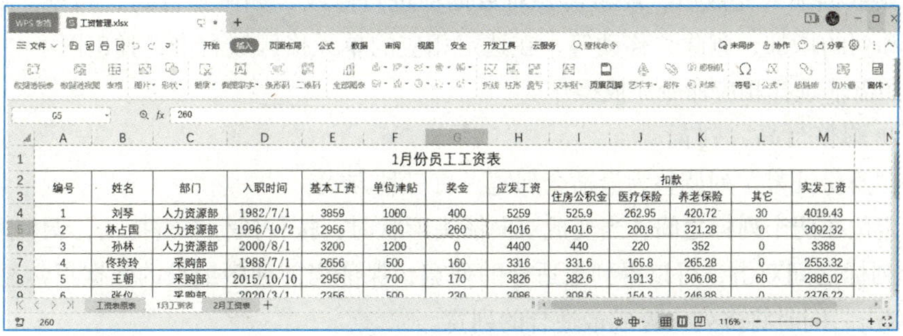

图 4-43 工作表保护后，"插入"选项卡效果

（2）隐藏2月工资表中实发工资的公式

打开2月工资表，选中实发工资这一列数据区域后右击，在弹出的快捷菜单中选择"设置单元格格式"命令（见图4-44），弹出"单元格格式"对话框，在"保护"选项卡中勾选"隐藏"复选框，如图4-45所示，单击"确定"按钮。

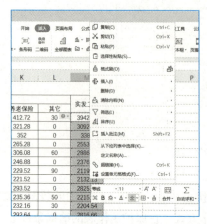

图4-44　选择"设置单元格格式"命令

图4-45　"单元格格式"对话框

目前公式还可见，选择"审阅"选项卡，单击"保护工作表"按钮，设置密码123，确定，重复确认，至此，就可以看到实发工资的公式已经被隐藏，如图4-46所示，从而避免人为修改、删除公式的情况出现。

工资表						
	应发工资	扣款				实发工资
		住房公积金	医疗保险	养老保险	其它	
	5159	515.9	257.95	412.72	30	3942.43
	4016	401.6	200.8	321.28	0	3092.32
	4400	440	220	352	0	3388
	3316	331.6	165.8	265.28	0	2553.32
	3826	382.6	191.3	306.08	60	2886.02
	3086	308.6	154.3	246.88	0	2376.22

图4-46　隐藏公式效果

能力拓展

1. 单元格、行、列的操作

原始数据输入完成后，经常需要对数据项进行修改，如调整行高、列宽，隐藏/显示行或列，行和列的增加、删除、移动等，在选定相应的单元格区域右击，弹出图4-47所示的快捷菜单，按照需求选择相应命令完成操作。

视频
单元格、行、列的操作

（1）调整行高、列宽

将"身份证号"列调整为最适合列宽。有三种方式：

① 将光标定位在两个列标之间，当变成双向箭头形状时，按住鼠标左键拖动，调整适合的列宽。

② 在两个列标之间双击，可以得到最适合的列宽，保证当前列中最长的数据正常显示。也可以同时选择多列后双击，同时将多列设置成最适合的列宽。

③ 选择"开始"选项卡，单击"行与列"下拉按钮，选择"列宽"命令（见图4-48），弹出"列

宽"对话框，设置列宽为4，单位设置为厘米，如图4-49所示，做到精准设置，单击"确定"按钮。行高设置同上。

图4-47　单元格区域快捷菜单　　　　图4-48　精确列宽设置　　　　图4-49　"列宽"对话框

（2）隐藏行、列

将"户口所在地"列隐藏，再取消隐藏。

在要隐藏列的列标上右击，在弹出的快捷菜单中选择"隐藏"命令，如图4-50所示。取消隐藏时，可选择隐藏内容的前后列并右击，在弹出的快捷菜单中选择"取消隐藏"命令。行隐藏设置同理。

（3）插入行、列

在第1个数据行前插入1行。插入对象在选择对象的上方或左方，右击要插入位置的下方的行，在弹出的快捷菜单中选择"插入"命令，如图4-51所示，输入数据即可。插入列设置同理。

图4-50　"隐藏"列　　　　　　　　　　　　图4-51　"插入"行

（4）移动行、列

将"性别"列移至"出生日期"列的后面。移动处为空列，选择要移动的单元格区域，将鼠标指向所选区域的边线，当鼠标变为四向箭头时，按住鼠标左键拖动即可实现移动。

小提示：

如为非空行或列，移动时注意目标位置的数据是否被替换。如要保留原有数据，可插入空行或列后，再进行移动。

（5）删除行、列

将第二行删除。在要删除的行/列号上右击，在弹出的快捷菜单中选择"删除"→"整行/整列"命令，如图4-52所示。

2. 选择性粘贴

一个单元格含有多种特性，如内容、格式、批注等，可以使用选择性粘贴复制其部分特性。选择性粘贴的操作步骤为：

① 选择要复制的单元格，选择"复制"命令。

② 在"开始"选项卡选择"粘贴"→"选择性粘贴"命令，如图4-53所示，弹出"选择性粘贴"对话框，选择需要的内容，如图4-54所示。

也可以右击待粘贴目标区域中第1个单元格，在弹出的快捷菜单中选择"选择性粘贴"命令，弹出"选择性粘贴"对话框，选择需要的内容。

图 4-52　"删除"行

图 4-53　"粘贴"下列列表

图 4-54　"选择性粘贴"对话框

任务 4.1.3　打印学生信息表

示例演示

为了使打印出的页面更加美观、符合要求，需要对打印页面的页边距、纸张大小、页眉/页脚等项目进行设置，通过打印预览查看对设置效果是否满意。页面设置完成后，再进行打印相关设置，如打印机、打印份数、打印范围等，即可正式打印。

打印预览效果如图4-55所示。

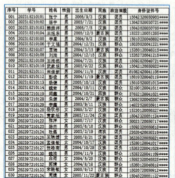
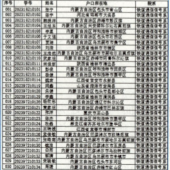

图 4-55　示例演示（多页效果）

任务实施

【操作步骤】

1. 页面设置

打开学生信息表。采用A4纸张，纵向；页边距：上2.75 cm，下2.40 cm，左3.57 cm，右2.77 cm，页眉距边界1.5 cm，页脚距边界1.75 cm，打印标题设置为：顶端一行标题行和左端三列标题列。

选择"页面布局"→"页边距"→"自定义页边距"命令，弹出"页面设置"对话框，对各个选项卡进行相关的设置，如图4-56所示。

"页面设置"对话框中有4个选项卡：

① 页面：对打印方向、打印比例、纸张大小、打印质量、起始页码进行设置。

② 页边距：对表格在纸张上的位置进行设置，如上、下、左、右的边距，页眉、页脚与边界的距离等。

③ 页眉/页脚：对页眉/页脚进行设置（见知识链接页码的设置）。

④ 工作表：对打印区域、重复标题、打印顺序等进行设置。将顶端标题行设置为第一行，将左端标题行设置为前三列，如图4-57所示，单击"确定"按钮，打印预览。发现左侧标题栏留在了每页纸上。

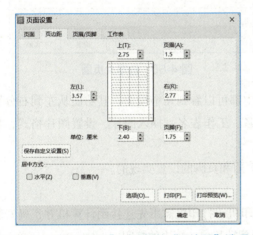

图4-56 "页面设置"对话框的"页边距"选项卡

图4-57 "页面设置"对话框的"工作表"选项卡

小提示：

当工作表纵向超过一页长度或横向超过一页宽时，不方便查看当前行或列数据到底属于谁，需要在每一页上都打印相同的标题行或列，方便阅读。这时，可以在"工作表"选项卡的"打印标题"区域设置"顶端标题行"或"左端标题列"的内容，从数据表中选择需要重复打印的标题行或列（可以是连续多行或列）。

2. 打印设置

设置打印机，打印1-3页，设置打印学生信息表，打印3份，逐份打印，并打2版，按照A4纸型缩放。

选择"文件"→"打印"命令，进行打印设置，如图4-58所示，单击"确定"按钮即可直接进行打印。

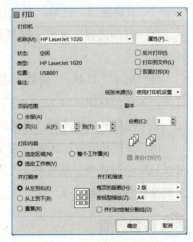

图4-58 "打印"对话框

【知识链接】

1. 页眉/页脚的设置

在"页面设置"对话框中选择"页眉/页脚"选项卡,其中"页眉""页脚"下拉列表框中包含了预先定义好的页眉或页脚,如图4-59所示。如果这些形式能满足要求,则可以进行简单的选择。如果不满意,可自行定义,下面以对页眉进行定义为例。

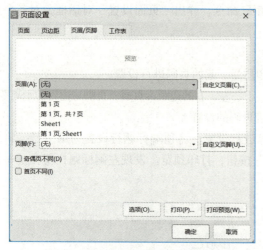

图 4-59 "页面设置"对话框的"页眉/页脚"选项卡

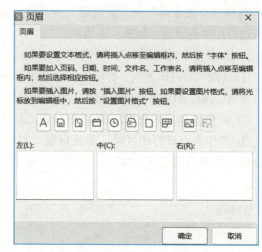

图 4-60 自定义页眉

单击"自定义页眉"按钮,弹出"页眉"对话框,中部可以看到几个按钮,其功能从左到右分别是设置字体、页码、总页数、日期、时间、路径、文件名、工作表名、插入图片、设置图片格式,如图4-60所示,用户可以按照需求进行页眉的自定义设置。

在WPS表格中,页码和总页数的打印设置也是通过页眉和页脚的设置实现的。

2. 打印参数说明

① "打印机"区域:"名称"下拉列表框用于选择打印机(打印机需事先连接到计算机并正确安装驱动程序);"双面打印"选项:可以选择单面打印或双面翻转长边、短边的打印。

② "页码范围"区域:指定打印的页数。

③ "打印内容"区域:选择打印范围,可以是选定工作表,也可以是整个工作簿,还可以是选定区域。

④ "副本"区域:"份数"用于指定打印文件的份数。"1,2,3,1,2,3"是指打印多份时,按页码顺序打印,为逐份打印;"1,1,2,2,3,3"是指打印多份时,每页先打印完多份后再打印下一页。

⑤ "并打顺序"区域:包括从左到右、从上到下、重复。

⑥ "并打和缩放"区域:"每页的版数"可以是1、2、4、6、8、9、16、32版;"按纸型缩放"下拉列表,可以只压缩行或列、缩放整个工作表可以适合打印纸张的大小。同时,可以在"自定义缩放选项"中按比例缩放打印内容。

 综合评价

按下表所列操作要求,对自己完成的操作进自评,给出自评分。

序号	操作要求	分值	完成情况	自评分
1	正确创建学生信息表，输入数据表数据	15		
2	学生信息表中的特殊字段：序号、性别、政治面貌和身份证号长度设置正确	10		
3	掌握编辑工作表的方法（插入、删除、重命名、移动和复制、隐藏、工作表标签颜色等）	10		
4	正确拆分和冻结窗口	5		
5	掌握单元格及行列编辑的方法（调整行高、列宽，隐藏/显示行或列，行和列的增加、删除、移动等）	10		
6	正确保护工作簿、工作表	10		
7	正确隐藏公式	10		
8	正确设置工作表的打印参数	20		
9	打印标题功能设置正确	10		

任务 4.2　美化 GDP 发展情况表

任务描述

1. 情境描述

录入数据后的工作表不仅要内容翔实，还要页面美观。在工作表内设置单元格格式、套用表格样式突出显示某些特定数据等，可以使原本单调的表格更加美观、数据清晰可见、具有更好的可读性。对每一列数据的含义及其内在逻辑关系有更深入的认识，数据格式设置恰当精准，并能够自定义数据格式。

2. 任务分解

针对以上情境描述，要对 GDP 发展情况表进行美化，需要完成下列任务：

① 对 GDP 发展情况表设置单元格格式。
② 对 GDP 发展情况表套用单元格样式和工作表样式。
③ 对 GDP 发展情况表设置数据显示格式。

3. 知识准备

创建 GDP 发展情况表，结构清晰，数据准确、规范。在对工作表美化之前，对工作表整体显示的效果要有预先的设计方案，使得最后呈现的效果颜色分明、比例协调、清楚易懂。

技术分析

本次任务中，需要掌握以下技能：

① 设置字体、字号、颜色等；
② 设置单元格对齐方式；
③ 设置单元格边框和底纹；
④ 设置行高和列宽；
⑤ 套用单元格样式和工作表样式；
⑥ 设置数据显示格式；
⑦ 自定义数据格式。

任务 4.2.1　设置 GDP 发展情况表显示格式

示例演示

WPS 表格提供了十分丰富的格式化命令，用户可以方便地使用单元格格式对字体、对齐方式、边框、颜色、图案等进行设置。对 GDP 发展情况表进行格式设置的效果如图 4-61 所示。

图 4-61　设置格式效果

任务实施

【操作步骤】

1. 打开数据表

打开 GDP 发展情况表。

2. 表格设置

① 合并 A1:I1 单元格区域并居中显示标题，将字体设置为思源黑体、字号 18、深蓝色。

选中 A1:I1 单元格区域，选择"开始"选项卡，单击"合并居中"按钮，如图 4-62 所示，设置字体为思源黑体，字号为 18 号，颜色为深蓝色。

小提示：

合并居中有多种形式，可以按照自己的需求进行操作。

② 所有单元格设置为水平和垂直对齐方式为居中对齐。

选中所有单元格后右击，在弹出的快捷菜单中选择"设置单元格格式"命令，弹出"单元格格式"对话框，选择"对齐"选项卡，设置水平对齐和垂直对齐均为"居中"，如图 4-63 所示。

③ 设置 A2:I12 和 G14:H14 单元格区域文本为思源黑体、字号 12、黑色，列标题填充颜色设置为"矢车菊蓝，着色 5，浅色 80%"。

按住【Ctrl】键选中不连续的单元格区域，在"开始"选项卡上进行字体和填充颜色的设置，如图 4-64 所示。

④ 设置 A2:I12 单元格区域边框线的颜色为蓝色，外边框为粗实线、内框线为细实线。

选中 A2:I12 单元格区域，选择"开始"选项卡，单击"其他边框"按钮，按照要求进行设置，将颜色设置为蓝色，选择粗实线，设置为外边框；选择细实线，设置为内部，单击"确定"按钮，如图 4-65 所示。

模块 4 WPS 表格处理　129

图 4-62　合并居中

图 4-63　设置对齐方式

图 4-64　设置字体和填充色　　　　　　　图 4-65　设置边框

⑤ 设置所有数据列为最适合的列宽。

将列标题的"自动换行"取消，选中所有数据列，在两个列标之间，当光标变成双向箭头时双击，可以将所有列设置成最适合的列宽。

【知识链接】

样式套用

在为单元格设置样式时，分别对单元格的字体、底纹、边框线等做相应的设置，比较细碎烦琐，如果不是特别追求个性化，不妨使用系统预设的工作表样式和单元格样式，快速为指定单元格区域或工作表套用样式，进行美化修饰。

① 合并居中 A1:I1 单元格区域，标题格式采用"单元格样式"中"标题 1"样式。打开 GDP 发展情况表，首先选择 A1:I1 单元格区域，单击"合并居中"按钮，切换到"开始"选项卡，单击"单元格样式"下拉按钮，选择"标题"→"标题 1"，如图 4-66 所示。

② 数据区域套用"表样式中等深浅 14"表样式，如图 4-67 所示。选中所有数据区域，在"表格样式"下拉菜单中选择"表样式中等深浅 14"。

③ 所有单元格设置居中。将所有单元格设置为水平居中、垂直居中，方法同图 4-63。整体完成效果如图 4-68 所示。

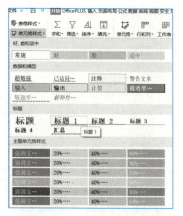

图 4-66　设置单元格样式

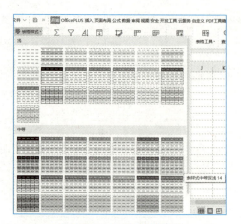

图 4-67　设置表格样式

中国近十年国内生产总值（GDP）

序号	年份	国内生产总值(亿元)	增长率(%)	第一产业增加值(亿元)	第二产业增加值(亿元)	第三产业增加值(亿元)	人均国内生产总值(元)	占世界
1	2014年	643563.1	7.4	55626.3	277282.8	310654	46912	0.131718
2	2015年	688858.2	6.9	57774.6	281338.9	349744.7	49922	0.147289
3	2016年	746395.1	6.9	60139.2	295427.8	390828.1	53783	0.147237
4	2017年	832035.9	6.9	62099.5	331580.5	438355.9	59592	0.15164
5	2018年	919281.1	6.7	64745.2	364835.2	489700.8	65534	0.16109
6	2019年	986515.2	6	70473.6	380670.6	535371	70078	0.16309
7	2020年	1013567	2.3	78030.9	383562.4	551973.7	71828	0.17386
8	2021年	1149237	8.1	83216.5	451544.1	614476.4	81370	0.185
9	2022年	1204724	3	88207	473789.9	642727.1	85310	0.18
10	2023年	1260582.1	5.2	89755.2	482588.5	688238.4	89358	0.189

图 4-68　样式套用效果

任务 4.2.2　格式化 GDP 发展情况表数据

格式化数据可以实现单元格数据类型的转换和呈现方式的改变，增强数据的可读性和辨识度。根据数据的用途，对于单元格内数字的类型与显示格式的要求也不相同。WPS 表格中的数据类型有常规、数值、货币、会计专用、日期、时间、百分比、分数、科学计数、文本、自定义等。单元格默认的数字格式为"常规"格式，系统根据输入数据的具体特点自动设置为适当的格式，可以根据需要修改 GDP 发展情况表的数据类型。设置效果如图 4-69 所示。

中国近十年国内生产总值（GDP）

序号	年份	国内生产总值(亿元)	增长率	第一产业增加值(亿元)	第二产业增加值(亿元)	第三产业增加值(亿元)	人均国内生产总值(元)	占世界
1	2014年	￥643,563.10	7.4%	￥55,626.30	￥277,282.80	￥310,654.00	RMB 46,912.00	1/8
2	2015年	￥688,858.20	6.9%	￥57,774.60	￥281,338.90	￥349,744.70	RMB 49,922.00	1/7
3	2016年	￥746,395.10	6.7%	￥60,139.20	￥295,427.80	￥390,828.10	RMB 53,783.00	1/7
4	2017年	￥832,035.90	6.9%	￥62,099.50	￥331,580.50	￥438,355.90	RMB 59,592.00	1/7
5	2018年	￥919,281.10	6.7%	￥64,745.20	￥364,835.20	￥489,700.80	RMB 65,534.00	1/6
6	2019年	￥986,515.20	6.0%	￥70,473.60	￥380,670.60	￥535,371.00	RMB 70,078.00	1/6
7	2020年	￥1,013,567.00	2.3%	￥78,030.90	￥383,562.40	￥551,973.70	RMB 71,828.00	1/6
8	2021年	￥1,149,237.00	8.1%	￥83,216.50	￥451,544.10	￥614,476.40	RMB 81,370.00	1/6
9	2022年	￥1,204,724.00	3.0%	￥88,207.00	￥473,789.90	￥642,727.10	RMB 85,310.00	1/6
10	2023年	￥1,260,582.10	5.2%	￥89,755.20	￥482,588.50	￥688,238.40	RMB 89,358.00	1/5

制表时间：　2024年3月1日

图 4-69　设置格式效果

模块 4　WPS 表格处理　131

任务实施

【操作步骤】

1. 打开数据表
打开 GDP 发展情况表。

2. 表格设置
①"增长率"以百分比形式显示，保留一位小数。

选中"增长率"数据区域，选择"开始"选项卡，单击"常规"下拉按钮，选择"其他数字格式"命令，如图 4-70 所示。弹出"单元格格式"对话框，选择"数字"选项卡，选择"百分比"分类，将小数位数设为一位，单击"确定"按钮，如图 4-71 所示。

②"占世界"的比例以分数显示。

选中"占世界"数据区域，在"常规"下拉菜单中选择"分数"命令（见图 4-70）。

③"国内生产总值"以"会计专用"显示。

图 4-70　"常规"下拉列表

选中"国内生产总值"数据区域，在"常规"下拉菜单中选择"会计专用"命令（见图 4-70）。

④"第一产业增加值""第二产业增加值""第三产业增加值"以"货币格式"格式显示。

选中"第一产业增加值""第二产业增加值""第三产业增加值"数据区域，在"常规"下拉菜单中选择"货币"命令（见图 4-70）。

⑤在"人均国内生产总值"的数据前显示"RMB"字样，保留两位小数，显示千位分隔符。

在"常规"下拉菜单中选择"自定义"命令，弹出"单元格格式"对话框，选中有小数点后两位，并且有千位分隔符的数据样式，输入英文状态双引号，大写字母 RMB，可以在 RMB 后加入一个空格，让显示更加美观，如图 4-72 所示，单击"确定"按钮，完成设置。

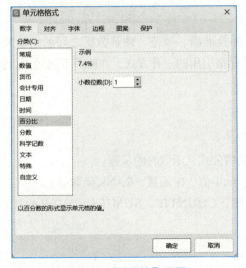　

图 4-71　"百分比"设置　　　　　　　　图 4-72　"自定义 RMB"设置

⑥H14 单元格中的"制表时间"以长日期形式显示。

选中 H14 单元格，在"常规"下拉菜单中选择"长日期"命令，设置完成。

综合评价

按下表所列操作要求,对自己完成的操作进行自评,并给出自评分。

序号	操作要求	分值	完成情况	自评分
1	单元格合并正确	10		
2	字体、边框、底纹、对齐方式等设置正确	30		
3	套用表格样式、单元格样式准确	25		
4	设置各种数据格式正确	25		
5	正确自定义数据格式,加上了"RMB"符号	10		

任务 4.3　统计计算常用数据表

任务描述

1. 情境描述

在工作表中输入数据后,可以通过WPS表格提供的公式和函数对这些数据进行自动、精确、高速的运算处理,这也是WPS表格软件的核心和精髓功能所在,利用它们可以对原始数据进行加工处理、分析或生成新的有价值的数据。要想有效地提高WPS表格应用水平和工作效率,熟练掌握公式和函数的使用是非常有效的途径之一。

2. 任务分解

针对以上情境描述,需要完成下列任务:
① 在工资表中完成公式的计算。
② 在学生成绩表中完成常用函数的计算。
③ 在工资表中进行条件统计类函数的应用。

3. 知识准备

在进行数据计算前,前期的数据需要先输入完成,并且准确、规范。理解数据之间的逻辑关系,分析计算方法,寻求适配的公式及函数进行计算,理解单元格引用的三种方式,并能够正确运用,配合填充柄,完成公式和函数的快速填充计算。

技术分析

本次任务中,需要使用以下技能:
① 公式和函数的应用:公式和函数的含义、结构,应用公式、函数时的步骤。
② 常用函数的使用:求和、平均值、计数、最大值、最小值、IF函数、RANK函数等;
③ 条件统计类函数的使用:SUMIF、AVERAGEIF、COUNTIF、SUMIFS、AVERAGEIFS、COUNTIFS等。

视频
输入和使用公式

预备知识

1. 认识公式与函数

（1）公式的含义

公式是对单元格或单元格区域内的数据进行计算和操作的等式,它遵循一个特定的语法或次序:最前面是等号"=",后面是参与计算的元素和运算符,每个元素可以是常量数值、单元格或引用单元格区域、名称等。运算符是指一个标记或符号,指定表达式内执行的计算的类型。有算术运算符、比较运算符、逻辑运算符和引用运算符。简单的公式由加、减、乘、除等四则运算构成。

(2)公式的使用

在WPS表格中输入公式的方法很简单,选择要输入公式的单元格后,单击编辑栏,将文本插入点定位于编辑栏中,输入"="后再输入公式内容,输入完成后按【Enter】键即可将公式运算的结果显示在所选单元格中,如图4-73所示。

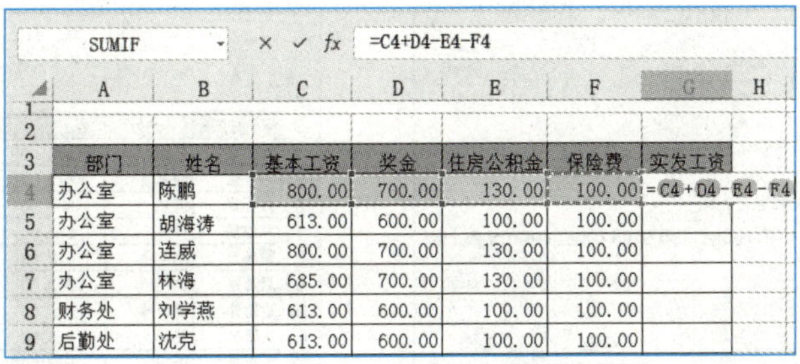

图4-73 公式的应用

小提示:

公式及函数中单元格名称中的字母不区分大小写,均可识别,单元格名称既可以手动输入,也可以使用鼠标点取。

(3)函数的含义

WPS表格将一些经常用到的公式(如求和、求平均值等)进行预定义,以函数的形式保存起来,供用户直接调用,通过它可简化公式的使用,提高工作效率。它既可以用于进行简单的代数运算,又可以用于已预置的数学函数、财务函数和统计函数等类型的函数,进行复杂的运算。函数一般包括等号、函数名、参数三部分,如"=SUM(M2:M11)",此函数表示对M2:M11单元格区域的所有数据求和,既可以作为独立的公式使用,也可用于另一个公式或函数中。

(4)函数的使用

利用WPS表格提供的"插入函数"对话框可以插入WPS表格自带的任意函数。方法为:选择要存放计算结果的单元格,在编辑栏中单击"插入函数"按钮,弹出"插入函数"对话框,如图4-74所示。其中提供了不同类型的函数,选择要插入的函数名称后,单击"确定"按钮,弹出"函数参数"对话框,如图4-75所示,在其中设置参数,最后单击"确定"按钮完成函数的插入操作。

2. 相对、绝对与混合引用

在WPS表格中,单元格引用是指在公式或函数中,一个引用地址代表工作表中的一个或一组单元格,以此来获取该单元格的数据。使用单元格引用的公式或函数,其运算结果将随着被引用单元格数据的变化而变化。计算公式或函数中既可以引用原来工作表中任意单元格或区域的数据,也可以引用其他工作表或工作簿中任何单元格及区域的数据。

图4-74 "插入函数"对话框

在WPS表格中，单元格引用分为相对引用、绝对引用、混合引用，它们具有不同的含义。

（1）相对引用

直接引用单元格或区域地址，当含有该地址的公式被复制到目标单元格时，公式不是照搬原来单元格的地址，而是根据公式原来位置和现在目标位置关系推算出公式中引用的单元格地址相对原位置的变化，使用变化后的单元格地址中的数据进行计算。在默认情况下，WPS表格使用的都是相对引用。如图4-73中，计算陈鹏的实发工资，确认后，拖动填充柄向下进行填充，就完成了相对引用，如图4-76所示。

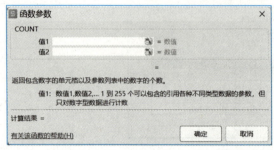

图4-75　"函数参数"对话框 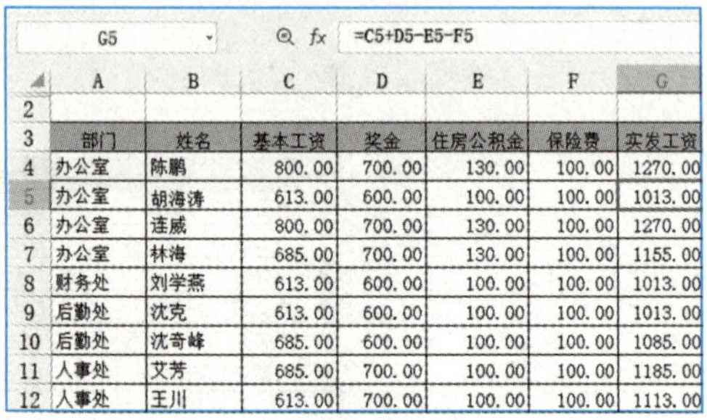　　　　　　　　图4-76　相对引用

（2）绝对引用

绝对引用是指将公式或函数复制到新位置后，公式或函数中的单元格地址固定不变，与包含公式或函数的单元格位置无关。使用绝对引用时，引用单元格的列标和行号之前分别需要添加"$"符号。在图4-77工作表的水费计算中，水费单价进行了绝对引用，可以在向下填充的过程中，保持单价不变。

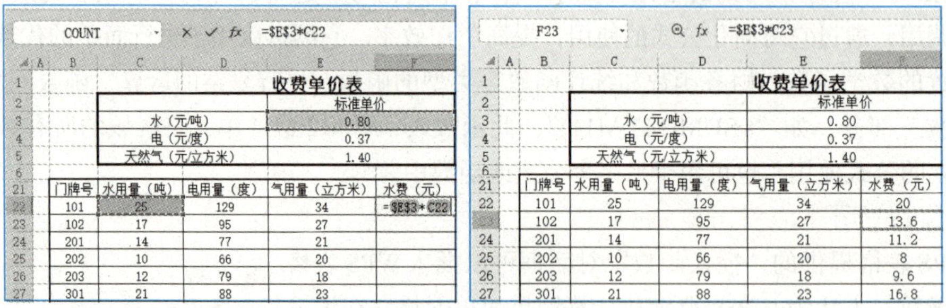

图4-77　绝对引用

（3）混合引用

混合引用是指在一个单元格地址引用中，既有相对引用，又有绝对引用，例如$A1或者B$2等，仅锁定单行或者单列。如果公式或函数所在单元格的位置改变，我们分别按照各自的引用规则进行分析计算，则相对引用改变，而绝对引用不变。

任务4.3.1　使用公式计算工资表

示例演示

众所周知，WPS表格具有强大的数据分析和处理功能，公式起到了非常重要的作用。公式是一种对工作表中的数据进行计算的等式，它可以帮助用户快速完成各种复杂的运算。公式的计算需要分析清楚单元格数据之间的逻辑关系，再来构建公式，对工资表计算结果如图4-78所示。

2024年1月份员工工资表												
编号	姓名	部门	入职时间	基本工资	单位津贴	奖金	应发工资	扣款				实发工资
								住房公积金	医疗保险	养老保险	其它	
1	刘琴	人力资源部	1982/7/1	3859	1000	300	5159	515.9	257.95	412.72	30	3942.43
2	林占国	人力资源部	1996/10/2	2956	800	260	4016	401.6	200.8	321.28	0	3092.32
3	孙林	人力资源部	2000/8/1	3200	1200	0	4400	440	220	352	0	3388
4	佟玲玲	采购部	1988/7/1	2656	500	160	3316	331.6	165.8	265.28	0	2553.32
5	王朝	采购部	2015/10/10	2956	700	170	3826	382.6	191.3	306.08	60	2886.02
6	张仪	采购部	2020/3/1	2356	500	230	3086	308.6	154.3	246.88	0	2376.22
7	田红	账务部	2001/9/1	2069	600	200	2869	286.9	143.45	229.52	90	2119.13
8	杨柳	账务部	2010/6/10	2069	600	100	2769	276.9	138.45	221.52	0	2132.13
9	赵子民	营销部	1986/9/5	2789	500	380	3669	366.9	183.45	293.52	0	2825.13
10	付玉琴	营销部	1989/3/12	2542	400	0	2942	294.2	147.1	235.36	50	2215.34
11	富丽	营销部	1992/6/4	2542	300	60	2902	290.2	145.1	232.16	30	2204.54
12	张晓霞	营销部	2006/3/1	2768	800	90	3658	365.8	182.9	292.64	0	2816.66
13	黄鑫	营销部	2005/9/1	3620	1000	680	5300	530	265	424	0	4081
14	刘嘉伟	营销部	1994/7/1	2950	900	720	4570	457	228.5	365.6	0	3518.9
15	宋轩轩	客服部	2003/4/1	2580	800	500	3880	388	194	310.4	0	2987.6
16	孟佳新	客服部	2022/6/1	2840	1000	380	4220	422	211	337.6	0	3249.4
17	郭文亮	客服部	2016/6/2	2780	800	180	3760	376	188	300.8	50	2845.2

图 4-78　工资表公式应用效果

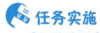

任务实施

【操作步骤】

1. 计算应发工资

① 打开工资表，选中H4单元格，在编辑栏或H4单元格中输入“=E4+F4+G4”，如图4-79所示。单击“√”按钮或按【Enter】键结束输入。

H4　fx　=E4+F4+G4

2024年1月份员工工资表							
编号	姓名	部门	入职时间	基本工资	单位津贴	奖金	应发工资
1	刘琴	人力资源部	1982/7/1	3859	1000	300	5159
2	林占国	人力资源部	1996/10/2	2956	800	260	
3	孙林	人力资源部	2000/8/1	3200	1200	0	

图 4-79　应发工资的计算公式

② H4单元格中显示数据“5159”。编辑栏中显示的是公式。

③ 将鼠标放到H4单元格的右下角，当在填充柄处出现黑“+”时，向下拖动鼠标，完成其他数据的计算填充，如图4-80所示。

H4　fx　=E4+F4+G4

2024年1月份员工工资表												
编号	姓名	部门	入职时间	基本工资	单位津贴	奖金	应发工资	扣款				实发工资
								住房公积金	医疗保险	养老保险	其它	
1	刘琴	人力资源部	1982/7/1	3859	1000	300	5159				30	
2	林占国	人力资源部	1996/10/2	2956	800	260	4016				0	
3	孙林	人力资源部	2000/8/1	3200	1200	0	4400				0	
4	佟玲玲	采购部	1988/7/1	2656	500	160	3316				0	
5	王朝	采购部	2015/10/10	2956	700	170	3826				60	
6	张仪	采购部	2020/3/1	2356	500	230	3086				0	
7	田红	账务部	2001/9/1	2069	600	200	2869				90	
8	杨柳	账务部	2010/6/10	2069	600	100	2769				0	
9	赵子民	营销部	1986/9/5	2789	500	380	3669				0	

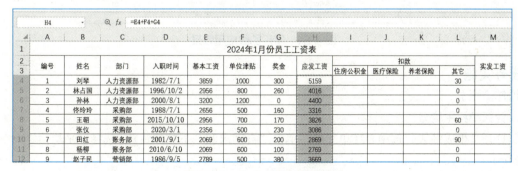

图 4-80　完成应发工资的计算

2. 住房公积金是应发工资的10%

计算公式为住房公积金=应发工资 ×10%。在I4单元格中输入“=H4*10%”，其他操作方法同应发工资。

3. 医疗保险是应发工资的5%

计算公式为医疗保险=应发工资 ×5%。在J4单元格中输入= “H4*5%”，其他操作方法同应发工资。

4. 养老保险是应发工资的8%

计算公式为养老保险=应发工资 ×8%。在K4单元格中输入= “H4*8%”，其他操作方法同应发工资。

5. 计算实发工资

计算公式为实发工资=应发工资-住房公积金-医疗保险-养老保险-其他。在M4单元格中输入“=H4-I4-J4-K4-L4”，其他操作方法同应发工资。

计算结果如图4-78所示。

任务 4.3.2 使用常用函数计算学生成绩表

视频 常用函数的使用（一）

示例演示

函数可以简化公式；可以实现特殊的运算，比如说找出最大值或最小值；允许有条件地运行公式，实现智能判断等。利用函数计算可以提高运算速度，减少工作量，提高工作效率。打开学生成绩表，使用常用函数，完成基本的函数计算，完成效果如图4-81所示。

L3 fx =RANK.EQ(K3, $K$3:$K$20)

	A	B	C	D	E	F	G	H	I	J	K	L
1	学生成绩表											
2	序号	学号	姓名	大学语文	思想政治	体育	职业规划	信息技术	微机原理	心理健康	总分	总分排名
3	1	202318210101	张宁	86	77	91	85	89	90	93	611	4
4	2	202318210102	陈宇	90	92	87	86	93	88	95	631	1
5	3	202318210103	韩振祥	78	85	86	80	84	85	90	588	7
6	4	202318210104	王旭东	80	86	81	86	87	78	85	583	9
7	5	202318210105	李星	82	81	85	78	80	79	87	572	11
8	6	202318210106	于文强	95	89	92	87	86	85	86	620	2
9	7	202318210107	贾瑞	75	80	65	84	76	82	89	551	14
10	8	202318210108	刘浩	84	70	55	81	66	77	80	513	18
11	9	202318210109	王浩然	88	83	85	78	81	86	84	585	8
12	10	202318210110	武家旭	89	85	83	90	86	83	88	604	5
13	11	202318210111	田佳新	60	78	81	72	82	77	89	539	16
14	12	202318210112	彭俊	92	84	87	86	83	80	87	599	6
15	13	202318210113	杨健	76	80	82	84	78	82	85	567	12
16	14	202318210114	魏岩	87	91	86	89	85	90	92	620	2
17	15	202397210119	闫鑫	83	67	88	76	54	78	90	536	17
18	16	202397210128	朱健	68	79	81	80	82	80	87	557	13
19	17	202397210129	王鑫	79	84	86	87	80	78	82	576	10
20	18	202397210120	杨欣彤	86	80	77	85	81	55	82	546	15
21			平均分	82	82	82	83	81	81	87	578	
22			最高分	95	92	92	90	93	90	95	631	
23			最低分	60	67	55	72	54	55	80	513	
24			人数	18								

图4-81 常用函数应用效果

任务实施

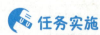

【操作步骤】

1. 计算单科平均分

① 打开学生成绩表，选中D21单元格，单击“自动求和”下拉按钮∑，选择“平均值”命令，如图4-82所示。

② 在D21单元格和编辑栏中会自动填入“=AVERAGE(D3:D20)”。此时，D3:D20单元格区域的边框在闪烁，表示是对D3:D20单元格区域求平均值，可以修改单元格区域，如图4-83所示。

③ 按【Enter】键确认，D21单元格中出现完成计算的平均值，拖动填充柄向右至J21单元格，完成各单科平均分的计算。

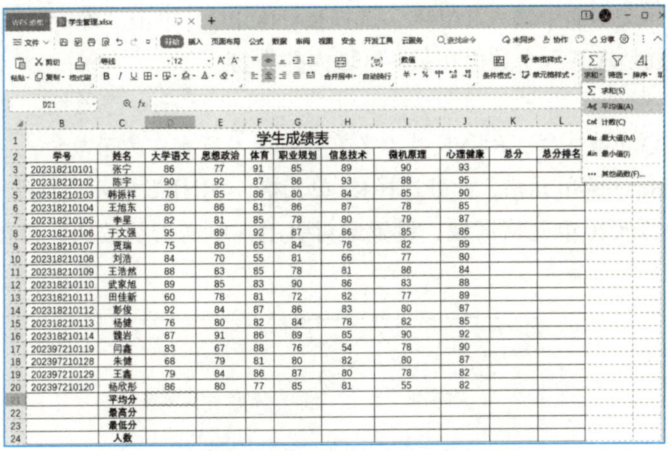

图 4-82 选择平均值函数

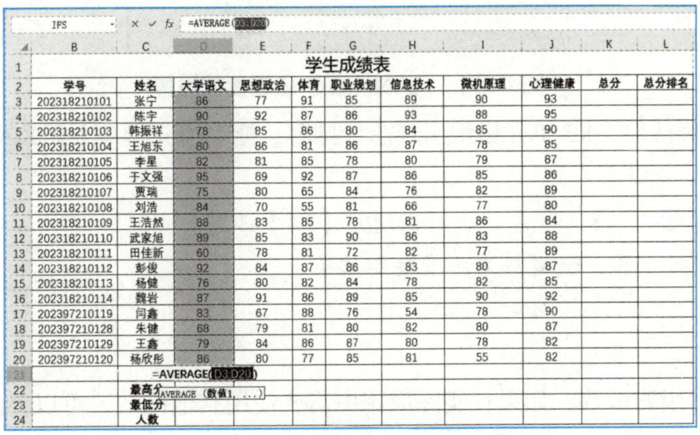

图 4-83 平均值函数计算区域选择

2. 计算单科最高分

① 选中 D22 单元格后，单击"自动求和"下拉按钮∑选择"最大值"命令，在 D22 单元格和编辑栏中会自动填入"=MAX(D3:D21)"。

② 此时，D3:D21 单元格区域的边框在闪烁，表示是对 D3:D21 单元格区域进行计算，与要求不符合，用鼠标重新拖动圈选 D3:D20 单元格区域。（也可以在 D22 单元格或编辑栏中把 D21 修改为 D20。）

③ 按【Enter】键确认后，D22 单元格中出现最高分，拖动填充柄向右至 J22 单元格。

3. 计算单科最低分

计算方法同最高分，选择"最小值"命令，操作同理。

4. 计算参加考试人数

计算方法同最高分，选择"计数"命令，选择 D3:D20 单元格区域，操作同理，无须拖动填充柄，人数只计算一次即可。

5. 计算总分

选中 K3 单元格后，单击"自动求和"按钮∑，按【Enter】键确认即可，拖动填充柄向下至 K20 单元格。

6. 计算每个同学总分的排名

① 选中 L3 单元格，在编辑栏中单击"插入函数"按钮 ƒx。

② 在"查找函数"文本框中输入RANK，选择RANK.EQ，单击"确定"按钮，弹出"函数参数"对话框。RANK.EQ函数是求某一个数值在某一区域内的排名。

小提示：
RANK与RANK.EQ功能一样，RANK是为了兼容旧版本所存在的函数。

③ "数值"表示待排序的单元格，此处选择K3单元格，"引用"表示要在哪个范围内进行排名，可以折叠对话框，选择K3:K20单元格区域，设置绝对引用，单击折叠按钮，排位方式默认为降序，如图4-84所示。

图4-84　RANK.EQ函数参数设置

④ 按【Enter】键确认后，K3单元格中出现总分排名，拖动填充柄向下至K20单元格。

小提示：
绝对引用可以手动输入"$"符号，也可以通过【F4】键进行锁定，这样可以保证在向下拖动填充柄时，单元格区域不进行下移，造成排名不准确的结果。

【知识链接】

WPS表格的函数

下面介绍一些最常用的函数。如果在实际应用中需要使用其他函数，可以参阅WPS表格的"帮助"系统或其他参考资料。

① 求平均值函数AVERAGE(x1,x2,…)，返回所列范围中所有数值的平均值。最多可有30个参数，参数x1、x2等可以是数值、区域或区域名字。

② COUNT(x1,x2,…)，返回所列参数（最多30个）中数值的个数。COUNT函数在计数时，把数字、空值、逻辑值和日期计算进去，但是错误值或其他无法转化成数据的内容则被忽略。这里的"空值"是指函数的参数中有一个"空参数"，和工作表单元格的"空白单元"是不同的。

③ 求最大值函数MAX(List)，返回指定List中的最大数值，List可以是一数值、公式或单元格区域引用的列表，如MAX(87,A8,B1:B5)、MAX(D1:D88)等。

④ 求最小值函数MIN(List)，返回List中的最小数。List的意义同MAX，如MIN(C2:C88)。

⑤ 求和函数SUM(x1,x2,…)，返回所有参数值或参数包含值的总和。x1、x2等可以是单元格、区域或实际值，如SUM(A1:A5,C6:C8)返回区域A1至A5和C6至C8中的值的总和。

视频
常用函数的使用（二）

任务4.3.3　使用条件统计类函数计算工资表

 示例演示

在工作表的函数计算中，经常需要完成满足一定条件的数据统计工作，下面在工资表中完成相应统计计算，结果如图4-85所示。

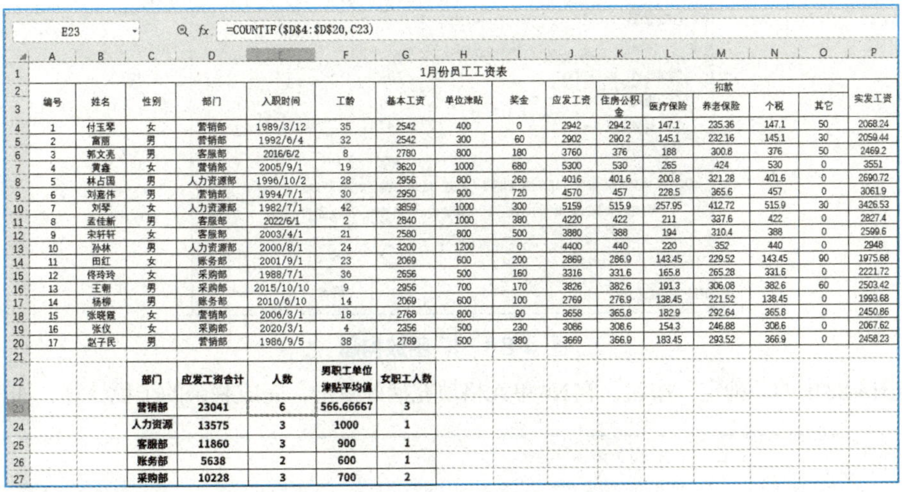

E23　=COUNTIF($D$4:$D$20,C23)

1月份员工工资表															
编号	姓名	性别	部门	入职时间	工龄	基本工资	单位津贴	奖金	应发工资	扣款					实发工资
										住房公积金	医疗保险	养老保险	个税	其它	
1	付玉琴	女	营销部	1989/3/12	35	2542	400	0	2942	294.2	147.1	235.36	147.1	50	2068.24
2	富丽	男	营销部	1992/6/4	32	2542	300	60	2902	290.2	145.1	232.16	145.1	30	2059.44
3	郭文亮	男	客服部	2016/6/2	8	2780	800	180	3760	376	188	300.8	376	50	2469.2
4	黄鑫	女	营销部	2005/9/1	19	3620	1000	680	5300	530	265	424	530	0	3551
5	林占国	男	人力资源部	1996/10/2	28	2956	800	260	4016	401.6	200.8	321.28	401.6	0	2690.72
6	刘嘉伟	男	营销部	1994/7/1	30	2950	900	720	4570	457	228.5	365.6	457	0	3061.9
7	刘琴	女	人力资源部	1982/7/1	42	3859	1000	300	5159	515.9	257.95	412.72	515.9	30	3426.53
8	孟佳新	男	客服部	2022/6/1	2	2840	1000	380	4220	422	211	337.6	422	0	2827.4
9	宋轩轩	女	客服部	2003/4/1	21	2580	800	500	3880	388	194	310.4	388	0	2599.6
10	孙林	男	人力资源部	2000/8/1	24	3200	1200	0	4400	440	220	352	440	0	2948
11	田红	女	账务部	2001/9/1	23	2069	600	200	2869	286.9	143.45	229.52	143.45	90	1975.68
12	佟玲玲	女	采购部	1988/7/1	36	2656	500	160	3316	331.6	165.8	265.28	331.6	0	2221.72
13	王朝	男	采购部	2015/10/10	9	2956	700	170	3826	382.6	191.3	306.08	382.6	60	2503.42
14	杨柳	男	账务部	2010/6/10	14	2069	600	100	2769	276.9	138.45	221.52	138.45	0	1993.68
15	张晓霞	女	营销部	2006/3/1	18	2768	800	90	3658	365.8	182.9	292.64	365.8	0	2450.86
16	张仪	女	采购部	2020/3/1	4	2356	500	230	3086	308.6	154.3	246.88	308.6	0	2067.62
17	赵子民	男	营销部	1986/9/5	38	2789	500	380	3669	366.9	183.45	293.52	366.9	0	2458.23

部门	应发工资合计	人数	男职工单位津贴平均值	女职工人数
营销部	23041	6	566.66667	3
人力资源	13575	3	1000	1
客服部	11860	3	900	1
账务部	5638	2	600	1
采购部	10228	3	700	2

图 4-85　条件统计类函数应用效果

任务实施

【操作步骤】

1. 计算工龄

① 打开工资表，选中F4单元格，输入“=YEAR(TODAY())-YEAR(E4)”，按【Enter】键确认，拖动填充柄向下，如图4-86所示。

② 在“开始”选项卡中，将数据格式设置为常规，双击填充柄完成计算，如图4-87所示。

小提示：

双击填充柄的操作和拖动填充柄向下操作的功能一样，区别在于双击填充柄，填充到空行为止，适用于行数特别多或没有空白冗余数据行的表格；拖动填充柄适用于精准行数填充。

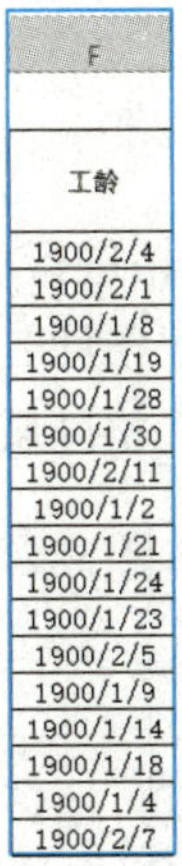

F
工龄
1900/2/4
1900/2/1
1900/1/8
1900/1/19
1900/1/28
1900/1/30
1900/2/11
1900/1/2
1900/1/21
1900/1/24
1900/1/23
1900/2/5
1900/1/9
1900/1/14
1900/1/18
1900/1/4
1900/2/7

图 4-86　工龄计算

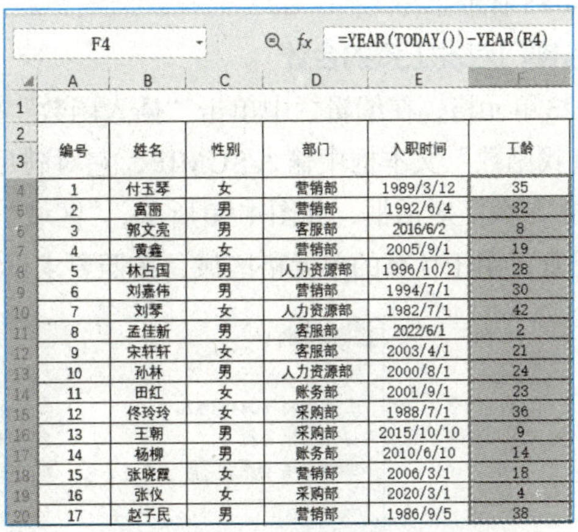

F4　=YEAR(TODAY())-YEAR(E4)

编号	姓名	性别	部门	入职时间	工龄
1	付玉琴	女	营销部	1989/3/12	35
2	富丽	男	营销部	1992/6/4	32
3	郭文亮	男	客服部	2016/6/2	8
4	黄鑫	女	营销部	2005/9/1	19
5	林占国	男	人力资源部	1996/10/2	28
6	刘嘉伟	男	营销部	1994/7/1	30
7	刘琴	女	人力资源部	1982/7/1	42
8	孟佳新	男	客服部	2022/6/1	2
9	宋轩轩	女	客服部	2003/4/1	21
10	孙林	男	人力资源部	2000/8/1	24
11	田红	女	账务部	2001/9/1	23
12	佟玲玲	女	采购部	1988/7/1	36
13	王朝	男	采购部	2015/10/10	9
14	杨柳	男	账务部	2010/6/10	14
15	张晓霞	女	营销部	2006/3/1	18
16	张仪	女	采购部	2020/3/1	4
17	赵子民	男	营销部	1986/9/5	38

图 4-87　工龄数据格式设置

2. 计算个税（假设应发工资大于或等于3 000，收取10%的税；如果小于3 000，收取5%的税）

① 选中N4单元格，在编辑栏中单击“插入函数”按钮 *fx*。

② 在“查找函数”文本框中输入IF，单击“确定”按钮，弹出“函数参数”对话框，如图4-88所示，输入测试条件，满足条件，按10%收税；不满足，按5%收税。

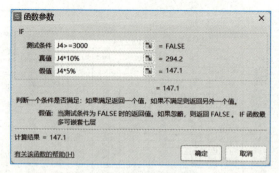

图 4-88　IF 函数构建

③ 单击图4-88中的“确定”按钮，在N4单元格填充柄处双击，完成剩余的个税计算，如图4-89所示。

N4　=IF(J4>=3000, J4*10%, J4*5%)

1月份员工工资表

编号	姓名	性别	部门	入职时间	工龄	基本工资	单位津贴	奖金	应发工资	扣款					实发工资
										住房公积金	医疗保险	养老保险	个税	其它	
1	付玉琴	女	营销部	1989/3/12	35	2542	400	0	2942	294.2	147.1	235.36	147.1	50	
2	富丽	男	营销部	1992/6/4	32	2542	300	60	2902	290.2	145.1	232.16	145.1	30	
3	郭文亮	男	客服部	2016/6/2	8	2780	800	180	3760	376	188	300.8	376	50	
4	黄鑫	女	营销部	2005/9/1	19	3620	1000	680	5300	530	265	424	530	0	
5	林占国	男	人力资源部	1996/10/2	28	2956	800	260	4016	401.6	200.8	321.28	401.6	0	
6	刘嘉伟	男	营销部	1994/7/1	30	2950	900	720	4570	457	228.5	365.6	457	0	
7	刘琴	女	人力资源部	1982/7/1	42	3859	1000	300	5159	515.9	257.95	412.72	515.9	30	
8	孟佳新	男	客服部	2022/6/1	2	2840	1000	380	4220	422	211	337.6	422	0	
9	宋轩轩	女	客服部	2003/4/1	21	2580	800	500	3880	388	194	310.4	388	0	
10	孙林	男	人力资源部	2000/8/1	24	3200	1200	0	4400	440	220	352	440	0	
11	田红	女	账务部	2001/9/1	23	2069	600	200	2869	286.9	143.45	229.52	143.45	90	
12	佟玲玲	女	采购部	1988/7/1	36	2656	500	160	3316	331.6	165.8	265.28	331.6	0	
13	王朝	男	采购部	2015/10/10	9	2956	700	170	3826	382.6	191.3	306.08	382.6	60	
14	杨柳	男	账务部	2010/6/10	14	2069	600	100	2769	276.9	138.45	221.52	138.45	0	
15	张晓霞	女	营销部	2006/3/1	18	2768	800	90	3658	365.8	182.9	292.64	365.8	0	
16	张仪	女	采购部	2020/3/1	4	2356	500	230	3086	308.6	154.3	246.88	308.6	0	
17	赵子民	男	营销部	1986/9/5	38	2789	500	380	3669	366.9	183.45	293.52	366.9	0	

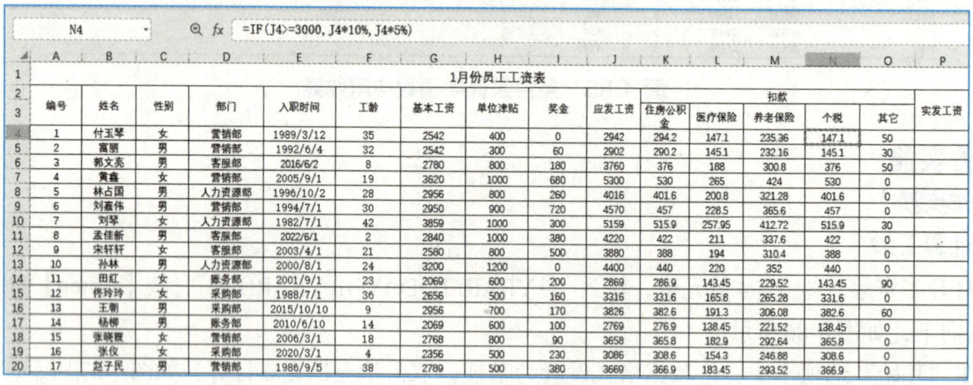

图 4-89　个税计算

3. 计算实发工资

在P4单元格中输入“=J4-K4-L4-M4-N4-O4”，按【Enter】键确认。拖动填充柄向下完成填充计算，结果如图4-85所示。

4. 计算各部门应发工资的合计

① 选中D23单元格，在编辑栏中单击“插入函数”按钮 *fx*。

② 在“查找函数”文本框中输入SUMIF，它对满足单个条件的单元格进行求和，单击“确定”按钮，弹出“函数参数”对话框，如图4-90所示，“区域”表示条件区域，“条件”表示需要满足的条件，“求和区域”是真正用于计算的单元格区域，按照要求设置参数，注意单元格区域的锁定。

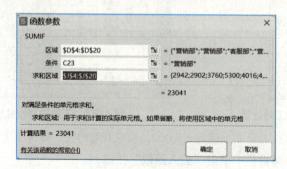

图 4-90　SUMIF 函数应用

③ 单击“确定”按钮，拖动D23单元格填充柄到D27单元格。

5. 统计各部门的人数

① 选中 E23 单元格，在编辑栏中单击"插入函数"按钮 *fx*。

② 在"查找函数"文本框中输入 COUNTIF，它对满足单个条件的单元格进行计数，单击"确定"按钮，弹出"函数参数"对话框，如图 4-91 所示，"区域"表示条件区域，"条件"表示需要满足的条件，按照要求设置参数，注意单元格区域的锁定。

图 4-91　COUNTIF 函数应用

③ 单击"确定"按钮，拖动 E23 单元格填充柄到 E27 单元格。

6. 计算各部门的男职工单位津贴平均值

① 选中 F23 单元格，在编辑栏中单击"插入函数"按钮 *fx*。

② 在"查找函数"文本框中输入 AVERAGEIFS，它对满足多个条件的单元格进行求平均值，单击"确定"按钮，弹出"函数参数"对话框，如图 4-92 所示，"求平均值区域"表示真正要计算的单元格，下面的"条件区域"和"条件"成对出现，需要逐一进行设置，注意单元格区域的锁定。

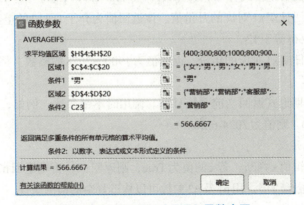

图 4-92　AVERAGEIFS 函数应用

③ 单击"确定"按钮，拖动 F23 单元格填充柄到 F27 单元格。

7. 统计各部门女职工的人数

① 选中 G23 单元格，在编辑栏中单击"插入函数"按钮 *fx*。

② 在"查找函数"文本框中输入 COUNTIFS，它对满足多个条件的单元格进行计数，单击"确定"按钮，弹出"函数参数"对话框，如图 4-93 所示，"条件区域"和"条件"成对出现，需要逐一进行设置，注意单元格区域的锁定。

③ 单击"确定"按钮，拖动 G23 单元格填充柄到 G27 单元格。

完成效果参考图 4-85 所示。

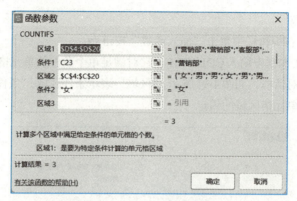

图 4-93　COUNTIFS 函数应用

【知识链接】

WPS 表格的函数有很多，下面介绍一些特殊的函数。如果在实际应用中需要使用其他函数，可以参阅 WPS 表格的"帮助"系统或其他参考资料。

1. 日期函数

在工作表中，日期和时间可以用用户所熟悉的方式显示。但是如果把单元格的格式设定为"数值"，则日期就显示成一个数值。如果日期中包含时间，则会被显示为一个带有小数的数值。这是因为，WPS 表格把 1900 年 1 月 1 日定为 1，每增加一天就加 1，在其以后的日期就对应着一个序列数。同时把每天的时间也折算为十进制数，因此 1999 年 5 月 30 日上午 6:00 被转换为 36 310.25。

① DAY(x1)，返回日期 x1 对应的一个月内的序数，用整数 1～31 表示。x1 不仅可以为数字，还可以为字符串（用引号括起来的日期格式）。例如，DAY("15-Apr-1999") 等于 15、DAY("99/8/11") 等于 11。

② MONTH(x1)，返回日期 x1 对应的月份值。该返回值为介于 1～12 的整数。例如，MONTH("6-May") 等于 5、MONTH(366) 等于 12。

③ YEAR(x1)，返回日期 x1 对应的年份。返回值为 1900～2078 的整数。例如，YEAR("7/5/90") 返回 1990。

④ TODAY( )，以日期形式返回当前系统日期。调用时不带参数。例如，系统时间今天是 2024 年 6 月 20 日，使用 TODAY( )，则值为 2024-6-20。

2. 条件函数 IF

IF(x,n1,n2)，根据逻辑值 x 判断，若 x 的值为 True，则返回 n1，否则返回 n2。其中 n2 可以省略。IF 函数可以嵌套使用，最多嵌套 7 层，用 n1 及 n2 参数可以构造复杂的检测条件。

3. 统计函数

① SUMIF(x1,x2,x3)，根据指定条件 x2 对若干单元格求和。其中，x1 为用于条件判断的单元格区域；x2 为确定哪些单元格将被相加求和的条件，其形式可以为数字、表达式或文本；x3 为需要求和的实际单元格。只有当 x1 中有满足条件 x2 的单元格时，才对 x3 中的相应单元格求和。如果省略 x3，则直接对 x1 中的单元格求和。

② SUMIFS 函数，多条件求和，用于对某一区域内满足多重条件（两个条件以上）的单元格求和。SUMIFS（求和区域,条件区域1,条件1,条件区域2,条件2,…）。

③ AVERAGEIF 函数，用于对满足单个条件的数据计算其算术平均值。AVERAGEIF（条件区域,条件,求平均值数据所在区域）。

④ AVERAGEIFS 函数，用于对同时满足多个条件的数据计算其算术平均值。AVERAGEIFS（求平均值数据所在区域,条件区域1,条件1,条件区域2,条件2,…）。

⑤ COUNTIF 函数，用于统计满足单个条件的数据的个数。COUNTIF（条件区域,条件）。

⑥ COUNTIFS 函数，用于统计同时满足多个条件的数据的个数。COUNTIFS（条件区域1,条件1,条件区域2,条件2,…）。

综合评价

按下表所列操作要求，对自己完成的操作进行自评，并给出自评分。

序号	操作要求	分值	完成情况	自评分
1	对工资表应用公式计算准确	20		
2	对学生成绩表函数计算准确，包括求和、求平均值、求最高分、最低分、计数	20		
3	RANK 函数应用正确，并正确使用绝对引用	10		
4	应用 IF 函数正确计算个税	10		
5	应用日期时间函数计算正确工龄，并修改显示格式	15		
6	应用单条件和多条件统计函数计算工资表，统计结果正确	25		

任务 4.4　可视化 GDP 数据

任务描述

1. 情境描述

领导给小明布置了一个任务，对图 4-69 所示的国内生产总值（GDP）数据进行可视化分析，分别展示近十年国内生产总值、第一二三产业增加值的变化趋势和 2023 年第一二三产业的比重。

2. 任务分解

针对以上情境描述，可视化近十年国内生产总值数据，需要完成下列任务：

① 创建图表。

② 编辑图表。

3. 知识准备

WPS 表格中，提供了多种类型的图表，每种图表具有独特的特点和适用场景，需要根据数据类型和分析目的选择图表类型，将数据以更直观、易理解的方式呈现出来。因此，在创建图表之前，小明需要了解图表类型、特点和适用场景。

技术分析

本次任务中，需要使用以下技能：

① 图表的创建。

② 图表元素的添加和编辑。

③ 图表样式的设置。

④ 更改图表类型。

⑤ 移动图表。

知识预备

1. 图表功能

面对电子表格数据时，一般很难发现不同数据之间的关系，将这些烦琐的数据转换为清晰易懂的图表，可以使数据变得更容易理解，也方便观察数据的某些规律、趋势，有助于做数据分析。WPS表格提供了强大的图表功能，可以将数据创建为不同类型的图表进行分析和显示。

2. 图表类型

视频
图表简介

WPS表格提供了多种类型的图表，每种图表类型都包括了若干子类。

① 柱形图：用于显示分散的数据，它适合直接比较多组数据之间的大小。柱形图类型包括簇状柱形图、堆积柱形图和百分比堆积柱形图。

② 条形图：显示各项数据的比较情况，条形图的优点在于分类标志更容易读，它适合用来比较不同类别在同一项目上的差异，条形图类型有簇状条形图、堆积条形图和百分比堆积条形图。

③ 折线图：用于显示随时间而变化的数据关系，因此适用于显示在相同时间间隔下数据的趋势。分为折线图和带数据标记的折线图两种类型，其中每一个种类分别包括折线图、堆积折线图和百分比堆积折线图。

④ 饼图：用于显示数据所占比例，适合表达整体相关的比例或分布情况。包括二维饼图和三维饼图。其中，复合饼图可以将较小的扇区从主饼图中分离出来，以另外的饼图显示。

⑤ 面积图：能体现数据随时间变化的程度，同时又强调数据总值情况，主要用于绘制数据堆积的情况。包括面积图、堆积面积图和百分比堆积面积图三种类型。

⑥ XY散点图：用来比较多个数据系列中的数值，能够直观地观察数据点在坐标系平面上的分布。包括散点图、带平滑线的散点图、带平滑线和数据标记的散点图、带直线的散点图和带直线和数据标记的散点图等类型。

⑦ 股价图：主要用来描述股价的波动，也可用于科学研究。

⑧ 雷达图：从不同的角度对一个事物做出总体的评估，将多个数据用网络图的样式表现出来。包括雷达图、带数据标记的雷达图和填充雷达图。

⑨ 组合图：在一个图表中应用了多种图表类型的元素来同时展示多组数据，可以使图表更加丰富，还可以更好地区别不同的数据。

3. 图表元素

图表的组成元素如图4-94所示。

① 图表区：整个图表显示区域，包含了图表中的所有元素。

② 绘图区：在图表区中用于显示绘制出的数据图表。

③ 图表标题：用来说明图表内容的文字。

④ 横坐标轴：又称分类轴（x轴）。

⑤ 纵坐标轴：又称数据轴（y轴）。

⑥ 图例：数据系列所代表的内容。

⑦ 坐标轴标题：显示横坐标及纵坐标的内容。

⑧ 网格线：用于估算数据系列所示值的标准，分纵向和横向网络线。

模块 4　WPS 表格处理　145

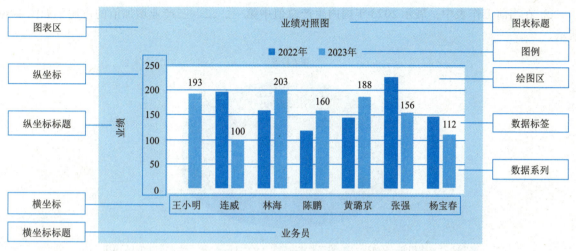

图 4-94　图表的组成元素

任务 4.4.1　创建 GDP 图表

示例演示

本任务中，根据数据展示和分析目的，分别选择组合图和饼图展示数据的变化趋势和相互关系。

① 在新工作表中，使用组合图展示国内生产总值、第一、二、三产业增加值近十年的变化，其中生产总值用折线图展示，如图 4-95 所示。

视　频

创建图表

图 4-95　国内生产总值近十年的变化趋势图

② 在当前工作表中，展示2023年国内生产总值中第一、二、三产业增加值的占比，如图4-96所示。

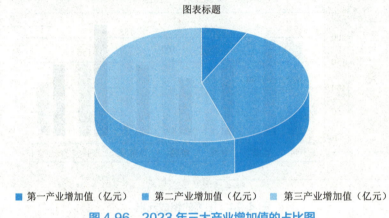

图 4-96　2023年三大产业增加值的占比图

任务实施

【操作步骤】

1. 创建组合图展示国内生产总值、第一、二、三产业增加值近十年的变化

① 选择单元格区域（B2:C12，E2:G12）。

② 切换至"插入"选项卡，单击"柱形图"下拉按钮，从下拉菜单中选择"二维柱形图"→"簇状柱形图"命令，如图4-97所示，此时工作表中创建了图4-98所示的柱形图。

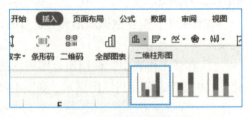

图 4-97　选择柱形图类型

图 4-98　柱形图效果

③ 更改图表类型。单击选中图表，切换至"图表工具"选项卡，单击"更改类型"按钮，弹出"更改图表类型"对话框。图表类型选择"组合图"，设置各系列对应的图表类型，即国内生产总值设

为折线图,并勾选"次坐标轴"复选框,其他三个系列均为"簇状柱形图",如图4-99所示。单击"插入"按钮,完成更改。

图4-99 "更改图表类型"对话框

④ 移动图表。右击图表空白处,在弹出的快捷菜单中选择"移动图表"命令或单击"图表工具"选项卡中的"移动图表"按钮,弹出"移动图表"对话框。选择"新工作表"单选按钮,输入工作表的名称,如图4-100所示,单击"确定"按钮,可将嵌入式图表改为工作表图表。

2. 创建2023年国内生产总值中第一、二、三产业增加值的占比图

选择单元格区域(E2:G2,E12:G12),选择"插入"选项卡,单击"饼图"下拉按钮,从下拉菜单中选择"三维饼图"命令,如图4-101所示,即可在当前工作表中插入饼图。

图4-100 "移动图表"对话框

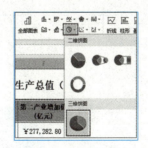

图4-101 饼图列表

【知识链接】

1. 创建图表

① 选择单元格区域。

② 选择图表类型。选择"插入"选项卡,单击要创建的图表类型,或者单击"全部图表"按钮,弹出"插入图表"对话框,选择创建的图表类型,单击"插入"按钮即可。

2. 图表的显示方式

在 WPS 表格中，图表主要有嵌入式图表和工作表图表两种显示方式。通过"图表工具"选项卡中的"移动图表"按钮，随时切换图表的显示方式。

① 嵌入式图表：图表插入在数据工作表中，与数据显示在同一个工作表中。

② 工作表图表：以独立工作表显示图表。

• 视频
编辑图表

任务 4.4.2　编辑 GDP 图表

示例演示

创建图表后，需要对图表进行编辑、优化和修饰，使其更具有美观性、易读性和直观性，增强图表的阅读性。图表的美化效果如图 4-102 和图 4-103 所示。

图 4-102　组合图美化效果

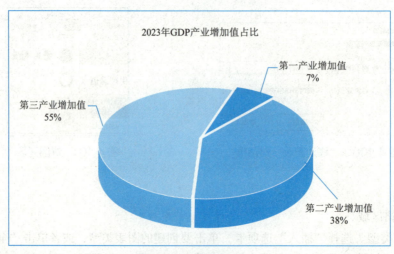

图 4-103　饼图美化效果

任务实施

【操作步骤】

1. 编辑和美化组合图表

（1）设置图表标题

图表标题文本设置为"近十年国内生产总值变化"。

（2）添加主要和次要纵坐标轴标题

切换到"图表工具"选项卡，单击"添加元素"下拉按钮，选择"轴标题"→"主要纵向坐标轴"命令，如图4-104所示，标题文字输入"产业增加值"。用同样的方法添加"次要纵向坐标轴"标题，并设置标题文本为"生产总值"，添加效果如图4-105所示。

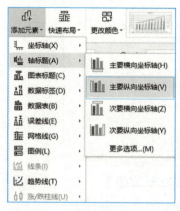

图4-104 "添加元素"下拉菜单

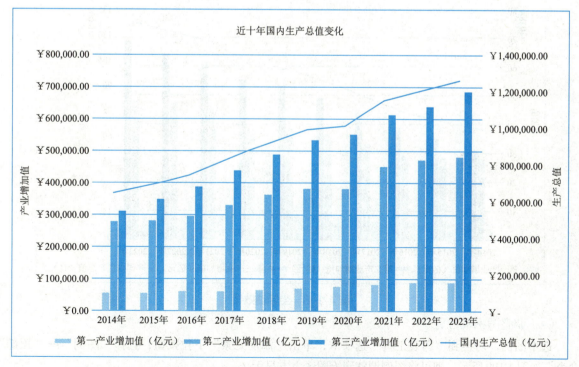

图4-105 纵坐标标题设置效果

（3）编辑纵坐标轴样式

选中主要纵坐标轴，切换到"图表工具"选项卡，单击"设置格式"按钮，打开"坐标轴选项"窗格。其中，显示单位设为"10000"，单击"数字"选项，类别设为"常规"，如图4-106所示。选择次坐标轴，设置显示单位为1万，主要刻度单位调整为15万，单击"数字"选项，类别设为"常规"，如图4-107所示。坐标轴的设置效果如图4-108所示。

图4-106　主要纵坐标轴选项的设置

图4-107　次要纵坐标轴选项的设置

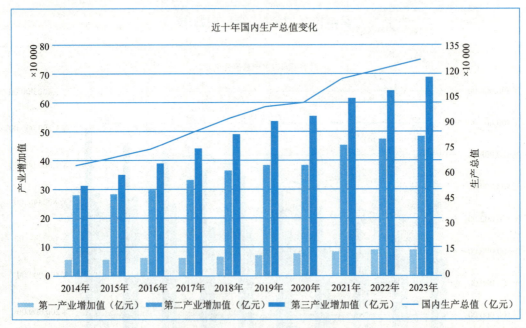

图4-108　坐标轴效果

（4）调整图例的位置

选中图例，切换到"图表工具"选项卡，单击"添加元素"下拉按钮，选择"图例"→"顶部"命令，如图4-109所示，即可将图例调整到绘图区上方显示。

（5）设置图表区和绘图区的填充颜色

单击图表区的空白处选择图表，切换到"图表工具"选项卡，单击"设置格式"按钮，显示"图表选项"窗格，在填充列表中选择"纯色填充"，颜色选择"钢蓝"。单击绘图区，切换到"绘图区选项"窗格，颜色选择"白色、背景1、深色15%"，适当调整透明度，如图4-110所示。

图 4-109　"添加元素"图表菜单

图 4-110　绘图区填充颜色的设置

小提示：

在图表区的空白处右击，在弹出的快捷菜单中选择"设置图表区域格式"命令，也可以打开"图表选项"窗格。则在绘图区空白处右击，在弹出的快捷菜单中选择"设置绘图区格式"命令即可打开"绘图区选项"窗格。

（6）设置图表区文本的格式

单击选择图表区，切换到"开始"选项卡，设置字体、字号和字体颜色等格式，其中字体颜色设为"白色"。单击选择图表标题，将其设置为"微软雅黑、20、加粗"，设置效果如图4-111所示。

图 4-111　图表区格式设置效果

（7）调整第二产业增加值和国内生产总值系列的颜色

单击任意一个灰色柱形，选择"第二产业增加值"系列，单击"图表工具"选项卡中的"设置格式"按钮，打开"系列选项"窗格，将填充颜色设为"绿色"。使用同样的方法将蓝色折线图的"线条颜色"更改为"红色"。

2. 编辑和美化饼图

（1）显示数据标签

选中图表，单击图表右上角的"图表元素"按钮，选择"数据标签"→"数据标签外"命令，如图 4-112 所示。添加效果如图 4-113 所示。

图 4-112　选择"数据标签外"命令

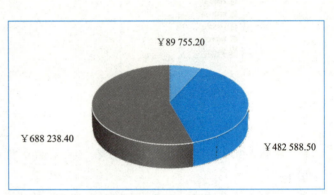

图 4-113　数据标签的显示效果

（2）显示类别名称和所占比例

选中数据标签，单击图表右侧的"设置格式"按钮，打开"标签选项"窗格，取消选择"值"复选框，选择"类别名称"和"百分比"复选框，如图 4-114 所示，即可显示类别名称和所占比例，效果如图 4-115 所示，用户可以根据具体情况调整数据标签的位置。

图 4-114　标签选项窗格

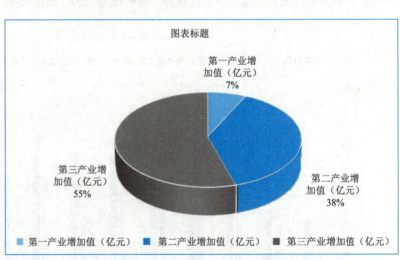

图 4-115　数据标签的设置效果

（3）删除图例

选中图表，单击右侧"图表元素"按钮，取消选择"图例"复选框即可，如图 4-116 所示。或者切换到"图表工具"选项卡,单击"添加元素"下拉按钮,选择"图例"→"无"命令。也可以按【Delete】键或右击选择"删除"命令。

（4）调整第一扇区起始角度和饼图的分离度

单击任一扇区,选中数据系列,单击图表右侧的"设置格式"按钮,打开"系列选项"窗格,在"系列"选项卡中,设置第一扇区起始角度为16°,饼图的分离度为5%,如图4-117所示,效果如图4-118所示。

图4-116 取消图例的选择　　图4-117 系列选项的设置　　图4-118 饼图设置效果

（5）设置图表区填充颜色

选择图表区,单击"设置格式"按钮,切换至"图表选项"选项卡,在"填充与线条"列表中选择"图案填充"单选按钮,从图案列表中,选择第一行第三个图案,前景颜色设为"巧克力黄、着色2、浅色80%",背景色为"白色",如图4-119所示。图表区填充效果如图4-120所示。

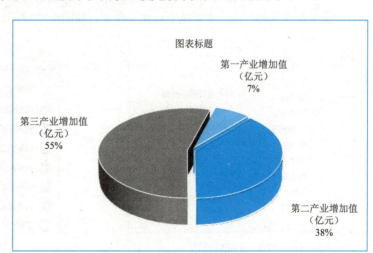

图4-119 填充颜色的设置　　图4-120 图表区填充效果

（6）设置图表标题及格式

将图表标题设为"2023年GDP产业增加值占比",选中图表标题,切换至"开始"选项卡,设置字体格式为"华文中宋、18、加粗"。

（7）设置数据标签格式

选中数据标签，切换至"开始"选项卡，字体格式设为"宋体、10、加粗"。

小提示：

可以适当调整图表区和绘图区大小，编辑数据标签类别名称，如删除括号内容。

【知识链接】

1. 创建图表

在WPS表格中，除了在"插入"选项卡中，选择相对应的图表类型按钮创建图表之外，还可以通过"全部图表"按钮创建图表，具体操作如下：

① 选择生成图表的数据所在的单元格区域。

② 切换到"插入"选项卡，单击"全部图表"按钮，弹出"插入图表"对话框。

③ 在对话框中单击图表类型，并选择需要的子类型，单击"插入"按钮。

2. 添加和编辑图表元素

插入图表后，可根据需要添加图表元素，并对其进行编辑，添加和编辑图表元素的方法有如下两种：

方法1：选中图表，单击"图表工具"选项卡中的"添加元素"下拉按钮，在下拉菜单中选择对应的"图表元素"进行编辑。

方法2：选中图表，单击图表右侧的"图表元素"按钮，弹出"图表元素"列表，勾选需要编辑的图表元素，并对其进行设置。

① 显示/隐藏坐标轴。在WPS表格中，除了饼图，其他类型的图表都有坐标轴，其中雷达图只有纵坐标轴，组合图包括主要和次要坐标轴。插入图表时，坐标轴默认显示。坐标轴的显示和隐藏方法如下：

方法1：在"图表元素"列表中选中"坐标轴"复选框，即可显示和隐藏所有坐标轴。也可以在"坐标轴"子菜单中选择主要横坐标轴或纵坐标轴选项，对特定的坐标轴进行显示或隐藏，如图4-121所示。

方法2：切换到"图表工具"选项卡，单击"添加元素"下拉按钮，在下拉菜单中选择"坐标轴"→"主要横坐标轴"或"主要纵坐标轴"命令，如图4-122所示。

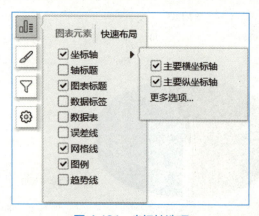

图4-121　坐标轴选项

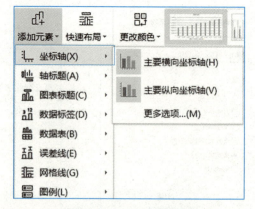

图4-122　坐标轴子菜单

② 添加和编辑数据标签。创建图表时，默认不显示数据标签，添加数据标签的方法如下：

选中图表，在"图表元素"列表中选中"数据标签"复选框，并从子菜单中选择数据标签的显示位置。或者切换到"图表工具"选项卡，单击"添加元素"下拉按钮，从下拉菜单中选择"数据标签"命令，并在子菜单中选择显示位置。

小提示：

以上方法为图表中所有系列添加数据标签，如果为某一个系列添加数据标签，则需要选择图表中该系列的图形。

数据标签的显示位置和数字格式可以在"标签选项"窗格中进行编辑，打开"标签选项"窗格的方法有如下三种：

- 右击要编辑的数据标签，在弹出的快捷菜单中选择"设置数据标签格式"命令。
- 选中要编辑的数据标签，单击图表右侧的"设置格式"按钮❀。
- 选中要编辑的数据标签，切换到"图表工具"选项卡，单击"设置格式"按钮。

③ 显示/隐藏网格线。网格线分为垂直网格线和水平网格线，有引导作用，帮助用户更为准确地判断数据的大小，使图表中的数据便于阅读。显示或隐藏网格线的方法如下：

选中图表，单击"图表元素"按钮，选择"网格线"复选框，从子菜单中选择需要显示或隐藏的网格线。或切换到"图表工具"选项卡，单击"添加元素"下拉按钮，在下拉菜单中选择"网格线"命令。

④ 添加数据表。图表下方可以添加图表对应的数据表，如图 4-123 所示，添加方法如下：

选中图表，切换到"图表工具"选项卡，单击"添加元素"下拉按钮，在下拉菜单中选择"数据表"→"显示图例标示"命令即可，如图 4-124 所示。

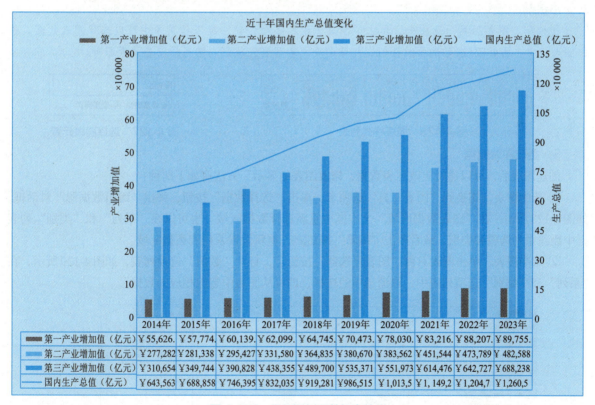

图 4-123　显示图例项数据表效果

3．设置图表布局

在 WPS 表格中，提供了多种图表布局样式，可以快速地设置图表布局。方法如下：

选中图表，切换到"图表工具"选项卡，单击"快速布局"下拉按钮，弹出布局列表，如图 4-125 所示，在列表中选择需要的布局样式。

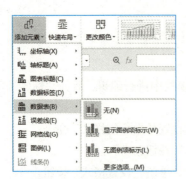

图 4-124 "数据表"子菜单　　　　图 4-125 快速布局列表

4. 设置图表样式

在 WPS 表格中，可以通过预设的图表样式，快速地设置图表样式。设置方法如下：

选中图表，切换到"图表工具"选项卡，单击"图表样式"右侧的下拉按钮，如图 4-126 所示，从"预设样式"列表中选择需要的样式。或者单击图表右侧"图表样式"按钮。

如果需要自定义图表元素的样式，则选择需要设置样式的图表元素，单击"图表工具"选项卡中的"设置格式"按钮，打开选项窗格进行格式设置。

小提示：

切换到"图表工具"选项卡，单击"图表元素"下拉按钮，在下拉菜单中可以选择图表元素。选中图表，单击图 4-127 所示的下拉按钮，打开图表元素列表，从列表中选择图表元素即可。

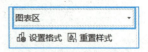

图 4-126 图表样式列表　　　　图 4-127 选择图表元素

5. 更改图表数据

创建图表后，可以通过更改图表数据，修改图表的显示，方法有如下两种：

① 选中图表，切换到"图表工具"选项卡，单击"选择数据"按钮，弹出"编辑数据源"对话框，如图 4-128 所示，在"图表数据区域"文本框中重新选择数据区域。也可以在"系列"和"类别"列表框中删除系列选项和类别，或者单击"编辑"按钮，重新设置系列和类型区域。

② 选中图表，单击图表右侧"图表复选器"按钮，打开"数值"选项列表，如图 4-129 所示，在"系列"和"类别"选项列表中，取消选项的选择，即可从图表中删除相应的数据。

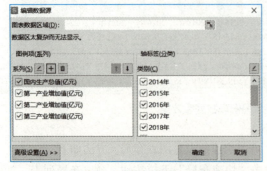

图 4-128 "编辑数据源"对话框　　　　图 4-129 编辑数据源

6. 切换行列

创建图表时，默认将行标题显示在分类轴，列标题作为图例项，如图4-130所示。可以切换到“图表工具”选项卡，单击“切换行列”按钮，切换分类轴和图例项，切换后效果如图4-131所示。

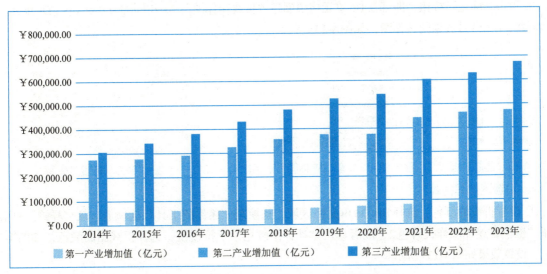

图 4-130 按年份分类显示一二三产业增加值

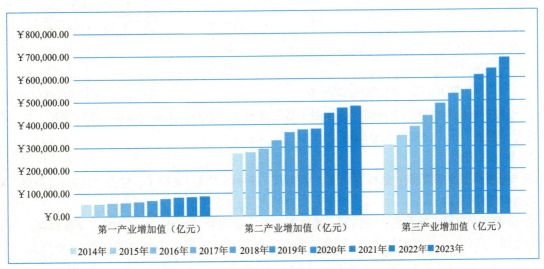

图 4-131 按产业分类显示近十年的产业增加值

能力拓展

在WPS表格中，提供了“迷你图”功能，能够帮助用户快速分析数据的变化趋势。迷你图是放在单个单元格内的小型图表，包括折线图、柱形图、盈亏图三种类型。

迷你图以一个数据系列值显示趋势，或突出显示最大值和最小值。例如，创建迷你图展示每个月业务员的业绩，如图4-132所示。折线图的颜色为橙色，线型为1.5磅，红点表示高点，绿点表示低点。

	A	B	C	D
1	业务员	1月	2月	3月
2	张燕	30	41	37
3	王强	29	40	44
4	刘军	42	29	36
5	陈好	47	38	48
6				

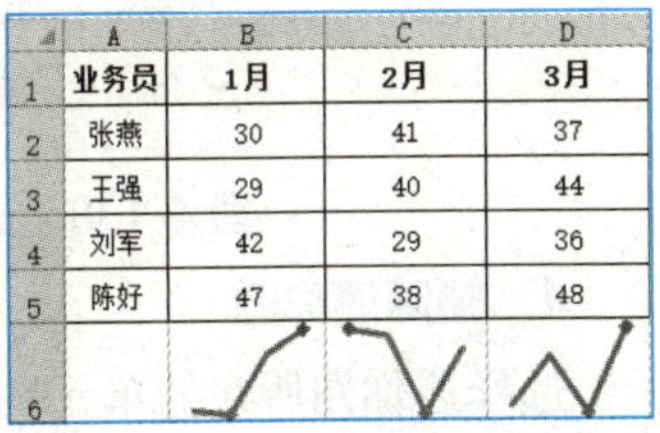

图 4-132 一季度业绩迷你图表

1. 插入迷你图

① 打开业绩表，选择B6单元格，切换至"插入"选项卡，单击"折线"按钮，如图4-133所示。

② 弹出"创建迷你图"对话框，在"数据范围"文本框中选择B2:B5单元格区域，如图4-134所示。

③ 单击"确定"按钮，即可在B6单元格中创建"折线迷你图"，用相同的方法在C6、D6单元格中分别创建2月和3月数据的迷你图，如图4-135所示。

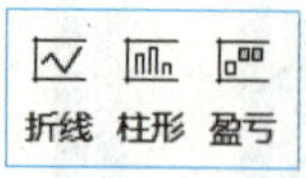

图4-133　迷你图组

图4-134　"创建迷你图"对话框

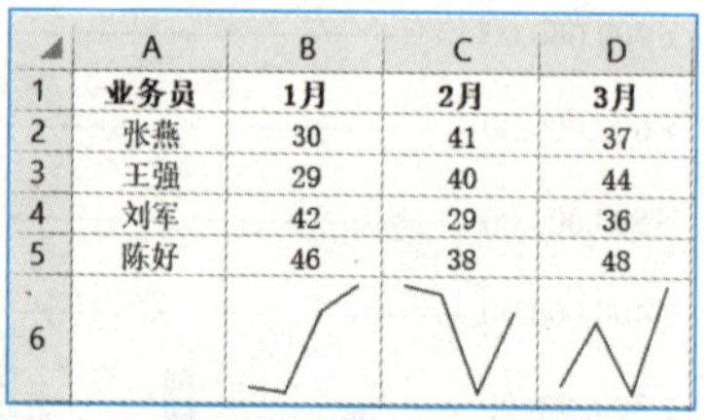

图4-135　折线迷你图

2. 设置迷你图样式

① 设置折线的颜色。选择B6:D6单元格区域，切换至"迷你图工具"选项卡，从"样式"列表中选择"橙色，迷你图样式着色2"或者单击"迷你图颜色"下拉按钮，选择折线图的颜色，如图4-136所示。设置效果如图4-137所示。

图4-136　迷你图样式的设置

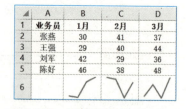

图4-137　迷你图样式的设置效果

② 设置折线的粗细度。切换到"迷你图工具"选项卡，单击"迷你图颜色"下拉按钮，从下拉菜单中选择"粗细"→"1.5磅"命令即可。

3. 标记数据点

① 显示折线图的高低点。选择迷你图，切换到"迷你图工具"选项卡，选择"高点""低点"复选框，如图4-138所示。

② 设置高点和低点的颜色。切换到"迷你图工具"选项卡，单击"标记颜色"下拉按钮，从下拉菜单中选择"高点"→"红色"命令，选择"低点"→"绿色"命令，设置效果如图4-139所示。

图4-138　选择数据点

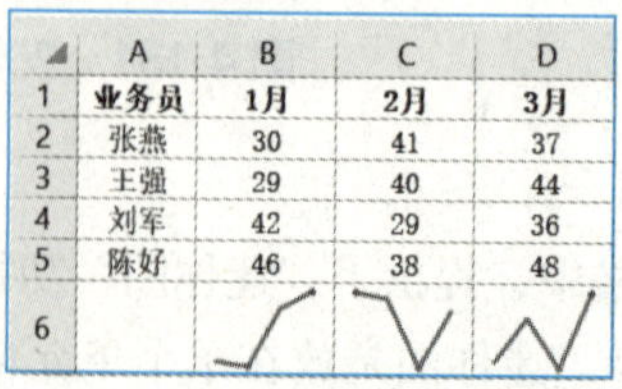

图4-139　高低点颜色的设置效果

4. 删除迷你图

选择迷你图所在的单元格，切换到"迷你图工具"选项卡，单击"清除"按钮，从下拉菜单中选择"清除所选的迷你图"命令或"清除所选的迷你图组"命令即可删除。

综合评价

按下表所列操作要求，对自己完成的图表进行检查，并给出自评分。

序号	操作要求	分值	完成情况	自评分
1	（1）创建组合图，显示为工作表图表	25		
	（2）组合图布局完整 ① 图表标题和纵坐标轴标题添加正确 ② 坐标轴显示单位和坐标轴刻度设置正确 ③ 图例显示在顶端	20		
	（3）组合图图表样式设置准确	15		
2	（1）创建饼图	10		
	（2）饼图布局（图表标题、第一扇区起始角度和饼图分离度）设置正确	15		
	（3）饼图样式（图表区格式和图表标题和数据标签格式）设置正确	15		

任务 4.5　分析和管理学生数据

任务描述

1. 情境描述

学习委员小张负责管理班级学生成绩，现需要对班级成绩进行排名、对比和筛选等操作，完成数据的标注、查找和分析，作为评先评优依据。班级学生成绩表见图4-81。小张同学该如何做呢？

2. 任务分解

针对以上情境描述，分析学生成绩数据，完成下列任务：

① 标注学生成绩。
② 排序学生成绩。
③ 筛选学生数据。

3. 知识准备

首先将学生各科成绩准确录入，并计算总分。在分析和管理学生成绩时，需要明确条件格式、排序和筛选的功能和应用场景，能够根据需要选择正确、有效的方法。

技术分析

本次任务中，需要使用以下技能：

① 条件格式的设置。
② 规则的新建、管理和清除。
③ 数据的排序。
④ 自动筛选和高级筛选操作。

任务 4.5.1　标注学生成绩

视频

条件格式

示例演示

小张同学决定使用条件格式快速标注和突出显示学生成绩，效果如图4-140所示，具体要求如下：

① 用浅红色填充大学语文课程成绩在90分以上（含90）的数据单元格。
② 用黄色字体、绿色底纹填充思想政治课成绩在平均值以下的成绩。
③ 用浅蓝色渐变数据条标示职业规划课程成绩。
④ 用白红色阶显示信息技术课程成绩。
⑤ 用无边框的三色交通灯显示微机原理课程成绩。
⑥ 用橙色填充所有姓王的学生。

图 4-140　数据标识效果

任务实施

【操作步骤】

1. 用浅红色填充大学语文课程成绩在90分以上（含90）的数据单元格

① 选择需要标识的单元格区域（D2:D19），切换到"开始"选项卡，单击"条件格式"下拉按钮，从下拉菜单中选择"突出显示单元格规则"→"大于"命令，如图4-141所示。

② 弹出"大于"对话框，在文本框中输入"89"，从"设置为"下拉列表中选择"浅红色填充"选项，如图4-142所示。

③ 单击"确定"按钮完成设置。

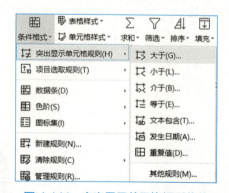

图 4-141　突出显示单元格规则菜单

图 4-142　"大于"对话框

2. 用黄色字体、绿色底纹填充思想政治课成绩在平均值以下的成绩

① 选择E2:E19单元格区域，切换到"开始"选项卡，单击"条件格式"下拉按钮，从下拉菜单

中选择"项目选取规则"→"低于平均值"命令,如图4-143所示,弹出"低于平均值"对话框,如图4-144所示。

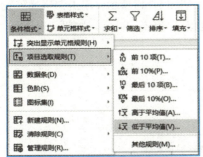

图4-143 项目选取规则菜单

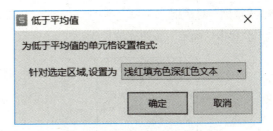

图4-144 "低于平均值"对话框

② 在"低于平均值"对话框中,从"针对选定区域,设置为"下拉列表中选择"自定义格式"命令,弹出"单元格格式"对话框。

③ 在"单元格格式"对话框中,切换到"字体"选项卡,设置字体颜色为"黄色",切换到"图案"选项卡,单元格底纹设置为"绿色",单击"确定"按钮,返回"低于平均值"对话框,单击"确定"按钮完成设置。

3. 用浅蓝色渐变数据条标示职业规划课程成绩

选择G2:G19单元格区域,选择"条件格式"→"数据条"→"渐变填充"→"浅蓝色数据条"命令即可,如图4-145所示。

4. 用白红色阶显示信息技术课程成绩

选择H2:H19单元格区域,选择"条件格式"→"色阶"→"白红色阶"命令即可,如图4-146所示。

图4-145 数据条菜单

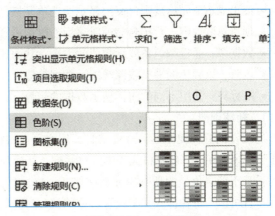

图4-146 色阶菜单

5. 用无边框的三色交通灯显示微机原理课程成绩

选择I2:I19单元格区域,选择"条件格式"→"图标集"命令,如图4-147所示,在"形状"区域选择"无边框交通灯"即可。

6. 用橙色填充所有姓王的学生

① 选中C2:C19单元格区域,切换到"开始"选项卡,单击"条件格式"下拉按钮,选择"新建规

则"命令，弹出"新建格式规则"对话框。

② 在"选择规则类型"列表框中选择"只为包含以下内容的单元格设置格式"，在"编辑规则说明"区域依次选择"特定文本""始于"，在文本框中输入"王"，如图4-148所示，单击"格式"按钮，弹出"单元格格式"对话框，切换到"图案"选项卡，选择"橙色"，单击"确定"按钮，返回到"新建格式规则"对话框。

③ 单击"确定"按钮完成设置。

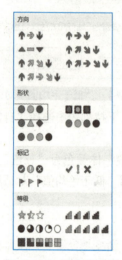

图4-147 图标集菜单

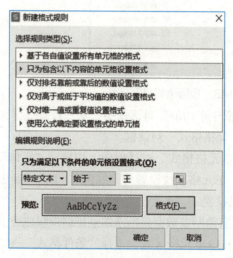

图4-148 新建格式规则

【知识链接】

在WPS表格中，通过条件格式可以将重点信息标识出来，便于用户查看。条件格式中，预设了"突出显示单元格规则""项目选取规则""数据条""色阶""图标集"五种规则。

- 突出显示单元格规则：突出显示所选单元格区域中符合特定条件的数据单元格。
- 项目选取规则：对排名靠前或靠后的数据设置格式，从而区别于其他数据。
- 数据条：通过颜色条展示数值的大小，从而比较不同单元格的数值大小。
- 色阶：以颜色的种类或深浅展示数据趋势。
- 图标集：使用不同的图标展示数据的趋势。

1. 新建规则

当预设的五种规则不符合要求时，用户可以根据需要新建条件规则。选择"条件格式"→"新建规则"命令，弹出"新建格式规则"对话框，新建规则类型包含六类（见图4-148）。

- 基于各自值设置所有单元格的格式：格式样式包括双色刻度、三色刻度、数据条和图标集，并且可以为每种样式类型设置具体的值和对应的颜色和图标。
- 只为包含以下内容的单元格设置格式：为包括数值、文本和日期的单元格以及包含空值、无空值、有错误和无错误的单元格设置格式。
- 仅对排名靠前或靠后的数值设置格式：为单元格数值排名靠前的几项（百分比）或靠后几项（百分比）的单元格设置格式。
- 仅对高于或低于平均值的数值设置格式：除了高于或低于平均值的单元格设置格式以外，还可以对等于或高于平均值、等于或低于平均值、标准偏差高于或低于1（或2、3）的单元格设置格式。

- 仅对唯一值或重复值设置格式：对单元格区域中唯一的值或重复的值设置格式。
- 使用公式确定要设置格式的单元格：单元格区域中对符合公式值的单元格设置格式。

2. 管理规则

对单元格区域中已有的条件格式规则可以进行编辑和删除。

（1）编辑规则

具体示例如下：

【例❶】修改微机原理课程成绩中三色交通灯的规则，单元格数字大于85以上时显示绿灯，60～85时显示黄灯，小于60时显示红灯。操作步骤如下：

① 选择I2:I19单元格区域，切换到"开始"选项卡，单击"条件格式"下拉按钮，选择"管理规则"命令，弹出"条件格式规则管理器"对话框，如图4-149所示，单击"编辑规则"按钮，弹出"编辑规则"对话框。

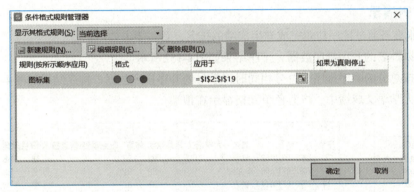

图4-149　"条件格式规则管理器"对话框

② 编辑三种图标的显示规则，分别更改绿、黄和红灯的值和类型，如图4-150所示，单击"确定"按钮。编辑规则后的效果如图4-151所示。

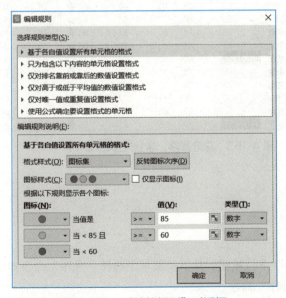

图4-150　"编辑规则"对话框

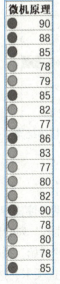

图4-151　设置效果

（2）删除规则

具体示例如下：

【例❷】删除姓名列中姓王的姓名的标识。操作步骤如下：

选择姓名列的任意单元格，单击"条件格式"下拉按钮，从下拉菜单中选择"管理规则"命令，弹出"条件格式规则管理器"对话框。选中规则，单击"删除规则"按钮即可。

3. 清除规则

如果用户需要批量删除条件规则，可以单击"条件格式"下拉按钮，从下拉菜单中选择"清除规则"→"清除所选单元格的规则"或"清除整个工作表的规则"命令，即可清除选定单元格区域的所有规则或整个工作表中的所有规则。

任务 4.5.2　排序学生成绩

数据排序

示例演示

小张准备通过排序功能完成学生成绩的排名，具体要求如下：

① 以姓名的升序排序数据，排序结果如图 4-152 所示。

② 按总分的降序排序，总分相同时以学号的升序排序数据，排序结果如图 4-153 所示。

③ 大学语文成绩中，将蓝色单元格显示在顶端。

B	C
学号	姓名
202318210102	陈宇
202318210103	韩振祥
202318210107	贾瑞
202397210129	李鑫
202318210105	李星
202318210108	刘浩
202318210112	彭俊
202318210111	田佳新
202318210109	王浩然
202318210104	王旭东
202318210114	魏岩
202318210110	武家旭
202397210119	闫鑫
202318210113	杨健
202397210120	杨欣彤
202318210106	于文强
202318210101	张宁
202397210128	朱健

图 4-152　姓名排序结果

A	B	C	D	E	F	G	H	I	J	K
序号	学号	姓名	大学语文	思想政治	体育	职业规划	信息技术	微机原理	心理健康	总分
2	202318210102	陈宇	90	92	87	86	93	88	95	631
6	202318210106	于文强	95	89	92	87	86	85	86	620
14	202318210114	魏岩	87	91	86	89	85	90	92	620
1	202318210101	张宁	86	77	91	85	89	90	93	611
10	202318210110	武家旭	89	85	83	90	86	83	88	604
12	202318210112	彭俊	92	84	87	86	83	80	87	599
3	202318210103	韩振祥	78	85	86	80	84	85	90	588
9	202318210109	王浩然	88	83	85	78	81	86	84	585
4	202318210104	王旭东	80	86	81	86	87	78	85	583
18	202397210120	杨欣彤	86	80	77	85	81	85	82	576
17	202397210129	李鑫	79	84	86	87	80	78	82	576
5	202318210105	李星	82	81	85	78	80	79	87	572
13	202318210113	杨健	76	80	82	84	78	82	85	567
16	202397210128	朱健	68	79	81	80	82	80	87	557
7	202318210107	贾瑞	75	80	65	84	76	82	89	551
11	202318210111	田佳新	60	78	81	72	82	77	89	539
15	202397210119	闫鑫	83	67	88	76	54	78	90	536
8	202318210108	刘浩	84	70	55	81	80	66	77	513

图 4-153　总分降序、学号升序结果

 任务实施

【操作步骤】

1. 以姓名的升序排序数据

① 选择"姓名"列的任意一个单元格。

② 切换至"开始"选项卡，单击"排序"下拉按钮，从下拉菜单中选择"升序"命令即可，或者切换到"数据"选项卡，选择"排序"→"升序"命令。

2. 按总分的降序排序，总分相同时以学号的升序排序数据

① 选择数据区域中的任意一个单元格。

② 切换到"开始"选项卡，选择"排序"→"自定义排序"命令，或者切换到"数据"选项卡，选择"排序"→"自定义排序"命令，弹出"排序"对话框。

③ 主要关键字选择"总分"，排序依据选择"数值"，次序选择"降序"，单击"添加条件"按钮，添加次要关键字一栏，依次选择"学号""数值""升序"，如图 4-154 所示。

④ 单击"确定"按钮，完成排序。

图 4-154 "排序"对话框

3. 大学语文成绩中，将蓝色单元格显示在顶端

① 选择数据区域中的任意一个单元格，切换到"开始"选项卡，选择"排序"→"自定义排序"命令，弹出"排序"对话框。

② 在对话框中，主要关键字选择"大学语文"，排序依据选择"单元格颜色"，次序选择"蓝色""在顶端"，如图 4-155 所示。

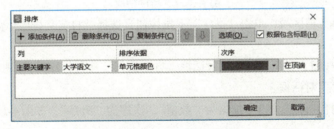

图 4-155 "排序"对话框

③ 单击"确定"按钮，完成排序，效果如图 4-156 所示。

	A	B	C	D	E	F	G	H	I	J	K
1	序号	学号	姓名	大学语文	思想政治	体育	职业规划	信息技术	微机原理	心理健康	总分
2	8	202318210108	刘浩	84	70	55	81	66	77	80	513
3	13	202318210113	杨健	76	80	82	84	78	82	85	567
4	2	202318210102	陈宇	90	92	87	86	93	88	95	631
5	3	202318210103	韩振祥	78	85	86	80	84	85	90	588
6	7	202318210107	贾瑞	75	80	65	84	76	82	89	551
7	17	202397210129	李鑫	79	84	86	87	80	78	82	576
8	5	202318210105	李星	82		78	80	79	87	572	

图 4-156 排序结果

【知识链接】

在查看工作表数据时，需要让工作表中的数据按一定的顺序排列，以便对数据进行查看和分析。主要包括单字段排序和多字段排序。

1. 单字段排序

排序字段为一个字段，主要有以下三种方法：
- 切换到"开始"选项卡，选择"排序"→"升序/降序"命令。
- 切换到"数据"选项卡，选择"排序"→"升序/降序"命令。
- 选择"筛选"→"升序/降序"命令。

2. 多字段排序

排序字段为两个或以上的字段时，使用自定义排序，主要有以下两种方法：
- 切换到"开始"选项卡，选择"排序"→"自定义排序"命令。
- 切换到"数据"选项卡，选择"排序"→"自定义排序"命令。

小提示：
按单元格颜色、字体颜色或条件格式图标排序时，也要选择"自定义排序"命令。

3. 排序选项

（1）排序方向

在WPS表格中，排序方向分为"按行排序"和"按列排序"，默认排序方向为"按列排序"，也可以"按行排序"数据。例如，学生成绩表中，课程成绩列以课程名称的升序排序，排序效果如图4-157所示。具体操作如下：

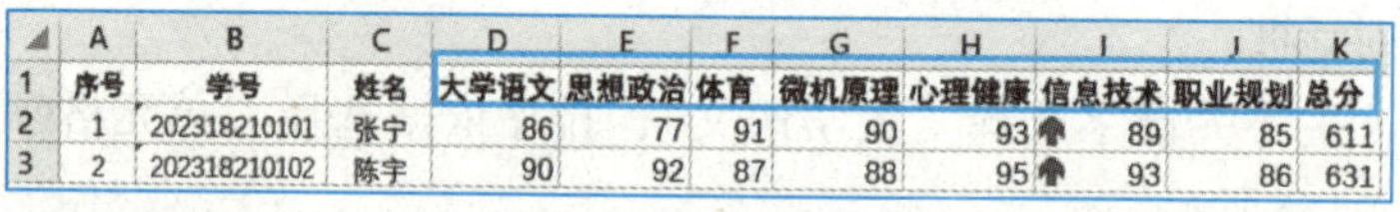

图4-157 排序结果

① 选择D1:K19单元格区域，单击"排序"下拉按钮，选择"自定义排序"命令，弹出"排序"对话框。

② 单击"选项"按钮，弹出"选项"对话框，方向选择"按行排序"，如图4-158所示，单击"确定"按钮，返回"排序"对话框。

③ 主要关键字选择"行1"，排序依据为"数值"，次序为"升序"，如图4-159所示，单击"确定"按钮即可。

图4-158 "排序选项"对话框

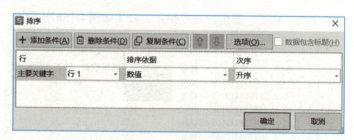

图4-159 "排序"对话框

（2）排序方式

汉字的排序方式有"字母排序"和"笔画排序"，默认排序方式为字母排序。如果要按汉字笔画排序数据，则需要修改排序方式。具体方法如下：

单击"排序"下拉按钮，选择"自定义排序"命令，弹出"排序"对话框。单击"选项"按钮，弹出"排序选项"对话框，方式选择"笔画排序"，单击"确定"按钮即可。

任务 4.5.3 筛选学生数据

示例演示

小张同学需要对学生信息及成绩进行如下筛选：
① 筛选铁道信号自动控制2338班的团员。
② 筛选户口所在地在内蒙古的学生。
③ 筛选2004-9-1至2005-8-31之间出生的学生。
④ 筛选入学成绩高于平均值的学生。
⑤ 筛选红色标注的姓名。
⑥ 筛选城市轨道信号专业的男生和信号自动控制专业的学生。
⑦ 筛选所有课程成绩均在85分及以上的学生，并将筛选结果显示在新工作表中。

在WPS表格中，筛选数据的方式有自动筛选和高级筛选两种。小张同学决定使用自动筛选完成任务1～5，使用高级筛选完成任务6、任务7。

任务实施

【操作步骤】

1. 筛选铁道信号自动控制2338班的团员

① 显示筛选按钮。选择筛选的单元格区域或在数据区域中选择任意一个活动单元格，切换到"开始"选项卡，选择"筛选"→"筛选"命令，如图所示4-160。或者切换到"数据"选项卡，选择"筛选"→"筛选"命令，如图4-161所示。此时每个列标题旁边显示一个筛选按钮。

② 单击"班级"列的筛选按钮，在内容筛选列表中，选择"铁道信号自动控制2338班"，如图4-162所示，单击"确定"按钮，即可筛选出铁道信号自动控制2338班的学生。

③ 单击"政治面貌"列的筛选按钮，在内容筛选列表中，勾选"团员"，如图4-163所示，单击"确定"按钮完成筛选，筛选结果如图4-164所示。

图 4-160 "开始"选项卡"筛选"按钮

图 4-161 "数据"选项卡"筛选"按钮

图 4-162 班级筛选

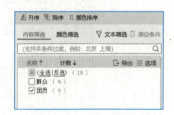

图 4-163 政治面貌筛选

姓名	性别	出生日期	民族	政治面貌	身份证件号	户口所在地	院系	专业	班级
张宁	男	2005/9/3	汉族	团员	15042320050903****	内蒙古自治区锡林	铁道通信信号系	铁道信号自动控制	铁道信号自动控制2338班
陈宇	男	2003/7/21	汉族	团员	13042520030721****	河北省邯郸市大名	铁道通信信号系	铁道信号自动控制	铁道信号自动控制2338班
韩振祥	男	2005/7/5	汉族	团员	15043020050705****	内蒙古自治区赤峰	铁道通信信号系	铁道信号自动控制	铁道信号自动控制2338班
王旭东	男	2005/12/5	蒙古族	团员	15222120051205****	内蒙古自治区兴安	铁道通信信号系	铁道信号自动控制	铁道信号自动控制2338班
李星	男	2004/8/2	汉族	团员	15010220040802****	内蒙古自治区呼和	铁道通信信号系	铁道信号自动控制	铁道信号自动控制2338班
王浩然	男	2004/7/21	汉族	团员	15092820040721****	内蒙古自治区乌兰	铁道通信信号系	铁道信号自动控制	铁道信号自动控制2338班
田佳新	男	2004/11/6	汉族	团员	61082420041106****	陕西省榆林市靖边	铁道通信信号系	铁道信号自动控制	铁道信号自动控制2338班
彭俊	男	2004/1/19	蒙古族	团员	15010320040119****	内蒙古自治区呼和	铁道通信信号系	铁道信号自动控制	铁道信号自动控制2338班
杨健	男	2005/10/13	汉族	团员	15010520051013****	内蒙古自治区呼和	铁道通信信号系	铁道信号自动控制	铁道信号自动控制2338班

图 4-164 筛选结果

小提示：

本任务中的两次筛选不分先后顺序，可以先筛选政治面貌，再筛选班级。

2. 筛选户口所在地在内蒙古的学生

① 单击"户口所在地"列的筛选按钮，单击"文本筛选"按钮，显示下拉菜单，如图4-165所示，选择"开头是"命令，弹出"自定义自动筛选方式"对话框。

② 在条件框中输入"内蒙古"，如图4-166所示，单击"确定"按钮，筛选结果如图4-167所示。

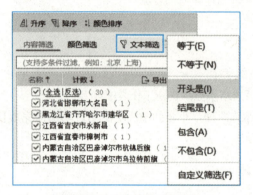

图 4-165　文本筛选下拉菜单

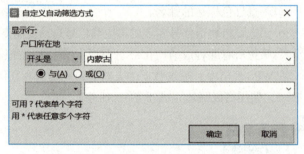

图 4-166　"自定义自动筛选方式"对话框

图 4-167　户口所在地筛选结果

小提示：

进行新的筛选操作前，取消上一个筛选结果。取消筛选结果的方法是，切换到"数据"选项卡，单击"全部显示"按钮，或者切换到"开始"选项卡，选择"筛选"→"全部显示"命令。

3. 筛选2004-9-1至2005-8-31之间出生的学生

① 单击"出生日期"列的筛选按钮，单击"日期筛选"按钮，选择"介于"命令，如图4-168所示，弹出"自定义自动筛选方式"对话框。

② "在以下日期之后或与之相同"的条件框中输入"2004-9-1"，"在以下日期之前或与之相同"的条件框中输入"2005-8-31"，如图4-169所示，单击"确定"按钮，筛选结果如图4-170所示。

4. 筛选入学成绩高于平均值的学生

单击"入学成绩"列的筛选按钮，在筛选列表中，单击"数字筛选"按钮，选择"高于平均值"命令即可，如图4-171所示。

图4-168 日期筛选下拉菜单

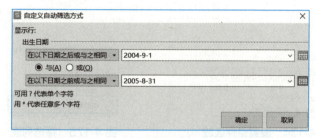

图4-169 "自定义自动筛选方式"对话框

图4-171 数字筛选下拉菜单

	A	B	C	D	E	F	G	H
1	序号	学号	姓名	性别	出生日期	民族	政治面貌	身份证件号
4	3	202318210103	韩振祥	男	2005/7/5	汉族	团员	15043020050705****
7	6	202318210106	于文强	男	2004/12/21	汉族	群众	15020520041221****
9	8	202318210108	刘浩	男	2004/12/15	汉族	群众	15262720041215****
12	11	202318210111	田佳新	男	2004/11/6	汉族	团员	61082420041106****
15	14	202318210114	魏岩	男	2004/10/11	汉族	群众	32100120041011****
16	15	202397210119	闫鑫	男	2004/10/21	回族	群众	37032120041021****
19	18	202397210120	杨欣童	女	2005/3/27	汉族	群众	15230120050327****
21	20	202397210122	张洋	女	2005/7/17	汉族	群众	50023720050717****
22	21	202397210123	陈杰	男	2005/6/18	汉族	群众	15092320050618****
24	23	202397210125	王瑞媛	女	2005/8/21	汉族	群众	36220220050821****
25	24	202397210126	孟佳敏	女	2004/10/17	汉族	团员	15280120041017****
26	25	202397210127	张皓南	男	2004/10/28	汉族	群众	15263220041028****
27	26	202397210130	魏浩	男	2004/11/9	汉族	群众	15282220041109****

图4-170 筛选结果

5. 筛选红色标注的姓名

单击"姓名"列的"筛选"按钮，在筛选列表中，单击"颜色筛选"按钮，选择"红色字体"命令即可，如图4-172所示，筛选结果如图4-173所示。

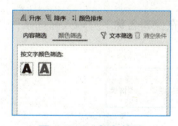

图4-172 颜色筛选

图4-173 筛选结果

6. 筛选城市轨道信号专业的男生和信号自动控制专业的学生

① 设置条件区域。在工作表的空白处输入图4-174所示的筛选条件，当条件的值写在同一行时，表示"与"的关系；当条件的值不在同一行时，表示"或"的关系。

② 在数据区域选择任意一个单元格，切换到"数据"选项卡，单击"筛选"下拉按钮，从下拉菜单中选择"高级筛选"命令，如图4-175所示，或者切换到"开始"选项卡，单击"筛选"下拉按钮，从下拉菜单中选择"高级筛选"命令，弹出"高级筛选"对话框。

③ 在"高级筛选"对话框中,"方式"选择"在原有区域显示筛选结果","列表区域"选择数据区域A1:O31,"条件区域"选择筛选条件的单元格区域,即Q1:R3,如图4-176所示。

图4-174 设置条件区域

图4-175 筛选列表

图4-176 "高级筛选"对话框

小提示:

如果需要过滤筛选结果中的重复数据,在"高级筛选"对话框中勾选"选择不重复的记录"复选框。

④ 单击"确定"按钮,即可在原有数据区域显示筛选结果,如图4-177所示。

A	B	C	D	E	F	G	H	I	J	K
序号	学号	姓名	性别	出生日期	民族	政治面貌	身份证件号	户口所在地	院系	专业
1	202318210101	张宁	男	2005/9/3	汉族	团员	15042320050903****	内蒙古自治区锡林	铁道通信信号系	铁道信号自动控制
2	202318210102	陈宇	男	2003/7/21	汉族	团员	13042520030721****	河北省邯郸市大名	铁道通信信号系	铁道信号自动控制
3	202318210103	韩振祥	男	2005/7/5	汉族	团员	15043020050705****	内蒙古自治区赤峰	铁道通信信号系	铁道信号自动控制
4	202318210104	王旭东	男	2005/12/5	蒙古族	团员	15222120051205****	内蒙古自治区兴安	铁道通信信号系	铁道信号自动控制
5	202318210105	李昊	男	2004/8/2	汉族	团员	15010220040802****	内蒙古自治区呼和	铁道通信信号系	铁道信号自动控制
6	202318210106	于文强	男	2004/12/21	汉族	群众	15020520041221****	内蒙古自治区包头	铁道通信信号系	铁道信号自动控制
7	202318210107	李鑫	男	2004/3/15	蒙古族	团员	15260120040315****	内蒙古自治区乌兰	铁道通信信号系	铁道信号自动控制
8	202318210108	刘浩	男	2004/12/15	汉族	团员	15262720041215****	陕西省榆林市市辖	铁道通信信号系	铁道信号自动控制
9	202318210109	王浩然	男	2004/7/21	汉族	团员	15092820040721****	内蒙古自治区乌兰	铁道通信信号系	铁道信号自动控制
10	202318210110	武家旭	男	2005/9/22	汉族	团员	15042120050922****	内蒙古自治区呼和	铁道通信信号系	铁道信号自动控制
11	202318210111	田佳新	男	2004/11/6	汉族	团员	61082420041106****	陕西省榆林市靖边	铁道通信信号系	铁道信号自动控制
12	202318210112	彭俊	男	2004/1/19	蒙古族	团员	15010320040119****	内蒙古自治区呼和	铁道通信信号系	铁道信号自动控制
13	202318210113	杨健	男	2005/10/13	汉族	团员	15010520051013****	内蒙古自治区呼和	铁道通信信号系	铁道信号自动控制
14	202318210114	魏岩	男	2004/10/11	汉族	团员	32100120041011****	江西省吉安市永新	铁道通信信号系	铁道信号自动控制
15	202397210119	闫鑫	男	2004/10/21	回族	群众	37032120041021****	山东省菏泽市定陶	铁道通信信号系	铁道通信信号技术
16	202397210128	朱健	男	2004/2/7	蒙古族	团员	13082520040207****	内蒙古自治区包头	铁道通信信号系	铁道通信信号技术
17	202397210119	李鑫	男	2003/9/11	汉族	团员	14022520030911****	陕西省榆林市清涧	铁道通信信号系	铁道通信信号技术
18	202397210120	杨欣童	女	2005/3/27	汉族	团员	15230120050327****	内蒙古自治区通辽	铁道通信信号系	铁道通信信号技术
19	202397210121	黄家旭	男	2005/11/24	汉族	团员	15042320051124****	内蒙古自治区赤峰	铁道通信信号系	城市轨道交通通信信号技术
20	202397210122	陈杰	男	2005/6/18	汉族	团员	15092320050618****	内蒙古自治区呼和	铁道通信信号系	城市轨道交通通信信号技术
21	202397210124	杜磊	男	2003/3/19	满族	团员	23020420030319****	黑龙江省齐齐哈尔	铁道通信信号系	城市轨道交通通信信号技术
22	202397210127	张皓南	男	2004/10/28	汉族	团员	15268320041028****	内蒙古自治区乌兰	铁道通信信号系	城市轨道交通通信信号技术
23	202397210130	魏浩	男	2004/11/9	汉族	群众	15282220041109****	内蒙古自治区巴彦	铁道通信信号系	城市轨道交通通信信号技术

图4-177 筛选结果

7. 筛选所有课程成绩均在85分及以上的学生

① 设置条件区域。将所有课程名称复制到工作表空白处,在课程名称下方输入筛选条件">=85",如图4-178所示。

M	N	O	P	Q	R	S
大学语文	思想政治	体育	职业规划	信息技术	微机原理	心理健康
>=85	>=85	>=85	>=85	>=85	>=85	>=85

图4-178 条件区域

② 新建工作表,用于复制筛选结果。

③ 选择数据区域中任意单元格,切换到"数据"选项卡,选择"筛选"→"高级筛选"命令,弹出"高级筛选"对话框。

④ 在"高级筛选"对话框中,"方式"选择"将筛选结果复制到其他区域",列表区域选择A1:K19,条件区域选择M1:S2,"复制到"中设置复制筛选结果的单元格,如图4-179所示。

⑤ 单击"确定"按钮,即可在新的工作表中显示筛选结果,如图4-180所示。

模块 4　WPS 表格处理

图 4-179　"高级筛选"对话框

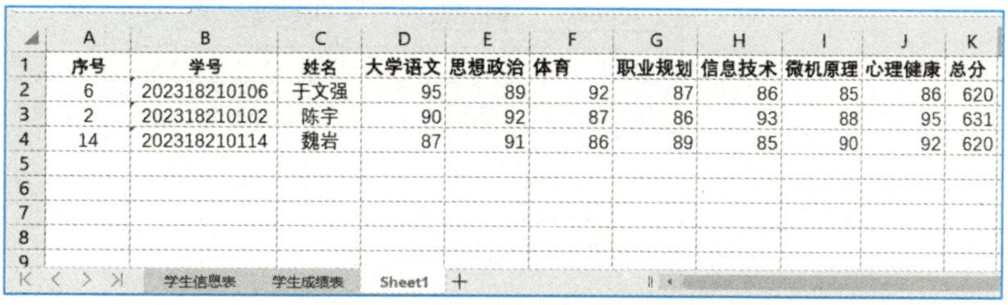

图 4-180　筛选结果

【知识链接】

在 WPS 表格中，提供了自动筛选和高级筛选两种筛选方式。

1. 自动筛选

自动筛选仅显示满足条件的行，筛选条件由用户针对某列指定，适用于筛选条件少而简单的情况。自动筛选方式包括内容筛选、文本筛选、数字筛选、日期筛选和颜色筛选等方式。

① 内容筛选。根据单元格内容进行筛选，适用于单元格数值种类少的情况。内容筛选列表中，针对筛选数据的类型，提供了几种快速筛选按钮。

当单元格数据为文本类型时，"内容筛选"列表中，提供了"筛选唯一项"和"筛选重复项"功能，如图 4-181 所示。例如，筛选同名同姓的学生时，单击"姓名"列的筛选按钮，在筛选列表中，单击"筛选重复项"按钮，即可显示筛选结果。

当单元格数据为数字类型时，"内容筛选"列表中提供了"前十项""高于平均值""低于平均值"三个筛选按钮，如图 4-182 所示，分别可以筛选单元格数据排在前几项的数据、高于平均值或低于平均值的数据。

图 4-181　内容筛选列表图

图 4-182　"总分"列的筛选列表

当单元格数据为日期类型时，"内容筛选"列表中，提供了"上月""本月""下月""更多"按钮，如图 4-183 所示，可以帮助用户快速筛选符合条件的数据。

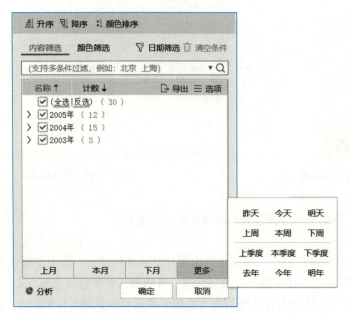

图 4-183　日期数据的"自动筛选"列表

②　文本筛选。用于文本数据的筛选,可以使用等于、不等于、开头是、结尾是、包含、不包含等多种逻辑筛选。

③　日期筛选。用于日期数据的筛选,提供了等于、之前、之后、介于等筛选命令,也可以选择"自定义筛选"命令,弹出"自定义筛选"对话框,设置筛选条件。

④　数字筛选。用于数字数据的筛选,可以使用等于、不等于、大于、大于或等于、小于、小于或等于、介于、前10项、高于平均值、低于平均值等功能进行筛选。

⑤　颜色筛选:根据单元格背景色或字体颜色进行筛选。

2. 高级筛选

高级筛选用于处理复杂数据的筛选方式,通过设置条件区域,筛选出符合多组条件的数据,从而帮助用户较为轻松地统计分析复杂的数据。其操作步骤如下:

①　建立一个条件区域。在列表区域外的空白单元格中输入筛选条件,条件区域中包含筛选的字段名(列标题)和对应的筛选条件,筛选条件写在字段名下方。

②　切换到"数据"选项卡,单击"筛选"下拉按钮,从下拉菜单中选择"高级筛选"命令,弹出"高级筛选"对话框。

③　选择筛选方式,并设置列表区域、条件区域以及筛选结果的复制位置。单击"确定"按钮,即可以指定的方式显示筛选结果。

3. 取消筛选结果

取消筛选结果的方法有以下几种:

①　切换到"数据"选项卡,单击"全部显示"按钮。

②　切换到"开始"选项卡,单击"筛选"下拉按钮,选择"全部显示"命令。

③　单击列标题旁的自动筛选按钮,在筛选列表中,单击"清空条件"按钮,可以清除该列的自动筛选结果。

模块 4　WPS 表格处理

综合评价

按下表所列操作要求，对自己完成的操作进行检查，并给出自评分。

序号	操作要求	分值	完成情况	自评分
1	正确设置条件格式	30		
2	熟练完成数据的排序操作	15		
3	熟练使用"自动筛选"完成数据的筛选	35		
	熟练使用"高级筛选"完成数据的筛选。条件区域设置正确，筛选结果正确，并显示在指定的位置	20		

任务 4.6　汇总分析商品销售数据

任务描述

1. 情境描述

A 公司销售部定期对各个门店销售数据进行整合，通过汇总和对比分析，揭示各部门运营状况和发展趋势，并制定合理的销售策略。现需要对公司第三季度销售数据进行汇总分析，对比各门店的业绩，并分析各类产品的销售情况，为企业提供决策依据。

2. 任务分解

针对以上情境描述，进行第三季度销售数据的汇总分析，需要完成下列任务：
① 分类汇总商品销售数据。
② 创建商品销售数据透视表。

3. 知识准备

分类汇总之前，收集各门店的销售数据，并整合到一个工作表中，工作表命名为第三季度销售表。

任务分析

本次任务中，需要使用以下技能：
① 分类汇总数据。
② 数据透视表的创建和编辑。
③ 数据透视图创建和应用。

任务 4.6.1　分类汇总商品销售数据

示例演示

分类汇总是一种数据分析和处理方法，分类汇总可以根据指定的类别将数据以指定的方式进行统计。因此，销售部决定使用分类汇总功能，统计和对比各门店的业绩：
① 统计每个店铺的总销售额，如图 4-184 所示。
② 统计各店铺每种商品的总销售量和总销售额，如图 4-185 所示。

视　频

分类汇总数据

图 4-184 各店铺销售额汇总结果

图 4-185 各店铺不同商品销售数据汇总

【操作步骤】

1. 统计每个店铺的总销售额

① 按分类字段"店铺"排序数据。选中"店铺"列的任意单元格,切换到"数据"选项卡,单击"排序"下拉按钮,从下拉菜单中选择"升序"或"降序"命令。

② 选择数据区域中任意一个单元格,切换到"数据"选项卡,单击"分类汇总"按钮,弹出"分类汇总"对话框。

③ 在"分类汇总"对话框中,设置分类字段、汇总方式和选定汇总项。在"分类字段"下拉列表中选择"店铺",在"汇总方式"下拉列表中选择"求和",在"选定汇总项"列表中勾选"销售额"复选框,如图 4-186 所示,单击"确定"按钮。

小提示:

在"分类汇总"对话框单击"全部删除"按钮即可删除当前的分类汇总结果。

2. 统计各店铺每种商品的总销售量和销售额

先按店铺统计总销售量和总销售额，再以商品字段汇总数据。具体操作步骤如下：

① 按分类字段排序数据。切换到"开始"选项卡，选择"排序"→"自定义排序"命令，弹出"排序"对话框，设置排序条件，如图4-187所示，单击"确定"按钮。

图4-186 "分类汇总"对话框

图4-187 "排序"对话框

② 汇总每个店铺的总销售量和销售额。在数据区域选择任意一个单元格，单击"分类汇总"按钮，弹出"分类汇总"对话框，设置分类字段、汇总方式和选定汇总项。在"分类字段"下拉列表中选择"店铺"，在"汇总方式"下拉列表中选择"求和"，在"选定汇总项"列表中勾选"销售量""销售额"复选框，如图4-188所示，单击"确定"按钮。

图4-188 分类汇总对话框的设置

图4-189 分类汇总选项的设置

③ 统计商品的销售总量和销售总额。在数据区域选择任意一个单元格，单击"分类汇总"按钮，弹出"分类汇总"对话框，在"分类字段"下拉列表中选择"商品"，在"汇总方式"下拉列表中选择"求和"，在"选定汇总项"列表中勾选"销售量""销售额"复选框，取消勾选"替换当前分类汇总"复选框，如图4-189所示。单击"确定"按钮，完成分类汇总。

【知识链接】

分类汇总是一种数据分析和处理方法。分类汇总可以根据指定的类别将数据以指定的方式进行统计。

1. 创建分类汇总

① 分类汇总之前必须对分类字段进行排序。

② 选择数据区域中任意一个单元格，切换到"数据"选项卡，单击"分类汇总"按钮，弹出"分类汇总"对话框。

③ 在"分类汇总"对话框中，设置分类字段、汇总方式和选定汇总项，单击"确定"按钮。其中，汇总方式除了求和，还提供了求平均值、最大值、最小值和计数等方式。

小提示：

多级分类汇总时，取消勾选"替换当前分类汇总"复选框。

2. 折叠/展开分类汇总结果

折叠/展开分类汇总结果的方法主要有以下两种：

① 在分类汇总结果中，单击左侧的"-""+"按钮，折叠或展开分类汇总结果。

② 单击左侧大纲级别数字，可折叠或展开分类汇总结果。

3. 复制分类汇总结果

① 单击大纲级别数字"3"，折叠分类汇总结果，如图 4-190 所示。

② 切换到"开始"选项卡，单击"查找"下拉按钮，选择"定位"命令，弹出"定位"对话框，选中"可见单元格"单选按钮，如图 4-191 所示，单击"确定"按钮选中要复制的区域。

③ 单击"复制"按钮，切换到新工作表，进行粘贴即可。

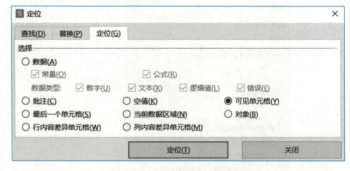

图 4-190　折叠分类汇总结果　　　　图 4-191　"定位"对话框

任务 4.6.2　创建商品销售数据透视表

视频
创建数据透视表

示例演示

数据透视表是一种交互的、交叉制表的报表，用于对复杂的数据进行汇总和分析。A 公司销售部决定创建数据透视表，汇总统计各店的销售量，分析各门店的经营状况：

① 创建数据透视表，统计四个门店不同商品的总销售量。效果如图 4-192 所示。

② 对比四个门店笔记本和台式机的销量，效果如图 4-193 所示。

模块 4　WPS 表格处理

③ 创建数据透视图，展示各门店台式机总销量的占比，效果如图 4-194 所示。

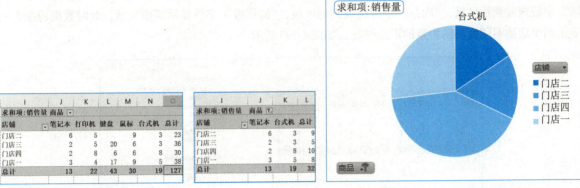

图 4-192　四个店铺各类商品的总销售量汇总　　图 4-193　对比四个店铺销售数据　　图 4-194　数据透视图效果

🔧 任务实施

【操作步骤】

1. 创建数据透视表，统计四个门店不同商品的总销售量

（1）创建数据透视表

切换到"插入"选项卡，单击"数据透视表"按钮，弹出"创建数据透视表"对话框。选中"请选择单元格区域"单选按钮，选择数据的来源范围（A1:F41），并指定放置数据透视表的位置为"现有工作表"，插入位置为 I1 单元格，如图 4-195 所示，单击"确定"按钮后，在指定位置创建一个空白的数据透视表，如图 4-196 所示。

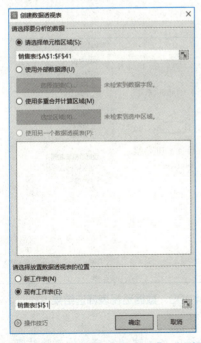

图 4-195　"创建数据透视表"对话框

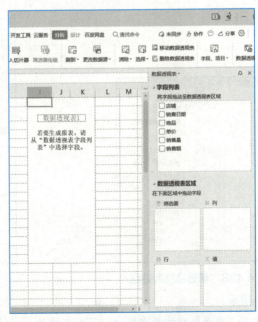

图 4-196　数据透视表创建效果

（2）构建数据透视表

在数据透视表的字段列表中，选择需要分析的字段，将其拖放到"数据透视表区域"，即把"店铺"字段拖放到行区域，"商品"字段拖放到列区域，"销售量"字段显示到值区域，此时数据透视表中显示四个店铺不同商品销售量的汇总情况，如图4-197所示。

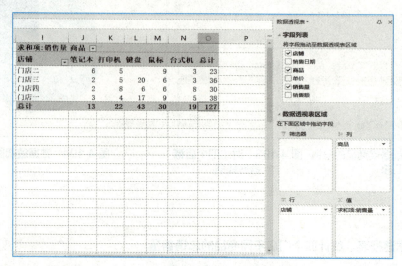

图 4-197　数据透视表汇总数据效果

2. 对比四个店铺笔记本和台式机的销量

① 在数据透视表中，单击"商品"列的筛选按钮，在选项列表中选择"笔记本""台式机"，如图4-198所示，单击"确定"按钮，筛选出笔记本和台式机的数据，如图4-199所示。

② 对比分析，得出结果：门店二的笔记本销售量最高，台式机销量最好的是门店四，门店三的销量不太理想。

图 4-198　筛选商品列数据

图 4-199　数据透视表筛选结果

小提示：

单击"商品"列的筛选按钮，从列表中选择"清除条件"命令，即可取消列字段的筛选结果。

3. 创建数据透视图，展示各门店台式机总销量的占比

① 在数据透视表中，筛选出台式机的数据。单击“产品”列的筛选按钮，在选项列表中选择“台式机”，单击“确定”按钮即可，数据透视表筛选结果如图4-200所示。

求和项:销售量	商品	
店铺	台式机	总计
门店二	3	3
门店三	3	3
门店四	8	8
门店一	5	5
总计	19	19

图 4-200 数据透视表筛选结果

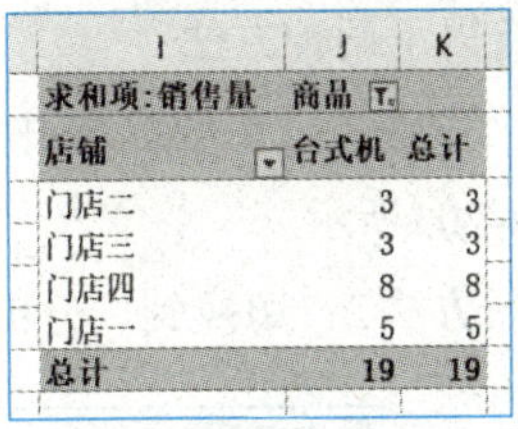

② 选中数据透视表中的任意一个单元格，切换到“插入”选项卡，单击“数据透视图”按钮，弹出“插入图表”对话框。

③ 选择图表类型为“饼图”，单击“插入”按钮即可创建数据透视表对应的数据透视图，如图4-201所示。

店铺	销售日期	商品	单价	销售量	销售额
门店一	2023/7/12	笔记本	3999	1	3999
门店一	2023/8/24	笔记本	3999	2	7998
门店一	2023/8/25	台式机	2799	5	13995
门店一	2023/7/23	鼠标	89	6	534
门店一	2023/8/14	鼠标	89	3	267
门店一	2023/7/2	键盘	39	3	117
门店一	2023/7/19	键盘	39	2	78
门店一	2023/8/10	键盘	39	2	78
门店一	2023/9/15	键盘	39	4	156
门店一	2023/9/26	键盘	39	6	234
门店一	2023/7/10	打印机	1099	1	1099
门店一	2023/8/7	打印机	1099	2	2198
门店一	2023/9/28	打印机	1099	1	1099
门店二	2023/8/16	笔记本	3999	2	7998
门店二	2023/8/23	笔记本	3999	3	11997
门店二	2023/9/8	笔记本	3999	1	3999
门店二	2023/7/18	台式机	2799	3	8397
门店二	2023/7/25	鼠标	89	9	801
门店二	2023/8/9	打印机	1099	2	2198

求和项:销售量	商品	
店铺	台式机	总计
门店二	3	3
门店三	3	3
门店四	8	8
门店一	5	5
总计	19	19

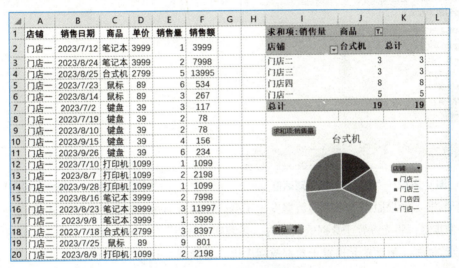

图 4-201 数据透视图效果

小提示：

如果需要在数据透视图中展示其他产品的数据，可以通过数据透视表或数据透视图进行筛选。

【知识链接】

1. 数据透视表

数据透视表从不同的视角显示数据并对数据进行比较、揭示和分析，从而将数据转化成有意义的信息。数据透视表作为一种强大的数据分析工具，广泛应用于企业的数据分析、报表制作和决策支持等领域。

（1）创建数据透视表

① 切换到“插入”选项卡，单击“数据透视表”按钮，弹出“创建数据透视表”对话框。

② 在“创建数据透视表”对话框中，选择数据源单元格区域和数据透视表的放置位置（新工作表、现有工作表），如果选择“现有工作表”，可以指定透视表的单元格位置。单击“确定”按钮完成。

③ 从右侧控制面板区域的字段列表中，可以拖动字段到数据透视表区域中的“行区域”“列区域”“值区域”。其中，行和列用于指定数据的分类标准，值部分则是进行汇总计算的指标。

（2）编辑数据透视表

① 更改汇总方式。默认情况下，汇总方式为“求和”，如果需要更改，可以通过“值字段设置”对

话框修改字段名称、汇总方式和值的显示方式等相关信息，如图4-202所示。打开"值字段设置"对话框有以下两种方法：

方法1：在值区域中，单击"值"列的筛选按钮，从弹出菜单中选择"字段设置"命令，如图4-203所示。

方法2：切换到"分析"选项卡，单击"字段设置"按钮。

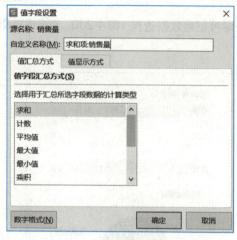

图4-202　"值字段设置"对话框

图4-203　"值字段设置"命令

② 更新数据。如果原始列表中的数据发生了变化，可以通过刷新数据功能同步更改透视表中的数据。具体操作步骤：将光标置于数据透视表中，切换到"分析"选项卡，单击"刷新"按钮。

③ 更改数据源。活动单元格置于数据透视表中，切换到"分析"选项卡，单击"更改数据源"按钮，弹出"更改数据透视表数据源"对话框。在"请选择单元格区域"中，重新选择数据区域即可修改数据透视表的源数据。

④ 切片器。切片器是一种可视化筛选工具，可以轻松地筛选数据透视表或数据透视图中的数据。切片器提供了可用于筛选数据透视表数据的按钮。除快速筛选外，切片器还可以指示当前筛选状态，以便了解筛选后的数据透视表中显示哪些内容。

切片器的插入和应用操作如下：

步骤1：选中"数据透视表"，切换到"分析"选项卡，单击"插入切片器"按钮，弹出"插入切片器"对话框，如图4-204所示。

步骤2：在对话框中选择需要筛选的字段，如"商品"，单击"确定"按钮，插入商品字段的切片器，如图4-205所示。

步骤3：单击切片器中的项目，可对数据透视表或数据透视图的数据进行筛选显示。如选择"笔记本"，在数据透视表中只显示笔记本的数据。若要选择多个项，按住【Ctrl】键，再选择要显示的项。

步骤4：清除切片器的筛选结果。单击切片器右上角的"清除筛选器"按钮 即可。

⑤ 移动数据透视表。切换到"分析"选项卡，单击"移动数据透视表"按钮，弹出"移动数据透视表"对话框，如图4-206所示。在对话框中，选择放置数据透视表的位置，选择"新工作表"或"现有工作表"单选按钮，如果选择"现有工作表"单选按钮，还需设置移动的位置，单击"确定"按钮。

图 4-204 "插入切片器"对话框　图 4-205 商品切片器　　图 4-206 "移动数据透视表"对话框

⑥ 设置数据透视表样式。在 WPS 表格中,提供了多种内置的数据透视表样式,可以通过"设计"选项卡中的样式列表设置,如图 4-207 所示。样式分为浅色、中等色和深色三类,可以根据需要选择适合的样式。此外,还可以通过行标题、列标题、镶边行、镶边列选项,编辑选择的样式。

图 4-207 数据透视表样式

（3）删除数据透视表

切换到"分析"选项卡,单击"删除数据透视表"按钮。

2. 数据透视图

数据透视图是基于数据透视表所生成的一种图表形式,利用图形来表示数据透视表中的数据。对数据透视表中的汇总数据添加可视化效果来对其进行补充,能够直观地呈现数据的分布和趋势,适用于数据的可视化展示。

用户可以根据数据表创建数据透视图,也可以根据已经创建好的数据透视表来创建数据透视图。

（1）从数据表创建数据透视图

① 在数据列表中选择任意一个单元格,切换到"插入"选项卡,单击"数据透视图"按钮,弹出"创建数据透视图"对话框。

② 在"创建数据透视图"对话框中,选择数据的来源范围（A1:F41）,并指定放置数据透视表的位置,如图 4-208 所示,单击"确定"按钮后,在指定位置创建空白数据透视表和数据透视图,如图 4-209 所示。

③ 在数据透视表的字段列表中,选择需要分析的字段,将其拖放到"数据透视表区域"。例如,将"商品"字段拖放到行区域,"店铺"字段拖放到列区域,"销售量"字段显示到值区域,即可创建数据透视图,同时生成关联的数据透视表,如图 4-210 所示。

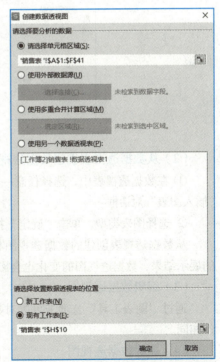

图 4-208 "创建数据透视图"对话框

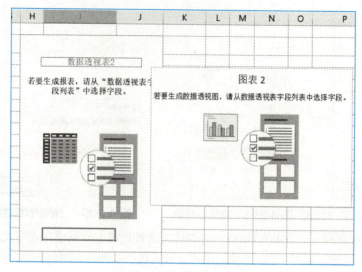

图 4-209　创建效果

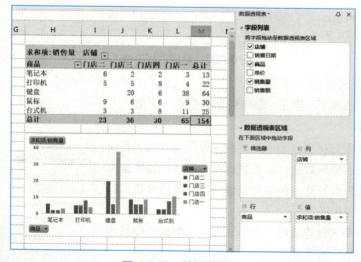

图 4-210　数据透视图

（2）从数据透视表创建数据透视图

① 在数据透视表中，选择任意一个单元格，单击"插入"选项卡中的"数据透视图"按钮，弹出"插入图表"对话框。

② 选择图表类型，单击"确定"按钮，即可自动生成数据透视图。

从数据透视表创建的数据透视图相互依赖，对数据透视表进行的任何修改都会影响到数据透视图的展示结果，数据透视图的变化也会影响数据透视表的显示。

（3）编辑数据透视图

通过"图表工具"选项卡可以对数据透视图的样式、布局和数据源等进行编辑，与图表的编辑操作相同。

（4）删除数据透视图

选中数据透视图，按【Delete】键即可删除。

习 题

一、填空题

1. 在WPS表格中，单元格中文本数据默认的水平对齐方式为_____。
2. 在WPS表格中，将某单元格中日期格式的数据"1900/1/31"修改为常规格式，则其对应的自然数为_____。
3. 如果想要在某个工作表中选中不连续的几个单元格，则应按住_____键的同时再去点选这些单元格。
4. 当前单元格的填充柄在其_____。
5. 如果单元格中显示"####"则表示_____。
6. 在单元格中输入年月日时可以使用的分隔符是_____和_____。
7. 在WPS表格中，当_____后，用户滚动表格页面时第一列数据会保持在页面显示中，非常方便用户查看数据。
8. 在WPS表格中，"数据有效性"功能在_____选项卡。
9. 公式中用_____符号表示引用绝对地址。
10. 在WPS表格中，在单元格公式的绝对引用和相对引用之间进行转换的快捷键是_____。
11. 在WPS表格中，在A1单元格中输入85，在B2单元格中输入=IF(A1>=60,"过关","继续加油")，按【Enter】键后，B2单元格中将显示_____。
12. 如果在WPS表格的某单元格中输入公式"=3=8"，得到的结果为_____。
13. 在WPS表格中，对满足多个条件的单元格求和用到的函数是_____。
14. 在WPS表格中，在单元格中输入=LEFT(RIGHT("CDEFAB",4),2)，然后按【Enter】键，该单元格中显示的数据为_____。
15. 在WPS表格的A1单元格中输入数值12，B1单元格中输入=IF(A1>25,"A",IF(A1>15,"B","C"))，则在B1单元格中显示的是_____。
16. 在WPS表格中，输入=ROUND(3.1415926,4)，计算结果正确的是_____。
17. 在WPS表格中，提取身份证号"37451219881009****"中的生日信息，函数的格式为_____。
18. 如果在WPS表格的某单元格中输入=LEFT("138-1234-5678",3)，得到的结果为_____。

二、简答题

1. 在WPS表格中，如何设置行高与列宽？试举例说明。
2. 简述单元格引用的三种方式的区别。
3. 在WPS表格中，如何实现以2为基数，以5为增量的等差序列？试写出具体的步骤。
4. 在WPS表格中，如何将单元格中的公式或函数进行隐藏，试简述操作步骤。
5. 在WPS表格中，分别用公式和函数两种方法，求出A1到B2矩形区域所有数字的和。（写出公式和函数）
6. 在WPS表格中，图表分为哪些种类？
7. 在WPS表格中，数据筛选和分类汇总的目的是什么？如何进行数据筛选和数据汇总？

综合实训

1. 实训内容

新建商品销售数据工作簿,完成数据的录入、计算、汇总、分析和管理等操作。

2. 实训要求

(1)录入商品销售数据,如图4-211所示,并将工作表重命名为"商品销售表"。

	A	B	C	D	E	F	G	H	I	J	K	L
1	日期	客户名称	商品编号	商品名称(主要参数)	品类	品牌	单价	购买数量	购买金额	折扣优惠	折后金额	备注
2	2023/10/1	客户01	N.10001	M8手机,256M	手机	小米	2600	5		SVIP		
3	2023/10/4	客户05	N.10001	M8手机,256M	手机	小米	2600	2		普通		
4	2023/10/16	客户06	N.10002	M8手机,512M	手机	小米	4000	5		无优惠		
5	2023/10/6	客户05	N.10002	M8手机,512M	手机	小米	4000	10		无优惠		
6	2023/10/2	客户03	N.10008	T2手机,金色	手机	华为	3890	1		VIP		
7	2023/10/14	客户07	N.10011	H4手机,64M	手机	小米	900	1		普通		
8	2023/10/16	客户01	N.10011	H4手机,64M	手机	小米	900	5		普通		
9	2023/10/17	客户04	N.10011	H4手机,64M	手机	小米	900	8		普通		
10	2023/10/4	客户02	N.10012	H4手机,128M	手机	小米	2199	5		无优惠		
11	2023/10/9	客户06	N.10013	H5手机,256M	手机	小米	3600	10		普通		
12	2023/10/19	客户05	N.10013	H5手机,256M	手机	小米	3601	11		SVIP		
13	2023/10/10	客户08	N.10014	H5手机,128M	手机	小米	3000	5		无优惠		
14	2023/10/13	客户02	N.10014	H5手机,128M	手机	小米	3001	2		普通		
15	2023/10/7	客户01	N.20008	M-60电视	电视	小米	4600	3		VIP		
16	2023/10/10	客户03	N.20008	M-60电视	电视	小米	4600	20		普通		
17	2023/10/12	客户07	N.20029	T-45电视	电视	华为	2600	15		VIP		
18	2023/10/10	客户04	N.30021	M洗衣机,5kg	洗衣机	小米	3200	10		无优惠		
19	2023/10/21	客户03	N.30021	M洗衣机,5kg	洗衣机	小米	3200	3		无优惠		
20	2023/10/22	客户04	N.30021	M洗衣机,5kg	洗衣机	小米	3200	6		无优惠		

图 4-211 商品销售工作表

(2)计算购买金额和折后金额。客户类型对应的优惠折扣如下:

客户类型	优惠折扣
SVIP	10%
VIP	6%
普通	3%

(3)美化工作表,效果如图4-212所示。

	A	B	C	D	E	F	G	H	I	J	K	L
1	日期	客户名称	商品编号	商品名称(主要参数)	品类	品牌	单价	购买数量	购买金额	折扣优惠	折后金额	备注
2	2023年10月01日	客户01	N.10001	M8手机,256M	手机	小米	¥2,600.00	5	13000	SVIP	¥11,050.00	
3	2023年10月04日	客户05	N.10001	M8手机,256M	手机	小米	¥2,600.00	2	5200	普通	¥4,940.00	
4	2023年10月16日	客户06	N.10002	M8手机,512M	手机	小米	¥4,000.00	5	20000	无优惠	¥20,000.00	
5	2023年10月06日	客户05	N.10002	M8手机,512M	手机	小米	¥4,000.00	10	40000	无优惠	¥40,000.00	
6	2023年10月02日	客户03	N.10008	T2手机,金色	手机	华为	¥3,890.00	1	1500	VIP	¥1,350.00	
7	2023年10月14日	客户07	N.10011	H4手机,64M	手机	小米	¥900.00	1	900	普通	¥855.00	
8	2023年10月16日	客户01	N.10011	H4手机,64M	手机	小米	¥900.00	5	4500	普通	¥4,275.00	
9	2023年10月17日	客户04	N.10011	H4手机,64M	手机	小米	¥900.00	8	7200	普通	¥6,840.00	
10	2023年10月04日	客户02	N.10012	H4手机,128M	手机	小米	¥2,199.00	5	10000	无优惠	¥10,000.00	
11	2023年10月09日	客户06	N.10013	H5手机,256M	手机	小米	¥3,600.00	10	30000	普通	¥28,500.00	
12	2023年10月19日	客户05	N.10013	H5手机,256M	手机	小米	¥3,601.00	11	33000	SVIP	¥28,050.00	
13	2023年10月10日	客户08	N.10014	H5手机,128M	手机	小米	¥3,000.00	5	11000	无优惠	¥11,000.00	
14	2023年10月13日	客户02	N.10014	H5手机,128M	手机	小米	¥3,001.00	2	4400	普通	¥4,180.00	
15	2023年10月07日	客户01	N.20008	M-60电视	电视	小米	¥4,600.00	3	13800	VIP	¥12,420.00	
16	2023年10月10日	客户03	N.20008	M-60电视	电视	小米	¥4,600.00	20	92000	普通	¥87,400.00	
17	2023年10月12日	客户07	N.20029	T-45电视	电视	华为	¥2,600.00	15	39000	VIP	¥35,100.00	
18	2023年10月10日	客户04	N.30021	M洗衣机,5kg	洗衣机	小米	¥3,200.00	10	32000	无优惠	¥32,000.00	
19	2023年10月21日	客户03	N.30021	M洗衣机,5kg	洗衣机	小米	¥3,200.00	3	9600	无优惠	¥9,600.00	
20	2023年10月22日	客户04	N.30021	M洗衣机,5kg	洗衣机	小米	¥3,200.00	6	19200	无优惠	¥19,200.00	

图 4-212 商品销售工作表美化效果

① 列标题设为微软雅黑、11号、居中、白色、加粗；其他数据为等线、11号、居中显示。
② 边框为蓝色，其中外边框为粗线、内边框为细线；标题行填充为蓝色。
③ 设置日期、购买金额和折后金额列的数据格式。

（4）使用条件格式标注销售数据，效果如图4-213所示。

在当前工作簿中，复制工作表"商品销售表"，并重命名为"使用条件格式标注数据"。按照如下要求设置条件格式。

① 以黑底红色标注3 000～3 500单价。
② 以浅红色填充最高的三个购买金额。
③ 以浅绿色80%填充512 MB手机所有的单元格。
④ 用橙色填充10月1日至10月7日之间的日期。

图4-213 条件格式的设置效果

（5）排序"商品销售表"工作表数据。
① 按商品名称的升序排序数据。
② 按品类降序排序，相同品类以单价的降序排序。
③ 商品名称列中，将浅绿色单元格显示在顶端。

（6）筛选"商品销售表"工作表数据。
① 筛选"客户01"购买手机的记录。
② 筛选日期列中橙色标注的单元格。
③ 筛选"H5手机"的销售记录。
④ 使用高级筛选，筛选出购买10台以上华为电视的客户。
⑤ 使用高级筛选，筛选出购买金额在35 000元以上的普通或无优惠客户，将筛选结果显示在新工作表中。

（7）分类汇总数据。

在当前工作簿中，新建一个工作表，并重命名为"各品类总销量"，将"商品销售表"工作表中的全部数据复制到该工作表中，并统计出各品类的总销售数量，如图4-214所示。

图 4-214 分类汇总结果

（8）使用数据透视表和数据透视图汇总分析销售数据。

① 在"商品销售表"工作表中，创建图 4-215 所示的数据透视表。

② 创建柱形数据透视图对比客户购买手机的销售金额，如图 4-216 所示。

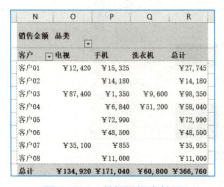

图 4-215 数据透视表效果

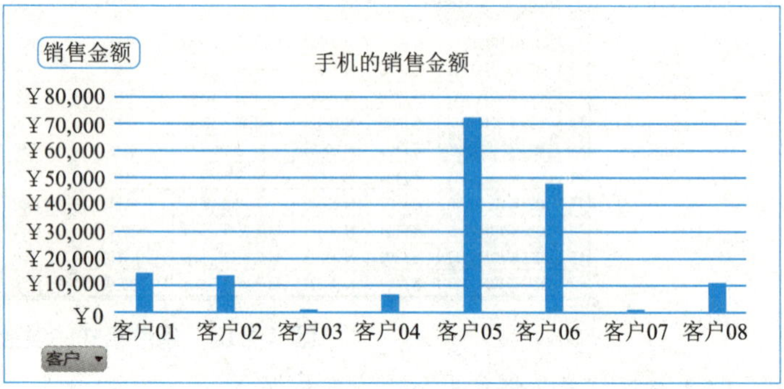

图 4-216 数据透视图效果

3. 评分标准

序号	知识点	考核要求	评分标准	得分
1	数据的录入	灵活运用数据录入技巧完成数据的录入	商品销售表的数据录入完整（5分）	
2	公式和函数	使用公式计算购买金额，使用IF或IFS函数计算折扣金额	购买金额和折扣金额的计算方法和结果准确（15分）	
3	单元格格式设置	字体格式、边框底纹、数据格式，具体考核要求见实训标准（3）	准确设置字体、边框底纹以及数字格式（15分）	
4	条件格式	能够选择合适的规则，创建条件格式	正确创建条件格式（12分）	
5	排序数据	能否正确使用单字段、多字段和颜色排序方法	按要求排序数据，并结果正确（8分）	
6	筛选数据	正确选择自动筛选和高级筛选，进行筛选操作	按要求筛选出销售数据（15分）	
7	分类汇总	熟练运用分类汇总完成各品类的总销售数量	分类汇总结果正确（10分）	
8	创建数据透视表和数据透视图	使用数据透视表汇总客户购买各类产品的销售额，并创建手机销售额的数据透视图	正确创建数据透视表和数据透视图（20分）	

模块 5
WPS 演示制作

模块导读

　　WPS 演示是一款由金山软件公司开发的 WPS Office 套件的一个重要组成部分，它集文字、图形、图像、多媒体对象于一体，用户可以在这个软件平台上充分发挥自己的想象力和创造力，轻松快捷地制作各种具有专业风格、生动美观的演示文稿，并将其应用于演讲、教学、产品发布、商业展示等。

　　WPS 演示新增集成性更高、实用性更强的任务窗格，可以根据编辑需要自由调整任务窗格出现的位置；丰富了自选图形、艺术字以及图片库类型，可以自定义音频和视频，增强了演示文稿的表达力度；集成公式编辑器实现了所见即所得的工作模式，增加了多种打印输出方式；此外加强了动画效果的表现力，并将动画效果的设置与任务窗格相结合，使用更加简单，从而使演示文稿的制作更加完美和便捷。

　　随着中国高铁迈向新时代，一辆辆承载新梦想、新希望的高速列车在华夏大地上飞驰。面对中国铁路事业的飞速发展，回望中国一百多年的铁路发展历程，同学们作为新时代的未来建设者，继承发扬前辈铁路人的革命精神，认真学习业务知识，苦练基本功，把理论与实践相结合，发扬革命奋斗精神，为新时代各项事业的高质量发展贡献自己的青春力量。

　　青年一辈，在成长过程中感受着中国人民正在全面建成小康社会的伟大征程上大步前行，都会为有这样的祖国而骄傲，为生长在新时代的中国而自豪。本模块需要同学们了解铁路发展历程，从中选取代表性事例，制作一个展示我国铁路精神的演示文稿。

　　针对以上情境描述，完成"赓续红色基因，弘扬铁路精神"的演示文稿制作。

知识目标

1. 了解 WPS 演示的界面以及功能特点；
2. 熟悉演示文稿的创建与编辑方法；
3. 掌握幻灯片中文字与媒体对象的编辑；
4. 掌握为幻灯片中对象设置动画效果；
5. 熟练应用 WPS 演示主题功能并对幻灯片美化；
6. 掌握演示文稿打包、输出、放映方式的设置。

能力目标

1. 能熟练完成幻灯片中文字、媒体内容的编辑；
2. 能合理选择与演示文稿内容对应的主题样式；
3. 能对幻灯片对象进行合理的动画设置；
4. 能对演示文稿的打包、输出、放映自如操作。

素质目标

1. 培养学生规范化、标准化使用软件的习惯，养成严谨的工作态度；
2. 通过对演示文稿媒体内容的处理制作过程，培养学生的审美能力；
3. 引导学生在作品中融入个人想法，培养学生的个性化及发散思维；
4. 通过完成学习任务，培养学生使用WPS演示解决日常办公事务的能力；
5. 通过使用WPS演示完成项目制作，增强学生对中国科技发展的认识，激发学生的民族自信及爱国主义精神。

内容结构图

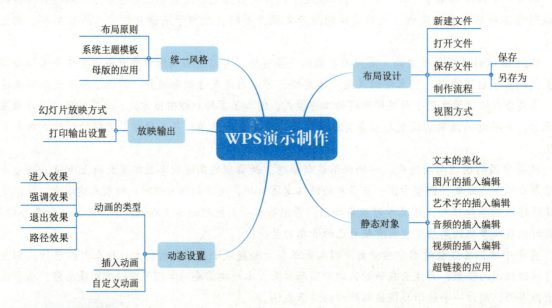

任务 5.1　创建演示文稿基础框架

任务描述

1. 情境描述

一个完整适合场景需求的演示文稿，首先需要构建一个框架设计，然后根据内容需求明确主题，选择合适的表达内容，完成基础演示文稿的制作。

2. 任务分解

① 整理查找资料，明确以铁路初心为主题，展示铁路发展历程。

② 了解铁路发展过程，从不同阶段查找文本内容、媒体素材。
③ 梳理内容结构，确定演示文稿结构框架。精练表达内容，完成文本输入。
④ 完成每一页幻灯片文本的美化布局。

3. 知识准备
在完成预设任务前，需要强化前面关于文本框的设置以及文字字体和字号的编辑方法。

技术分析

本次任务中，需要使用以下技能：
① 通过"新建幻灯片"下拉按钮，添加多种版式的幻灯片页面。
② 选择合适的幻灯片主题样式，并根据设计要求把标题和描述内容输入到各个幻灯片页面，并调节字体、字号、颜色。
③ 结合布局原则，调整字体内容以及结构。

预备知识

1. WPS演示的启动与退出
（1）启动 WPS 演示
① 从"开始"菜单启动。
② 双击桌面WPS演示的快捷图标启动软件运行。
③ 双击已存在的WPS演示文稿启动。

（2）退出 WPS 演示
① 单击窗口右上角的"关闭"按钮退出WPS演示应用程序。
② 选择"文件"→"退出"命令。
③ 按【Alt+F4】组合键。

如果演示文稿在退出前或修改后没有保存，则在退出WPS演示之前，会弹出"是否保存文档？"的询问对话框。单击"保存"按钮将保存文档，单击"不保存"按钮则不保存，单击"取消"按钮，则"退出"操作被中止。

（3）创建演示文稿
启动WPS演示后即可创建一篇空演示文稿，如图5-1所示。如果需要再创建一篇新的演示文稿，则需选择"文件"→"新建"命令（或按【Ctrl+N】组合键），即可生成另一篇演示文稿。

（4）保存演示文稿
在WPS演示中创建了演示文稿或在编辑演示文稿的过程中，为防止意外丢失和保存编辑结果，应在工作过程中随时保存演示文稿。方法与在WPS文字、WPS表格界面下保存文件的方法一样，分为"保存"和"另存为"两种，快捷键为【Ctrl+S】。

在WPS演示中，保存文件的类型为"演示文稿"，默认扩展名为".pptx"。

小提示：
保存和另存为的区别：保存是更新存储，也就是说源文件被更改后，用新文件覆盖旧文件，存储位置不变；另存为是对更改后的内容创建一个新文件，可以更改存储位置，设置新的文件名，不必覆盖源文件。

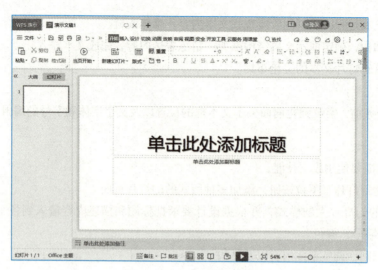

图 5-1　创建空演示文稿

2. WPS演示的工作界面

启动WPS演示后，屏幕上就会出现WPS演示窗口界面。WPS演示窗口由标题栏、菜单栏、幻灯片缩略图、幻灯片编辑区、状态栏五个主体部分组成，其中菜单栏包含快速工具栏和功能选项卡两部分。

快速工具栏中放置经常使用的工具，如保存、撤销等按钮，也可以自定义添加其他常用按钮，功能选项卡由开始、插入、设计等组成，通过选择可以切换到相应选项卡的功能区。

（1）标题栏

标题栏位于工作界面的上方，用于显示正在编辑的文件名称，如果是一个新建文件，则默认为"演示文稿1"，最右边有"最小化""还原/最大化""关闭"三个按钮。

（2）"文件"按钮

该菜单中包括新建、打开、保存、打印和退出等常用文件操作命令。

（3）快速访问工具栏

快速访问工具栏提供了"保存""撤销""恢复"等常用的快捷按钮，单击对应的按钮即可执行相应的操作。如需在快捷访问工具栏中添加其他快捷按钮，可单击后面的下拉按钮，在弹出的下拉列表中选择所需的选项。

（4）功能区

功能区是选项卡中的常用命令按钮集合，按选项卡分组显示在功能区中，以方便使用。WPS演示提供了"开始""插入""设计""切换""动画""放映""审阅""视图""安全"等选项卡。

（5）缩略图区

缩略图区用于显示演示文稿的幻灯片数量及位置，通过它可以方便地掌握演示文稿的结构。

（6）幻灯片编辑区

幻灯片编辑区是整个工作界面的核心区域，用于显示和编辑幻灯片，在其中可以输入文字内容、插入图片、表格或设置动画效果等，一张张图文并茂的幻灯片就在这里制作完成。

（7）备注区

备注区位于幻灯片编辑区的下方，在其中可以添加幻灯片的说明和注释，以便幻灯片的制作者或演讲者查阅。

（8）状态栏

状态栏位于工作界面最下方，用于显示演示文稿中当前所选幻灯片、幻灯片总张数以及幻灯片插入批注、演讲实录、视图切换按钮和页面显示比例等内容。

3. 演示文稿的视图方式

一篇WPS演示文稿可以包含多张幻灯片，为了便于演示文稿的创建、编辑和演示，WPS演示提供了普通视图、幻灯片浏览视图、备注页视图和阅读视图四种视图方式。各视图方式可通过状态栏右侧"视图切换标签"或"视图"选项卡中的按钮切换。

视频 演示文稿的视图方式

（1）普通视图

在普通视图方式下，除任务窗格外可以看到三个窗格，如图5-2所示，左边的窗格以大纲方式或以缩略图方式显示演示文稿的内容，幻灯片编辑区显示当前幻灯片中的所有内容和设计元素，右边下部分是备注窗格，显示当前幻灯片的备注。

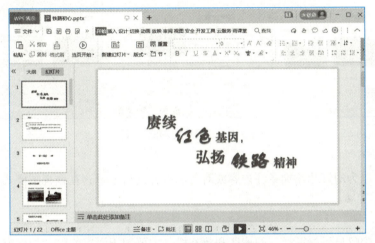

图 5-2 "普通视图"方式

普通视图方式下，在左边的窗格中可以应用鼠标拖动缩略图变换幻灯片的顺序，也可以对选定的对象应用右键快捷菜单命令实现删除、复制、移动。并且在幻灯片标签下可以对选定对象隐藏，如图5-3所示。

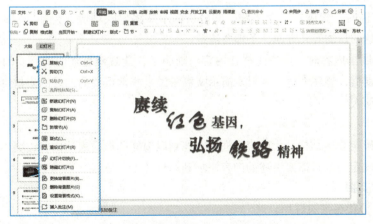

图 5-3 普通视图下幻灯片的编辑

（2）幻灯片浏览视图

幻灯片浏览视图如图5-4所示，它将整个演示文稿的幻灯片按编号排列在窗口中。在此视图下可以同时看到演示文稿的所有页面，并且允许任意对幻灯片进行复制、删除、隐藏和重新排序等操作，添加、删除幻灯片，也可以设置幻灯片之间的动画切换效果，但不能改变幻灯片的具体内容。

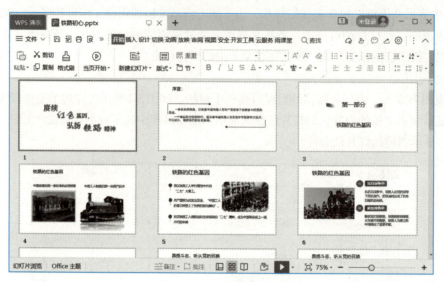

图5-4　"幻灯片浏览"视图

（3）备注页视图

备注页视图可以为幻灯片添加备注内容或对备注内容进行编辑，在该视图模式下，无法对幻灯片的内容进行编辑。

（4）阅读视图

阅读视图模式中仅显示标题栏、阅读区和状态栏，主要用于浏览幻灯片的内容。在该模式下演示文稿中的幻灯片将以窗口大小进行放映。

4. 演示文稿制作的主要流程

一个演示文稿在制作前要有好的构思，并确立完整的主体框架。

（1）主题的情景分析

在制作演示文稿时，先确定一个主题，并分析演示文稿放映环境，包括面对的观众、演讲环境，以及演讲所需要表达的目的等几方面，条理要清楚。

围绕主题确定展示内容时，考虑怎样让内容清晰明了，让观众更加明确所要阐述的内容，根据设计方向搜集相关的素材，整理素材。素材对演示文稿来说是非常重要的，好的素材可以使演示文稿更加专业，让演示更加动人。

（2）结构设计

根据内容特点确定表达结构，为内容做框架，规划以怎样的形式表达内容，突出主题。

演示文稿结构确定后，将需要讲述的内容添加到幻灯片中。

（3）美化演示文稿

① 用媒体对象美化每张幻灯片。

② 母版统一幻灯片风格，使演示文稿具有整体感。

③幻灯片切换效果、对象的动画设置都是一个好演示文稿的灵魂。

示例演示

设计演示文稿布局结构，完成文本内容的精练、美化、布局，如图 5-5 所示。

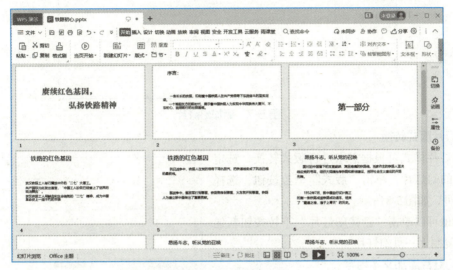

图 5-5　幻灯片基本架构

任务实施

【操作步骤】

1. 添加标题

①启动 WPS 演示，进入演示文稿编辑窗口。

②当前页面为标题页，通过单击文本占位符添加标题和副标题内容，如图 5-6 所示。

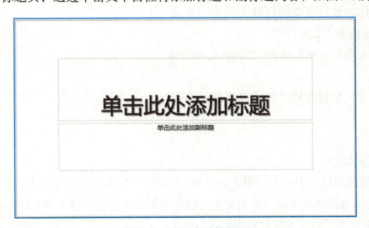

图 5-6　演示文稿标题页

2. 为演示文稿插入幻灯片

通常一篇演示文稿由多张幻灯片组成，新建的演示文稿默认只提供一张"标题幻灯片"，其他幻灯片需用户手动添加。一般使用在"幻灯片"窗格中选定一张幻灯片后按【Enter】键或者按【Ctrl+M】组合键，其后将产生一张新幻灯片，如图 5-7 所示。

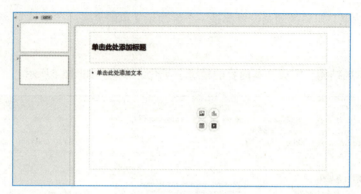

图 5-7 添加幻灯片

3. 幻灯片版式转换

新建幻灯片样式可根据需求进行版式转换，选定要转换样式的幻灯片，单击"版式"下拉按钮，选择所需样式即可，如图 5-8 所示。

当然，也可以单击"新建幻灯片"下拉按钮新建幻灯片或者复制上一页幻灯片。

4. 为幻灯片添加文本内容

文本是演示文稿中的一个重要组成部分，它是表达用户观点和感受的最常用的形式，在项目中文本输入的方法有：

① 在"版式"提供的文本框中单击直接输入文本。

② 如果版式样式不能满足需求，需要补充文本框时，单击"插入"选项卡中的"文本框"按钮，在幻灯片上进行拖放操作，此时会在幻灯片上产生一个文本框，然后向文本框内输入文本即可。

WPS 演示中对文本的编辑与 WPS 文字中文本的编辑类似。

插入多张幻灯片，根据结构设计，完成演示文稿的文本架构。

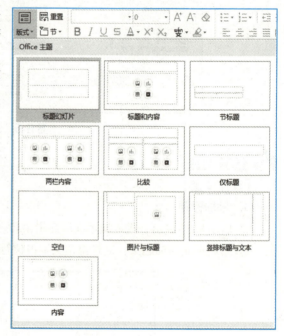

图 5-8 为幻灯片变换版式

【知识链接】

1. 幻灯片版式的认识

在新建演示文稿的幻灯片中标有"单击此处添加标题""单击此处添加文本""单击图标添加内容"等内容的虚线矩形框，如图 5-9 所示，称为文本占位符或图形占位符，这是 WPS 演示为新建的演示文稿提供的某种版式文字或图形的插入位置标识。

2. 幻灯片的占位符

幻灯片版式就是文本和图形占位符的组织安排，新建演示文稿的默认版式是"标题幻灯片"，其中有两个占位符：一个是标题占位符，另一个是副标题占位符。其余再增加的幻灯片默认的版式是"标题和文本"，其中也有两个占位符：一个是顶部标题占位符，另一个是下部文本占位符。

幻灯片中的文本和图形占位符是承载文本或图形的工具，当用户单击文本占位符时，该占位符中原有的提示会自动消失并同时显示输入文本的光标，待用户输入文本。当用户单击图形占位符中的某一个图形按钮时，就会打开相应的插入对象窗口。

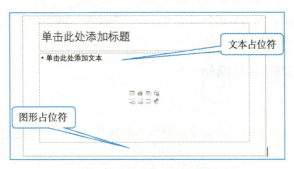

图 5-9　文本和图形占位符

默认的文本或图形占位符只是提供一种参考的输入文本和其他对象的版式，它是可以移动、缩放和删除的，如果用户想按自己的安排组织文本和图形等对象，可以利用 WPS 演示提供的相应工具插入新对象进行格式的变化。

综合评价

按下表所列操作要求，对自己完成的文档进行检查，并给出自评分。

序　号	操作要求	分　值	完成情况	自　评　分
1	演示文稿框架设计符合逻辑，详略得当	20		
2	文本内容精练，主题突出	20		
3	标题、正文文字字体、字号以及行间距样式统一	20		
4	根据需求熟练选择功能按钮，切换视图方式	20		
5	文字命名为姓名+框架设计.pptx，并上传	20		

任务 5.2　编辑幻灯片媒体对象

任务描述

1. 情境描述

演示文稿中经常使用各种图片、艺术字、图表、音频、视频等元素，它们是演示文稿设计中不可或缺的一个重要组成部分，不仅能够对页面进行美化，而且对主题内容表达起到重要的辅助说明作用。

2. 任务分解

① 插入和编辑图片、艺术字、形状。
② 插入和编辑音频和视频。
③ 插入和编辑图表和超链接。

3. 知识准备

在演示文稿制作过程中，需要用到图片、形状、视频、图表和超链接的设置，熟悉当前所需要对象的基本插入方法，完成合理的布局设置。

技术分析

本次任务中,需要使用以下技能:
① 通过"插入"选项卡,可以添加各种媒体元素。
② 选择插入的媒体元素,在对应的选项卡中进行属性设置,如修饰图片、自定义艺术字和形状等。
③ 熟悉编辑、裁剪音频和视频的方法。

任务 5.2.1　图文对象的插入与编辑

示例演示

本任务主要是插入并编辑图片、艺术字、形状等媒体元素,修饰美化幻灯片页面效果,如图 5-10 所示。

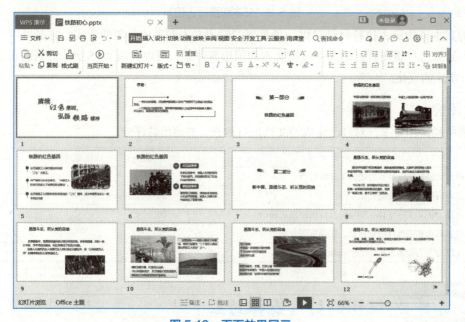

图 5-10　页面效果展示

任务实施

【操作步骤】

1. 文本的美化

文本是演示文稿制作的基本载体,是信息传递、内容表达的根本。在制作演示文稿时,文本的处理直接影响着整体效果,所以在文字处理中必须注意以下原则,精练内容,调整文本结构,从而使页面内容表达更加清晰。

① 文字不能太多,切忌把文档中整段文字粘贴到幻灯片内,尽量对文本进行精简后放到演示文稿。

② 文本内容不必用完整句子表达,尽量用提示性文字,避免大量文字的堆砌。

③ 文本内容避免缩在半张幻灯片内或顶天立地,不留边界,要和辅助说明的图片结构设计合理。

④ 当正文内容较多时,可以利用换色、加粗、放大字号、添加标识符号、下划线、边框底纹、辅

助形状修饰等方式，突出重点内容的显示。

2. 图片的应用

在该项目制作中需要大量的图片辅助说明主题，选中要插入图片的幻灯片页面，切换到"插入"选项卡，选择"图片"→"本地图片"命令，弹出"插入图片"对话框，找到图片所在的位置，选择图片后打开，即可插入当前幻灯片。

视 频

编辑图片

选中插入的图片，切换到"图片工具"选项卡，如图5-11所示，利用功能区的按钮可以对图片进行大小样式裁剪、排列层次、色彩、对齐、组合等调整。

图 5-11 "图片工具"选项卡

根据设计需求，完成各页面辅助图片的插入，调整图片大小、排列层次，然后切换到"图片工具"选项卡，可以对图片进行编辑：

① 图片裁剪：选定图片后，单击"裁剪"按钮，拖动图片周边的裁剪边框，可以对图片进行大小裁剪。如果想对图片进行形状裁剪，则选定图片后，单击"裁剪"下拉按钮，在下拉菜单中选择一个形状进行裁剪，如图5-12所示。

② 图片边框：单击"边框"下拉按钮，可以为图片选择边框样式和边框颜色。颜色包括系统提供和取色器拾取；还可以设置图片边框粗细以及样式；如果要取消图片边框，则在下拉菜单中选择"无边框颜色"命令即可。

③ 图片效果：单击"效果"下拉按钮，可以为图片设置"阴影""倒影""发光""柔化边缘""三维旋转"等效果。

④ 图片组合：按住【Shift】键选择所有需要组合成一体的图片，单击"组合"下拉按钮，选择"组合"命令，就可以把多个对象组合成一体。要想取消组合，选定组合对象后，选择"取消组合"命令即可。

图 5-12 "裁剪"下拉菜单

⑤ 图片对齐：按住【Shift】键选择所有需要对齐的图片，单击"对齐"下拉按钮，根据对齐需求，选择对应的对齐方式，如图5-13所示。

根据插入图片的方法，把项目中所用到的图片陆续插入到幻灯片中，并且把没有用到的默认占位符文本框删除。

3. 艺术字的插入编辑

为了使演示文稿页面更加美观，把需要重点表达的文字以艺术字形式完成，切换到"插入"选项卡，单击"艺术字"下拉按钮，展开系统提供的艺术字样式，选择样式，如图5-14所示，根据需求录入内容。

如果对系统提供的样式不满意，则可以选定艺术字，切换到"文本工具"选项卡，如图5-15所示。通过"文本填充""文本轮廓""文本效果"等选项可以对艺术字进行自定义设置。

图 5-13 "对齐"选项卡

图 5-14　艺术字样式

图 5-15　"文本工具"选项卡

自定义艺术字主要是对填充、边框和效果进行编辑，具体设置方法如下：

① 单击"文本填充"下拉按钮，下拉菜单中包括"无填充""实色填充""渐变填充""图片或纹理""图案"等填充方式，选择"渐变"填充方式，则打开渐变色编辑窗格，如图5-16所示。选择相应参数，则在渐变色条上选择一个色块，在"色标颜色"后的颜色选框中选择合适的颜色，其他色块同样选择协调的颜色，完成艺术字的自定义渐变色填充。

② 单击"文本轮廓"下拉按钮，下拉菜单中包括"无轮廓""线条颜色""线条粗细""线条样式"等参数，根据需求、页面整体效果选择相应参数。如果选择"更多设置"命令则可以进入"文本轮廓"窗格中进行设置。

③ 单击"文本效果"下拉按钮，下拉菜单中包括"阴影""倒影""发光""三维旋转""转换"等选项，基本和图片效果相同，其中不同的是转换效果，它主要负责对艺术字整体外形效果进行变换，效果样式如图5-17所示。

【知识链接】

1. 了解分页插图

"分页插图"是WPS演示文稿新增功能，在"插入图片"对话框中选择图片位置，选择多张图片后单击打开，即可在后续多页幻灯片中各插入一张图片。插入图片的类型，可以是静态图片，也可以是动态GIF格式的图片。

2. 形状和文本框的编辑

对演示文稿中的形状和文本框进行编辑，方法基本相同，都是选择对象，在右侧属性窗格中设置填充、线条以及阴影、倒影、发光等效果，具体设置内容与艺术字的自定义编辑方法相同。

能力拓展

在演示文稿的幻灯片页面中可以对多个绘制的形状进行组合编辑，从而完成特殊的图形样式。

1. 合并形状–结合

结合是将所选的各个形状联合为一个整体。如在幻灯片中插入多个形状，形状相叠有部分重合，选中所有形状，切换到"绘图工具"选项卡，选择"合并形状"→"结合"命令，即可将多个形状合并成了一个形状。

2. 合并形状–组合

组合是指去除多个形状重叠部分，然后组成一个整体。如在幻灯片中插入两个形状，两个形状中有重叠部分，选中所有形状，切换到"绘图工具"选项卡，选择"合并形状"→"组合"命令，即可去除重叠部分。

图 5-16　渐变色编辑窗格

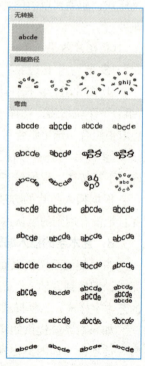

图 5-17　艺术字转换样式

3. 合并形状-拆分

拆分是指将所选多个形状，拆分成多个组成部分。如在幻灯片中插入两个形状，两个形状中有重叠部分，选中所有形状，切换到"绘图工具"选项卡，选择"合并形状"→"拆分"命令，即可将这两个形状拆分成多个组成部分。

4. 合并形状-相交

相交指的是只保留多个形状的重叠部分。如在幻灯片中插入两个形状，两个形状中有重叠部分。选中所有形状，切换到"绘图工具"选项卡，选择"合并形状"→"相交"命令，即可只保留重叠部分，去除多余部分。

5. 合并形状-剪除

剪除是指利用形状修剪另一个形状。如在幻灯片中插入两个形状A和B，两个形状中有重叠部分。选中所有形状，切换到"绘图工具"选项卡，选择"合并形状"→"剪除"命令，即可利用形状A剪除与形状B中的重叠部分。

任务 5.2.2　媒体、图表的插入与编辑

本任务主要是插入并编辑视频、图表等媒体元素，增加演示文稿的生动性以及可视直观效果，修饰美化幻灯片页面。

任务实施

【操作步骤】

1. 视频的插入编辑

除了图片丰富美化演示文稿，视频所表达的内容更加丰富、生动，具体编辑操作如下：

① 在普通视图下，选中要添加视频的幻灯片。

② 切换到"插入"选项卡，单击"视频"下拉按钮，下拉菜单中有"嵌入视频""链接到视频""flash"三个命令。选择"嵌入视频"命令，弹出"嵌入视频"对话框，选择要插入的视频对象，单击"确定"按钮，视频对象就会插入到幻灯片中。

小提示：

"嵌入视频"是将视频文件直接保存在演示文稿内部，而"链接到视频"则是将视频文件的路径作为链接指向外部存储的位置。

③ 如果想对插入的视频进行编辑，选择插入的视频，切换到"视频工具"选项卡，如图5-18所示。其中包含"裁剪视频""全屏播放"等部分。视频的启动播放方式分为"自动"和"单击"两种，如果想在演示文稿中自动播放视频，则选择"自动"选项，如果想根据实际需求控制视频开始播放时间，则选择"单击"选项。

图 5-18　"视频工具"选项卡

④ 如果想对视频进行剪辑，则单击"裁剪视频"按钮，弹出"裁剪视频"对话框，如图5-19所示，拖动绿色按钮裁剪确定视频开始位置，拖动红色按钮裁剪确定视频结束位置，单击"确定"按钮，完成对视频的剪辑。

2. 图表的插入编辑

· 视频

编辑图表

在幻灯片中使用图表，可以有效地显示数据对比状况，达到一目了然的显示效果。为了清晰直观地显示"改革开放以来每十年铁路行程数据"，我们需要把数据表格转化成图表，具体方法如下：

① 切换到"插入"选项卡，单击"图表"按钮，弹出"插入图表"对话框，如图5-20所示，在对话框中有柱形图、折线图、饼图、条形图等图表类型，柱形图主要用于表示数据的对比，折线图用于表示数据的变化及趋势，饼图用于表示数据的占比，条形图用于表示数据的排名。

图 5-19 "裁剪视频"对话框

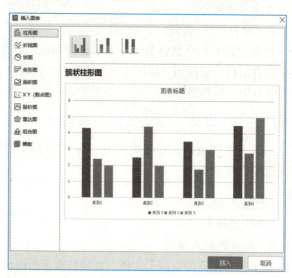

图 5-20 "插入图表"对话框

② 确定了需要的图表样式，选择图表，切换到"图表工具"选项卡，如图5-21所示。单击"选择数据"按钮，则启动WPS表格，把需要用图表表达的数据编辑到WPS表格，替换原有默认数据。

图 5-21 "图表工具"选项卡

③ 数据设置好后，关闭WPS表格，就会生成与表格数据对应的图表显示于幻灯片中。

如果要修改或格式化图表，只需选中图表后，切换到"图表工具"选项卡，单击对应的各按钮即可，具体操作与WPS表格中图表的修改和格式化操作相同。

3. 超链接的插入编辑

在WPS演示中可以为幻灯片、文本、图片等对象设置超链接，从而实现从这一个对象到另一文件或位置的转换跳转。为了在本项目中能快速浏览每一阶段内容，需要给目录页标题设置超链接。

① 选中目录页幻灯片中第一个标题的矩形框，单击"插入"选项卡中的"超链接"下拉按钮，下拉菜单中有"文件或网页"和"本文档幻灯片页"两个命令，根据需求，选择"本文档幻灯片页"命令，弹出"插入超链接"对话框，如图5-22所示，在"链接到"列表框中选择要链接到的幻灯片，单击"确定"按钮，即可实现当前对象到目标页的跳转。

同理，目录中其他标题选择对应的超链接设置也使用上述方法完成。

② 添加返回动作按钮。在每个对应部分介绍结束页中插入"返回动作"按钮，返回按钮可以是文本、自绘图形、图片等。选中返回按钮的图形，单击"插入"选项卡中的"超链接"按钮，弹出"插入超链接"对话框，在"链接到"列表框中选择"本文档中的位置"选项，在"请选择文档中的位置"列表框中选择目录页幻灯片，确定后完成了返回按钮的超链接设置。选中设置好的按钮，可以把该返回按钮复制到需要设置返回目录的其他页面。

小提示：

如果想删除超链接，可以选定有超链接的对象后右击，在弹出的快捷菜单中选择"超链接"→"取消超链接"命令即可。

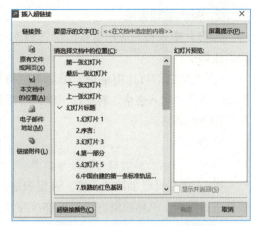

图 5-22 "插入超链接"对话框

【知识链接】

1. 音频的插入编辑

为了让演示文稿表达更加生动，辅助音乐演示会增加氛围感或者强化表达内容主题。音频插入与编辑的方法具体操作如下：

① 在普通视图下，选中要添加音频的幻灯片。

② 单击"插入"选项卡中的"音频"下拉按钮，下拉菜单中有"嵌入音频""链接到音频""嵌入背景音乐""链接背景音乐"四个命令，选择"嵌入音频"命令，找到音频所在位置，单击打开，幻灯片页面出现小喇叭图标，这样完成了音频的插入。"嵌入背景音乐"与"嵌入音频"的插入方式相同，区别在于应用"嵌入音频"所插入的音乐只在当前页进行播放，如果想跨幻灯片播放，则需要进行设置。而选择"嵌入背景音乐"插入的音乐自动以演示文稿背景音乐的形式存在，自动跨幻灯片播放，无须进行设置。

小提示：

"嵌入音频"是将音频文件直接保存在演示文稿内部，如果演示文稿需要分享给他人，只需发送整个文件即可，不需要担心音频文件的兼容性问题。而"链接到音频"则是将音频文件的路径作为链接指向外部存储的位置，不能和演示文稿文件一起打包。

③ 如果想对插入的音频进行编辑，则选择插入的音频小喇叭，切换到"音频工具"选项卡，如图 5-23 所示，其中包含"裁剪音频""淡入淡出"等部分。音频的启动播放方式分为"自动"和"单击"两种，如果想播放演示文稿时自动播放音乐，则选择"自动"选项，如果想根据实际需求控制音乐开始播放时间，则选择"单击"选项。

图 5-23 "音频工具"选项卡

④ 如果想对音频进行剪辑，则单击"裁剪音频"按钮，弹出"裁剪音频"对话框，如图5-24所示，拖动绿色按钮裁剪确定音频开始位置，拖动红色按钮裁剪确定音频结束位置，单击"确定"按钮，即可完成对音频的剪辑。

2. 插入编辑表格

幻灯片中表格的应用也很广泛，插入、编辑幻灯片中表格的具体制作方法如下：

① 在空白幻灯片中单击"图形占位符"的第一个图标"插入表格"图标，弹出"插入表格"对话框，输入所需的行列数，即可在幻灯片中显示所创建的表格。

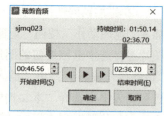

图 5-24 "裁剪音频"对话框

小提示：

在需要插入表格的幻灯片页面，单击"插入"选项卡中的"表格"按钮也可以完成插入。

② 若要编辑已创建的表格，选定表格后切换到"表格工具"或者"表格样式"选项卡，即可以对表格进行编辑，具体编辑方法与WPS文字中表格编辑方法相同。

能力拓展

超链接下拉菜单中还有"文件或网页"命令。同样选择要设置超链接的对象，选择"超链接"→"文件或网页"命令，弹出"插入超链接"对话框，选择"原有文件或网页"选项，选择需要链接的文件或者在地址栏中输入要链接的网页地址后，单击"确定"按钮，即可完成链接到文件或网页的跳转。

综合评价

按下表所列操作要求，对自己完成的文档进行检查，并给出自评分。

序 号	操 作 要 求	分 值	完 成 情 况	自 评 分
1	图片的选择、插入和编辑符合幻灯片页主题表达需求	20		
2	自定义艺术字、形状为幻灯片页增加美感	20		
3	音频、视频的插入、剪辑提升演示文稿氛围	20		
4	图表的插入、编辑增加演示文稿的直观性	20		
5	应用超链接，实现页面之间的跳转	20		

任务 5.3　统一演示文稿的风格

任务描述

1. 情境描述

每个演示文稿的完成都应该围绕表达主题进行，无论是文字选择、编辑，以及图片、视频等媒体元素的修饰美化、辅助说明，都以更好地表达主题风格为中心。为了增强所选内容的一致性，强化演示文稿整体风格，对选择好的幻灯片背景、标题和正文的文本样式、徽标等都做统一管理，从而增强页面统一性，更加突出主题。

2. 任务分解

① 布局原则在幻灯片页面制作中的灵活应用。

② 根据逻辑需求，选择合适的智能图形。

③ 母版的编辑应用，将批量完成幻灯片页面效果设置。

3. 知识准备

完成演示文稿基本内容的搭建，有明确的主题表达，选择好合适的背景以及页面文本统一的样式，对于能够批量处理的内容提前规划。

技术分析

本次任务中，需要使用以下技能：
① 结合页面布局原则，完善幻灯片页面内容搭配。
② 通过"插入"选项卡，可以添加各种智能图形。
③ 应用母版编辑的方法，统一演示文稿背景等效果设置。

预备知识

演示文稿的布局原则

要想做一个完整、表达效果好的演示文稿，除了必要的技术以外，搭建一个好的框架，设计演示文稿的时候遵循以下布局原则非常重要：

1. 逻辑清晰，条理分明

幻灯片的内容要有清晰分明的逻辑顺序，整体结构可以选用总分式、并列式、递进式。通常要用不同层次的标题表明整个幻灯片的逻辑关系，这样也便于逻辑关系转换时的自然过渡。

2. 风格简明，表达直观

演示文稿的内容精简易读是根本。每个页面文字内容要精练，正文尽量用短句式，整体效果要遵循简明、清晰原则。避免在幻灯片页面中出现满屏密密麻麻的文字，没有突出的表达内容。

数字说明性文本内容，遵循图表优先原则，也就是能用图表，就不选择表格表达，能用表格说明数字内容的，就不用文字进行陈述，这样能增强数据的说明、对比的直观表达作用。

3. 格式统一，搭配协调

整个幻灯片采用的字体格式、颜色风格要统一，图片等媒体元素的配色应保持一致协调，尤其在背景图片的选择上注意深景配浅字，淡景配深字。文字、幻灯片的主要色彩一般不宜超过三种，且建议采用同一个色调的颜色。

4. 设计新颖，主题突出

幻灯片制作应注重文本、图像、图表等媒体元素的有机结合，但一个页面内的元素不能过于复杂，以免冲淡想要表达的主题。一个完整演示文稿对应的每个页面要有重点表达的内容，可以通过色彩、图片等元素辅助说明页面主题，实现中心明确，有主次之分，切记不能喧宾夺主。

5. 形象生动，动静结合

动画设置为整体演示文稿效果完成起到画龙点睛的作用，使演示文稿主题表达更加形象生动，能够有效地突出核心主题，但在动画添加过程中注意动画效果选择的统一、协调、适当及交互性。

任务 5.3.1　应用系统模板统一风格

WPS演示为演示文稿统一风格提供了一系列模板样式，在完成演示文稿基础内容的制作后，可以根据主题需求，选择一个适合的系统模板，修饰演示文稿首页以及所有子页的背景样式、字体样式等，这个方法应用比较简单。

示例演示

添加模板效果如图 5-25 所示。

图 5-25　添加模板效果图

任务实施

【操作步骤】

① 单击"设计"选项卡"主题"样式右下角按钮,打开系统提供的多种样式,根据演示文稿主题从中选择一个合适的样式,统一演示文稿风格,如图 5-26 所示。

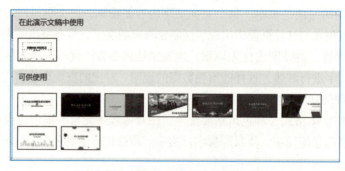

图 5-26　"幻灯片设计"主题样式区

视频

编辑幻灯片母板

② 在"主题"的样式中选择一个合适的模板"党政党建-中华",单击应用后所有幻灯片均更换为所选择的模板样式,如果小标题页想选择其他背景样式,则选中所有小标题页,单击"开始"选项卡中的"版式"下拉按钮,选择一个合适的背景效果即可。

③ 系统提供的设计样式提供了各页幻灯片中文字、背景的具体方案,如有搭配不合适的设置可以进行调整。在"幻灯片大小"选项中可以设置幻灯片的显示效果为"标准 4∶3"或"宽屏 16∶9"等方案。

任务 5.3.2　应用幻灯片母版统一风格

示例演示

应用系统样式虽然能统一演示文稿风格,但缺乏个性,可选样式有限,不能完全贴合主题需求,要解决这些问题,可以选择应用母版自定义来统一演示文稿风格。

幻灯片母版是 WPS 演示自带且强大的辅助设计功能,包含了有关演示文稿的主题和幻灯片版式的所有信息，是用来制作统一标志和自定义背景的功能模块。母版可以根据需求自定义设计制作，能定义特定的幻灯片版式，如果幻灯片中有统一信息，比如公司的徽标和名称，就可以将它们放在母版中批量完成添加。母版的好坏对整个演示文稿起着至关重要的作用，一个好的母版会使演示文稿变得风格统一，演示文稿文件会变得小很多。母版决定着幻灯片的整体外观，不仅能对背景、文本样式做统一设置，如果有修改的部分，也可以应用母版进行批量管理，提高演示文稿制作效率。

图 5-27　样例展示

任务实施

【操作步骤】

1. 应用母版统一风格

① 进入母版编辑状态，单击"视图"选项卡中的"幻灯片母版"按钮，进入幻灯片母版编辑视图状态，如图 5-28 所示。此时"幻灯片母版视图"选项卡也随之被展开，应用这些功能按钮可以完成对母版的编辑，并且在幻灯片目标编辑状态下，"开始""插入""动画"等所有选项卡内容大都可以在母版状态下使用。

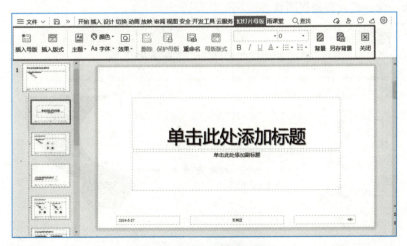

图 5-28　母版视图编辑窗口

② 选择左侧缩略图中第一张幻灯片，此页为母版页，可以统一整个演示文稿的背景以及页面字体样式。单击"插入"选项卡中的"图片"按钮，弹出"插入图片"对话框，选择整个演示文稿需要的背

景图片，插入后调整图片大小，并置于底层，此时母版页后面的所有版式都应用了同样的背景图片，如果想把首页背景区别与整体页面，则选中左侧缩略图，插入背景图片，调整后，如图5-29所示。

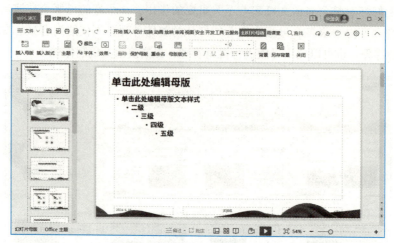

图 5-29　母版编辑定义版式效果图

③ 编辑母版页的标题字号、字体颜色。选中"单击此处编辑母版标题样式"文本框，在"开始"选项卡中设置字形、字号、加粗、右对齐显示，其正文文本框的字号、字体、颜色也用同样方法设置。这样就统一了母版页下面不同版式的子页标题和正文字体样式。

④ 退出母版的编辑状态，单击"关闭"按钮即可。

小提示：

在母版中添加的背景图片，一定要注意图片的颜色，不宜太浓，否则会与前景中的对象出现冲突。

2. 新增母版样式

如果想给本任务的小标题页面设置特殊样式，在母版视图下具体设置方法如下：

① 单击"插入母版"按钮，即可添加一套新母版样式，编辑背景、字体等属性即可，如图5-30所示。

② 退出母版视图，进入普通视图状态。

图 5-30　添加一套新母版

③ 按住【Ctrl】键，在大纲窗格中选中所有小标题样式，单击"版式"下拉按钮，选择"自定义设计方案"中的版式，如图5-31所示。其他页面如果需要版式设置也可应用此方法。

3. 整体添加Logo标志

接着需要在每一页幻灯片的左上角添加一个铁路标志的Logo图片以及修饰标题的线条，具体步骤如下：

① 单击"视图"选项卡中的"幻灯片母版"命令，进入幻灯片母版编辑视图状态，选中"大纲窗格"第一张缩略图"母版"，插入图片以及线条，调整图片大小，并置于顶层，如图5-32所示。

② 在母版上添加的对象编辑完成后，单击"幻灯片母版"选项卡中的"关闭"按钮，回到当前的幻灯片视图中。

发现每插入一张新的幻灯片，其内容样式都是统一的，而且图片Logo在每个子页都自动显示。

【知识链接】

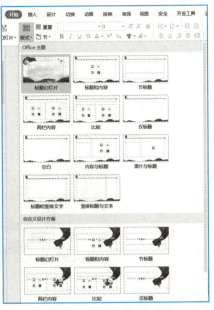

图 5-31　新母版的应用

母版编辑状态下左侧缩略图中第一张缩略图为"母版"，其余下面所有都是"版式"，默认情况下后面有11张版式。母版可以统一整个演示文稿的风格，包括字体、字号、颜色、动画、切换效果等。系统提供了多种版式，如果不能满足制作要求，可以应用"插入版式"命令进行自定义编辑。

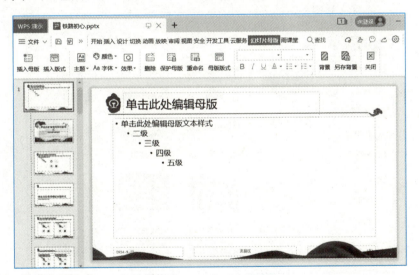

图 5-32　幻灯片母版批量修改

在母版视图下，其他子页版式根据内容需求可以进行个性设置，包括背景、字体大小、颜色和动画效果的设置。

任务 5.3.3　目录导航页的制作

目录导航页的设计制作还可以使用"智能图形"按钮完成，如图5-33所示。智能图形是信

视　频

智能图形的设计应用

息和观点的视觉表示形式，根据表达内容，可以选择不同的布局创建智能图形，从而快速、轻松、有效地传达信息。

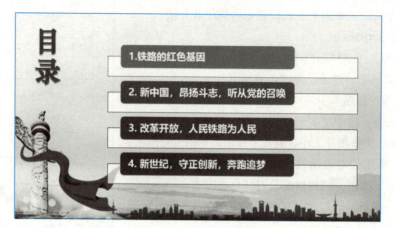

图 5-33　导航栏效果

【操作步骤】

① 在标题页幻灯片后插入一个放置表示层级结构图的空白幻灯片，单击"插入"选项卡中的"智能图形"按钮，弹出"选择智能图形"对话框，如图5-34所示，根据内容结构需求选择所需的类型和布局。

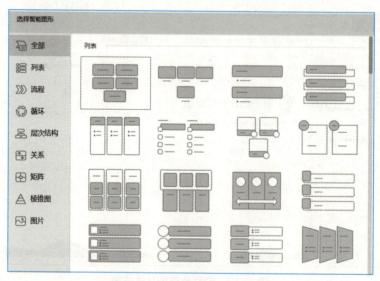

图 5-34　"插入智能图形"对话框

② 选择"列表"中的"垂直框列表"，输入对应小节标题文本，得到简单的结构图，如图5-35所示，不够的层级对象应用"智能图形工具"选项卡完成添加。先选定对象，然后切换到"智能图形工具-设计"选项卡，单击"创建图形"→"添加形状"按钮完成。若删除多余形状则选定删除对象后按【Delete】键完成。

③ 通过"设计"选项卡中的功能按钮，还可以对选定对象进行上下移动、根据主题颜色更改默认智能图形的"颜色"，如图5-33案例样式所示。

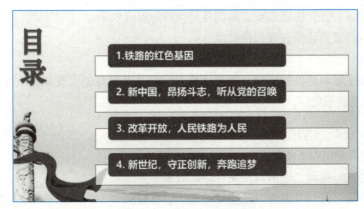

图 5-35　组织结构图编辑

【知识链接】

在"选择智能图形"对话框中系统提供了多种智能图形类型,如"流程""层次结构""循环""关系"等,每种类型包含多个不同的布局,十分精美,也正因为如此,智能图形使用相当广泛,我们不仅可以直接插入图形后编辑内容,也可以把现有的幻灯片文本转换为智能图形形式,从而给幻灯片增色,提高用户体验。把幻灯片内文本直接转换为智能图形的具体方法如下:

① 选择要转换到智能图形的文本。

② 切换到"文本工具"选项卡,单击"段落"组中的"转智能图形"下拉按钮,在其下拉智能图形列表中选择一个合适的逻辑结构图形进行应用即可。

③ 此智能图形的编辑与前面介绍内容相同。

综合评价

按下表所列操作要求,对自己完成的文档进行检查,并给出自评分。

序号	操作要求	分值	完成情况	自评分
1	文本内容简洁,大多选择的是短句式,能够清晰表达主题	20		
2	图片等媒体元素适量,对表达内容有辅助说明作用	20		
3	智能图形的选择符合表达逻辑	20		
4	完成子页母版设置	20		
5	母版对整个演示文稿样式的编辑控制	20		

任务 5.4　演示文稿动画的设置

任务描述

1. 情境描述

幻灯片动画是演示文稿的灵魂,巧妙设置动画效果不仅可以帮助提高演示效果,迅速吸引观众的注意力,而且能强化内容的逻辑和层次性,突出主题,提高表现力,让内容更具有趣味和吸引力。

2. 任务分解

① 根据表达需求,为对象添加单一动画效果。

② 为了对象显示或者强化主题需要，添加各种动画的组合效果。
③ 给幻灯片页面设置适合的过渡切换效果。

3. 知识准备

为了使演示文稿主题表达更加清晰，需要明确对幻灯片页面对象设置动画效果的需求，了解 WPS 演示中动画的分类以及常规应用。

技术分析

本次任务中，需要使用以下技能：
① 为对象添加进入、强调、退出以及路径动画效果。
② 为对象添加进入、强调、退出以及路径动画的组合效果。
③ 给幻灯片页面设置页面切换过渡效果。

任务 5.4.1　为幻灯片对象设置动画效果

动画效果是 WPS 演示应用于幻灯片不同对象上非常有特色的效果，WPS 演示提供了很多种幻灯片动画方案，包括进入、强调、退出和路径四个类型，其中进入效果是从无到有的动画过程，显示图标是绿色；强调效果是对当前显示对象突出强化的运动过程，显示图标是橘色；退出效果是从有到无，从当前页面消失的运动，显示图标是红色；而路径效果是沿路径从起点到终点运动的效果，运动路径以虚线显示。若用户想让动画更自由和具有特色，还可以使用自定义动画功能，把这四种动画不同排列组合设置，不仅提升演示文稿播放效果，而且对内容的表达也有辅助作用。

任务实施

【操作步骤】

① 在普通视图模式下，选择要设置动画的文本框或图片等对象，切换到"动画"选项卡，如图 5-36 所示，单击动画设计功能区的下拉按钮，打开更多的动画效果，如图 5-37 所示，把鼠标指针移动到各个动画效果上，在选定对象上可以预览对应的动画效果，但是动画设计功能区中的动画，每个对象只能添加一个动画效果。

② 给对象添加好动作后，单击"动画属性"按钮，可以设置图片等元素的动画动作方向，单击"文本属性"按钮，可以设置文本元素的动画播放顺序，如图 5-38 所示。

③ 为对象添加好动画后，在功能区设置动画的触发方式。动画的触发方式分为三种："单击控制"是指在幻灯片播放时，单击启动动画播放；"与上一动画同时"和"上一动画之后"这两个触发方式是在播放幻灯片时，对象的动画效果自动播放。它们的主要区别在于一页幻灯片中有多个动画对象时，"与上一动画同时"是所有动画效果同时播放，而"上一动画之后"指的按动画编号有序连续播放，也就是当前这个动画在上一个动画效果播放完毕后才启动动画。关于"持续时间"是指当前动画效果播放的速度，而"延迟"是指上一个动画播放结束，当前动画等待的时间。

图 5-36　动画设计工具

模块 5　WPS 演示制作

图 5-37　动画设计功能区

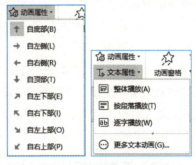

图 5-38　动画属性和文本属性设置

【知识链接】
1. 熟悉动画窗格

在给选定对象设置动画效果时，还可以单击"动画窗格"按钮，在右侧打开动画窗格，如图 5-39 所示，单击"添加效果"下拉按钮，展开更多进入动画效果面板，如图 5-40 所示。

图 5-39　动画窗格

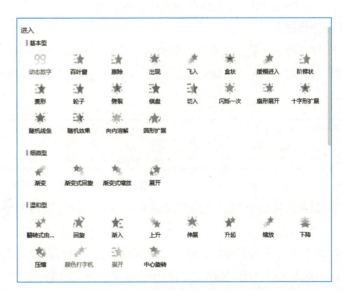

图 5-40　更多进入动画效果面板

视频
添加高阶动画

2. 设置多动画效果

前面已经了解了在"动画"选项卡中为对象设置动画，只能添加一种动画效果。如果要为一个对象添加进入、强调和退出等动画组合效果，可以单击动画窗格中的"添加效果"下拉按钮，展开更多进入动画效果面板，选择其中的动画，具体操作如下：

① 选中需要设置动画的对象，单击"动画窗格"按钮，在右侧打开"动画窗格"，单击"添加效果"下拉按钮，展开更多进入动画效果面板，选择其中的动画。

② 选定相同的对象，在"添加效果"下拉面板中选择一个强调效果，如果需要在展示完毕后退出，还需要选择一个退出效果。

③ 当前这三个动画默认触发方式是"单击时"，也就是每个动画播放都需要单击。所有动画都显示在动画窗格列表中，如果想让进入效果和强调效果同时进行，则在窗格中选择强调动画，设置触发方式为"与上一动画同时"；如果想进入效果完毕后强调效果自动播放，则在窗格中选择强调动画，设置触发方式为"上一动画之后"。

任务中所有幻灯片都应用了动画效果，要查看、调整某一张幻灯片中对象的动画播放顺序，可以单击"动画窗格"按钮，在右侧的"动画窗格"中显示当前幻灯片中所有对象设置的动画样式。选定一个动画效果，可以进行开始、方向和速度的参数设置，如果想调整此动画的播放顺序，可选择这个动作后按上下按钮完成。

任务 5.4.2 设置幻灯片的切换效果

视频
设置幻灯片切换方式

任务实施

幻灯片的切换指的是页面之间过渡时的动态变化效果，幻灯片的切换效果可以让不同幻灯片页面之间更好地衔接起来，页面切换显得更加自然生动有趣，提升观众的视觉体验，提高幻灯片的播放美感，从而获得更好的演示效果。WPS演示为用户提供了多种幻灯片的切换效果，下面介绍幻灯片切换效果的具体设置方法。

【操作步骤】

① 打开演示文稿，选中一张幻灯片，选择"切换"选项卡，在各种切换效果中选择一个适合的切换效果，如图5-41所示。如果所有幻灯片都想用同一个切换效果，选择好切换效果后单击"全部应用"按钮即可。

图5-41 "切换"选项卡

② 如果想让每张幻灯片的切换效果不一样，就要进行单独设置，为每张幻灯片选择需要的切换效果。

③ 设置了切换效果以后，还可以对其效果选项进行设置，进行具体调整：

在"效果选项"中，根据不同的切换效果，有对应的切换方向的设置。

在"声音"选项中可以为幻灯片切换时提供声音效果。

在"速度"选项中可以设置不同的时间来控制幻灯片切换的速度。

【知识链接】

在演示文稿播放时，幻灯片的切换方式有两种选择，即"单击鼠标时换片"和"自动换片"，它们都用来控制幻灯片的播放方式。选择"单击鼠标时换片"复选框，这张幻灯片播放完毕要进入下一张幻灯片时必须单击；而选择"自动换片"复选框，换片跟设置的时间有关，也就是要等这张幻灯片设置的时间完成后会自动切换到下一张。

在设置切换效果的过程中，要随时进行预览，观察其使用效果，选择更合适的参数设置。

综合评价

按下表所列操作要求，对自己完成的文档进行检查，并给出自评分。

序 号	操作要求	分 值	完成情况	自 评 分
1	动画效果的选择比较合理	20		
2	动画的触发方式设置得当	20		
3	动画持续时间、延迟时间的控制比较合理	20		
4	自定义的组合动画设置，参数控制流畅	20		
5	幻灯片页面过渡效果选择恰当，交互性好	20		

任务 5.5　设置幻灯片放映效果

任务描述

1. 情境描述

演示文稿完成后，根据不同的应用场景，需要选择合适的播放方式；或者为了让观众提前熟悉内容，可以在打印的文档上做记录，需要提前打印演示文稿。

2. 任务分解

① 熟悉各种放映方式的特点。
② 放映方式的选择和设置。
③ 设置打印输出演示文稿。

3. 知识准备

熟悉幻灯片放映的基本方式，打印输出的默认设置模式，以及根据需求选择合适的打印范围设置。

技术分析

本次任务中，需要使用以下技能：
① 通过"放映"选项卡，可以选择各种不同的放映方式。
② 选择"自定义放映"方式，根据需求选择需要放映的幻灯片。
③ 设置演示文稿打印内容。

任务 5.5.1　幻灯片的放映

任务实施

【操作步骤】

1. 幻灯片的放映方法

选择"放映"选项卡，如图 5-42 所示，根据需求选择"从头开始"放映、"当页开始"放映、"自定义放映"等。

视 频
播放演示文稿

图 5-42 "放映"选项卡

①"从头开始":从第一张开始放映幻灯片。无论当前页面选定显示的是哪一张幻灯片,演示文稿播放时都从第一张幻灯片开始,这种从头开始播放的触发方式对应的快捷键是【F5】。

②"当页开始":从当前显示的幻灯片页放映幻灯片,快捷键是【Shift+F5】。

③"自定义放映":根据自己的需求,选定一部分幻灯片进行播放,创建或播放自定义的幻灯片放映。

2. 幻灯片的播放控制

在幻灯片放映时,鼠标隐藏了,但只要移动鼠标,指针即可显现。在放映时,屏幕左下角隐藏了多个控制按钮,这些按钮功能从左向右依次为"向前""向后""画笔""演示聚焦""结束放映"等,单击各按钮对应选项实现相应操作,如图 5-43 所示。

在放映时也可以随时右击,弹出快捷菜单,如图 5-44 所示。其中"下一页""上一页""第一页""最后一页"可以在幻灯片放映时实现幻灯片页面的切换;"画笔"可以实现在放映的同时在屏幕上书写内容,而且画笔的类型和颜色都可以改变。

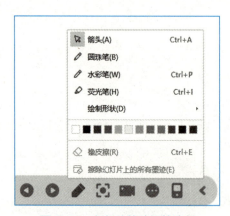

图 5-43 幻灯片放映画笔选项

图 5-44 幻灯片放映时右键菜单

3. 设置幻灯片放映方式

通过设置放映方式,用户可以随心所欲地控制幻灯片的放映过程。

选择"幻灯片放映"选项卡,选择"放映设置"→"放映设置"命令,弹出"设置放映方式"对话框,如图 5-45 所示,此对话框提供了多个选项组,可分别完成不同的设置功能。

(1)"放映类型"区域

①"演讲者放映(全屏幕)":系统默认的放映方式。可以连续放映幻灯片或者采用人工方式进行放映。演讲者可以根据需要随时切换到其他幻灯片放映,也可以控制幻灯片的放映节奏,甚至可以使放映暂停。这是最常用的放映类型。

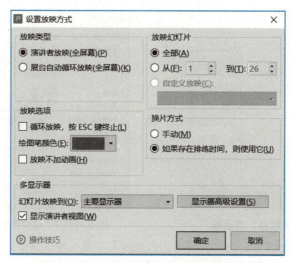

图 5-45 "设置放映方式"对话框

②"展台自动循环放映（全屏幕）"：一般设置为该放映类型前必须把幻灯片切换方式设置成连续放映，不能是手动放映，否则在放映过程中会停留，不能向下进行播放。一般应用这种类型放映的幻灯片无须人工干预，当放映完最后一张幻灯片后会自动返回放映第一张，这样一直循环下去，直到按【Esc】键停止。这种模式主要用于无人管理的宣传广告等。

（2）"放映选项"区域

①"循环放映，按Esc键终止"：选中该复选框后，放映完最后一张幻灯片后，继续放映第一张幻灯片进行重复放映，直到按【Esc】键才终止放映，返回"普通"视图。

②"放映不加动画"：选中该复选框后，放映幻灯片时不播放动画。

（3）"放映幻灯片"区域

①"全部"：从第一张幻灯片开始放映，直到最后一张幻灯片。

②"从……到……"：指定开始放映和结束放映的幻灯片编号。

③"自定义放映"：从下拉列表中选择某个"自定义放映"进行播放。如果当前演示文稿中没有自定义放映，则此项为灰色不可用。

（4）"换片方式"区域

①"手动"：选中后，在放映幻灯片时只能人为进行换片。

②"如果存在排练时间，则使用它"：选中后，如果幻灯片设置了"排练计时"，按照排练的时间进行放映；如果没有设置，则只能手动换片。

【知识链接】

1. 自定义放映方式

使用这种放映方式，用户可以根据实际情况调整演示文稿中幻灯片的播放内容和顺序。

①单击"放映"选项卡中的"自定义放映"按钮，弹出"自定义放映"对话框，如图5-46所示。

②单击"新建"按钮，弹出"定义自定义放映"对话框，如图5-47所示。

③在"幻灯片放映名称"文本框中输入自定义放映名称。在左侧的"在演示文稿中的幻灯片"列表框中选择要在右侧"在自定义放映中的幻灯片"列表框中显示的幻灯片，单击"添加"按钮，将选中的幻灯片复制到右侧的列表框中。

图 5-46 "自定义放映"对话框

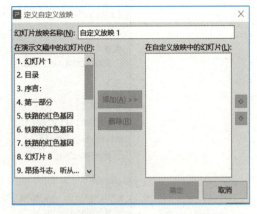

图 5-47 "定义自定义放映"对话框

④ 重复第③步可以添加多张幻灯片,可单击右侧的上下箭头按钮调整幻灯片播放的顺序。

⑤ 单击"确定"按钮,新建的自定义放映自动出现在"自定义放映"对话框中。若要测试,则单击"放映"按钮即可。

2. 设置幻灯片放映时间

在演示文稿放映时,WPS 演示可以实现各个幻灯片的自动播放。由于每张幻灯片中的文本和对象的容量不尽相同,所以每张幻灯片的放映时间也不尽相同,此时可以使用"排练计时"功能。"排练计时"主要是演讲者在准备演示文稿时,通过排练计时为每张幻灯片确定并记录适当的放映时间,了解整个演示文稿播放时长,为后续有节奏地自动放映幻灯片做准备。

单击"放映"选项卡中的"排练计时"按钮,结合演示文稿内容的播放需求,系统自动记录播放时间,放映完毕后结束,系统会询问"是否保留新的幻灯片排练时间",单击"是"按钮,退出排练计时状态,页面进入幻灯片视图,效果如图 5-48 所示。使用此功能,用户可以根据每张幻灯片内容的不同,准确地记录下每张幻灯片放映的时间,做到详略得当,层次分明。

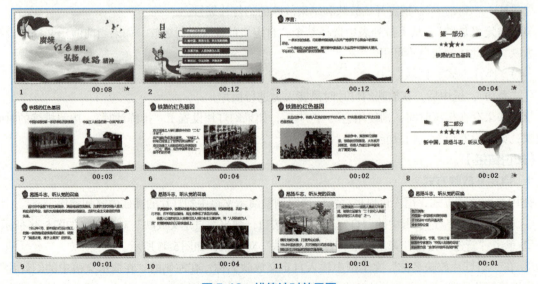

图 5-48 排练计时效果图

任务 5.5.2 演示文稿的打印输出设置

【任务实施】
【操作步骤】

WPS 演示为演示文稿提供了强大的打印功能,用户可以选择黑白方式或是彩色方式打印整份演示文稿。打印演示文稿的具体方法如下:

① 完成页面设置后,选择"文件"→"打印"→"打印"命令,弹出图 5-49 所示的"打印"对话框,在对话框中可设置打印范围、内容和份数等。

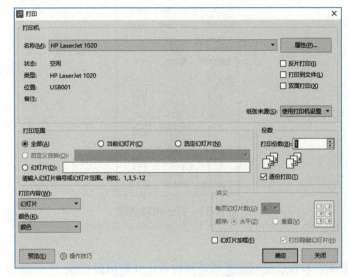

图 5-49 "打印"对话框

② "打印范围":根据需要可以设置全部打印、只打印当前幻灯片或是打印所选定的幻灯片。如果固定某些页数,则选择"幻灯片"选项,在后面的输入框中输入幻灯片编号或者幻灯片编号范围,比如想打印 1、3、5 三张幻灯片,就可以在输入框中输入"1,3,5"。如果想打印第 3 页到第 7 页幻灯片,那么在输入框中输入"3-7",就可以打印出 3、4、5、6、7 这五张幻灯片。

小提示:
需要注意的是在输入页码范围时,需要在英文状态下输入。

③ "打印内容":在"幻灯片"下拉列表中有幻灯片、讲义、备注页、大纲视图四个选项。
- 选择"幻灯片"表示要整页幻灯片打印,就是将每一页幻灯片打印在一张纸上。
- 选择"讲义"选项,在右侧讲义参数设置中,可以选择在一页纸上打印多少张幻灯片,默认是 6 张。
- 备注页是将备注信息添加到幻灯片下方一起打印出来。
- 打印大纲视图模式,是只打印幻灯片页面上的文本内容。

【知识链接】

① 还可以选择幻灯片是以"水平"形式还是以"垂直"形式在打印纸上显示,如果选择了"幻灯片加边框"复选框,那么打印出来的幻灯片就会有边框。

② 选择"讲义"选项后,单击"预览"按钮,进入"打印预览"窗口,"打印预览"选项卡如

图 5-50 所示，在该窗口中可以查看六张幻灯片打印在一张纸上的显示效果，如果觉得过于密集，单击"打印预览"选项卡中的"打印内容"下拉按钮，打印内容选项如图 5-51 所示，把 6 张调整为 4 张。在"打印预览"窗口，还能选择打印机、纸张大小、纸张方向、单面打印、双面打印等。

图 5-50　"打印预览"选项卡

图 5-51　打印内容选项

综合评价

按下表所列操作要求，对自己完成的文档进行检查，并给出自评分。

序　号	操作要求	分　值	完成情况	自评分
1	根据需求，能选择合适的放映方式	20		
2	自定义完成梗概描述页面的放映	20		
3	熟悉幻灯片放映的快捷键	20		
4	根据需求，完成打印的页面设置	20		
5	能够自定义设置打印的页码	20		

习　题

一、填空题

1. WPS 演示中新建文件的默认名称是_____。

2. 在 WPS 演示的_____视图中，在同一窗口能显示多个幻灯片，并在幻灯片的下面显示其编号。

3. 光标位于幻灯片窗格中时，切换到"开始"选项卡选择"幻灯片"→"新建幻灯片"按钮，插入的新幻灯片位于_____。

4. 在 WPS 演示中，删除幻灯片的常用方法是_____。

5. WPS 演示制作的演示文稿文件扩展名是_____。

6. 在WPS演示中，若要在"幻灯片浏览"视图中选择多个幻灯片，应先按住_____键。
7. 要进行幻灯片页面设置、主题选择，可以在_____选项卡中操作。
8. 在WPS演示中提供了_____和_____两种段落缩进方式。
9. 在幻灯片中插入表格、图片、艺术字、视频、音频等元素时，应在_____选项卡中操作。
10. 幻灯片的版式是由_____组成的。
11. 在WPS演示中，母版分为_____、_____、_____三种。
12. 幻灯片上可以插入_____、_____、_____、_____和_____多媒体信息。
13. 演示文稿中，超链接中所链接的目标可以是_____、_____和_____。
14. 要设置幻灯片中对象的动画效果以及动画的出现方式时，应在_____选项卡中操作。
15. 幻灯片的切换方式是指_____。
16. 从第一张幻灯片开始放映幻灯片的快捷键是_____。
17. 如果打印幻灯片的第1、3、4、5、7张，则在"打印"对话框的"幻灯片"文本框中应输入_____。

二、简答题

1. 在WPS演示文稿制作中，有哪些必须遵循的原则？
2. 在WPS演示中，简述超链接能够实现的用途。
3. 在WPS演示文稿制作中，简述你对交互动画的认识。

综合实训

1. 实训内容

参照图5-52所示缩略图模式，完成"科技领航兴国路"演示文稿的制作。

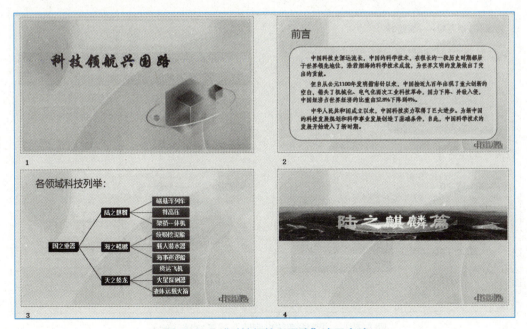

图5-52 "科技领航兴国路"演示文稿

图 5-52 "科技领航兴国路"演示文稿（续）

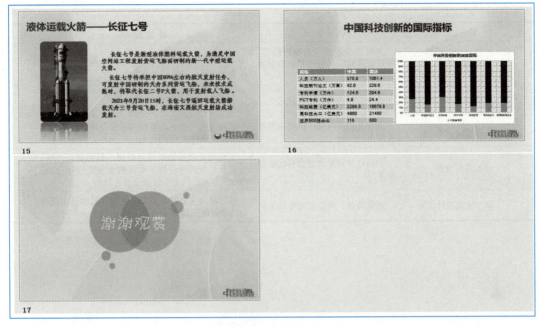

图 5-52 "科技领航兴国路"演示文稿（续）

2. 实训要求

（1）结构设计合理，整体效果美观，符合页面布局原则。

（2）合理设置标题、正文字体和样式。

（3）编辑修饰图片、视频效果。

（4）二级标题使用艺术字自定义设置。

（5）应用智能图形完成目录制作。

（6）母版编辑主体背景和二级标题背景效果以及批量添加 Logo。

（7）使用超链接完成目录页和各子页的交互跳转。

（8）表格和图表的应用。

（9）页面切换效果的合理设置。

（10）为幻灯片页面对象设置交互的动画效果。

3. 评分标准

序号	知识点	考核要求	评分标准	得分
1	图片、艺术字、视频等媒体效果编辑	边框样式设置 阴影效果设置 显示角度的调整 艺术字的自定义	插入的媒体对象编辑是否符合页面美化、辅助说明需求（10分）	
2	文本内容的编辑	幻灯片子页标题设置为黑体，40号字；子页标题设置为华文仿宋，20号字，行距为单倍行距	文字设置是否符合要求（10分）	
3	智能图形的应用	选择智能图形中合适的逻辑结构，为演示文稿完成目录设置和编辑，颜色搭配合理	逻辑结构选择合理；具体内容符合正文结构；智能图形编辑合理；颜色搭配合理（10分）	
4	母版的应用及编辑	应用母版设置首页背景、子页背景以及小标题页背景；统一Logo；字体样式大小的统一	应用母版做三种背景设置；三个背景的选择是否协调；是否用母版添加Logo（15分）	

续表

序号	知识点	考核要求	评分标准	得分
5	超链接的使用	为目录设置相应页面的跳转，并且能从对应部分的结束位置跳转回目录	是否为目录做了页面跳转链接；是否为子页部分末尾页设置跳转回目录页（10分）	
6	表格和图表的编辑	合理应用表格和图表样式	表格字体背景搭配合理；图表样式有直观性（5分）	
7	页面切换效果	幻灯片切换时间、样式选择符合需求	切换方式合理；切换时间控制合理；切换效果选择有交互性（5分）	
8	动画效果设置	给幻灯片对象设置合理的动画效果	页面对象动画效果设置合理，动画交互性强；有组合动画效果设置；动画触发方式选择合理；持续、延迟时间参数设置合理（15分）	
9	演示文稿整体效果	整体美观，符合页面布局原则	整体播放效果符合需求、美观，整体页面是否有违背页面布局原则因素（20分）	

拓展篇

模块 6　云计算
    6.1　云计算概述
    6.2　云计算架构和关键技术
    6.3　云计算的应用
    习题

模块 7　物联网
    7.1　物联网概述
    7.2　物联网体系结构和关键技术
    7.3　物联网的应用
    习题

模块 8　大数据
    8.1　大数据概述
    8.2　大数据架构和关键技术
    8.3　大数据的应用
    习题

模块 9　人工智能
    9.1　人工智能概述
    9.2　人工智能核心技术

    9.3　人工智能的应用
    9.4　人工智能的道德伦理
    习题

模块 10　现代通信技术
    10.1　移动通信概述
    10.2　5G
    习题

模块 11　虚拟现实
    11.1　虚拟现实概述
    11.2　虚拟现实的关键技术
    11.3　虚拟现实的应用
    习题

模块 12　机器人流程自动化
    12.1　RPA 概述
    12.2　RPA 技术框架
    12.3　RPA 工具
    习题

模块 6 云计算

模块导读

云计算,引领计算新纪元。本模块从云计算基础概念讲起,介绍什么是云计算、云计算的服务模式以及部署方式,让读者对云计算的架构与关键技术有初步的认知。解析云计算在数据存储、处理与共享方面的优势,展现云服务的广泛应用,揭示云计算对企业和个人工作效率提升的重要作用,开启智能化时代新篇章。

知识目标

1. 理解云计算的概念和特征;
2. 熟悉云计算的服务交付模式,包括基础设施即服务、平台即服务和软件即服务;
3. 熟悉云计算的部署模式,包括公有云、私有云、混合云;
4. 了解分布式计算的原理,熟悉云计算的技术架构;
5. 了解云计算的关键技术,包括虚拟化技术、分布式存储技术、云安全技术等;
6. 熟悉云计算的主要产品应用和典型场景。

能力目标

1. 建立对云计算的整体认知,熟悉云计算的服务交付模式和部署模式;
2. 梳理云计算技术脉络和核心要点,理解云计算的核心技术与思想;
3. 能合理选择云服务,熟悉典型云服务的配置和操作。

素质目标

1. 增强团队协作能力,培养敏锐的洞察力和解决问题的能力;
2. 学习云计算从业人员所遵守的职业道德规范,保护客户数据和隐私,确保系统的安全和稳定,从而培养学生高度的责任心;
3. 培养在云计算高强度学习、生活下的抗压能力和自我调节能力。

内容结构图

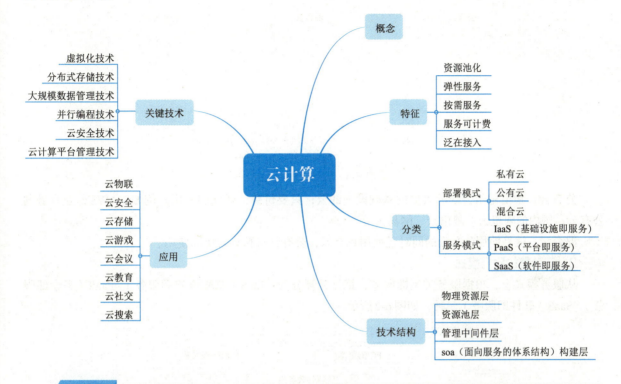

6.1 云计算概述

6.1.1 云计算的概念

狭义讲：云计算就是一种提供资源的网络，使用者可以随时获取"云"上的资源，按需求量使用，并且无限扩展，只要按使用量付费即可。

广义讲：云计算是与信息技术、软件、互联网相关的一种服务，这种计算资源共享池称为"云"。也就是说，计算能力作为一种商品，可以在互联网上流通，就像水、电、煤气一样，可以方便地取用，并且价格较为低廉。

总之，云计算是一种全新的网络应用。云计算的核心概念就是以互联网为中心，在网站上提供快速且安全的云计算服务与数据存储，让每一个使用互联网的人都可以使用网络上的庞大计算资源与数据中心。

6.1.2 云计算的分类

1. 云计算的部署模式

从部署模式上，把云计算分为：私有云、公有云和混合云，如图6-1所示。

私有云：是企业利用自有或租用的基础设施资源自建的云，是企业在自家院子里建的，给自己用的云。有些企业称为"专有云"，名字不同，但含义基本相同。

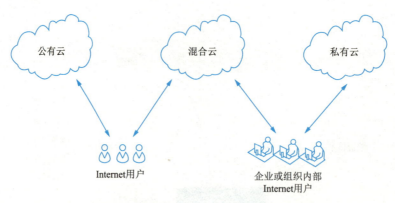

图 6-1 云计算部署模式

公有云：是出租给公众的大型的基础设施的云，只要付费，就能够使用。例如，AWS 即亚马逊的公有云；国内的阿里云、腾讯云、网易云等。

混合云：就是使用公有云的同时还使用私有云，公有云与私有云协同使用。

2. 云计算的服务模式

从服务模式上，根据服务类型即服务，把云计算分为：IaaS（基础设施即服务）、PaaS（平台即服务）、SaaS（软件即服务）三种，如图 6-2 所示。

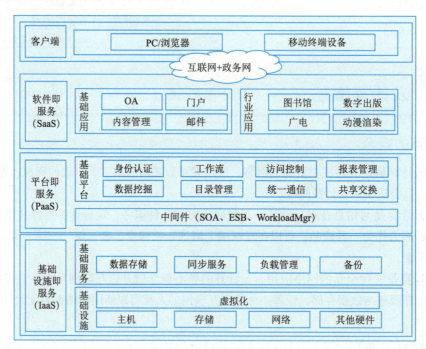

图 6-2 云计算服务模式

IaaS（Infrastructure-as-a-Service，基础设施即服务）：是指消费者通过 Internet 可以从完善的计算机基础设施获得服务，是出租处理能力、存储空间、网络容量等基本计算资源的一种服务模式。例如，硬件服务器租用。

PaaS（Platform-as-a-Service，平台即服务）：是指将软件研发的平台作为一种服务，以 SaaS 的模式提交给用户。是为客户开发的应用程序，提供可部署云环境的一种服务模式。因此，PaaS 也是 SaaS 模式的一种应用。例如，软件的个性化定制开发。

SaaS（Software-as-a-Service，软件即服务）：是一种通过 Internet 提供软件的模式，用户无须购买软件，而是向提供商租用基于 Web 的软件，来管理企业经营活动。例如，浏览器、阳光云服务器。

6.1.3　云计算的特征

从研究现状上看，云计算具有以下八大通用特征：

1. 超大规模

云具有相当的规模，国外 Google 云、Amazon 云、IBM 云、微软云等，国内阿里云、腾讯云、华为云、天翼云、百度云、金山云等均拥有几十万台服务器。

2. 虚拟化

所请求的资源来自云，而不是固定的有形的实体。

3. 弹性化

指的是 IT 资源供给可弹性伸缩。你需要时提供给你，不需要时，马上回收释放。

4. 可扩展性

云的规模可以动态伸缩，满足应用和用户规模增长的需要。

5. 极其廉价

用户可以充分享受"云"的低成本优势，通常只要花费几百元、几天时间就能完成以前需要数万元、数月时间才能完成的任务。

6. 高可靠性

云使用了数据多副本容错、计算节点同构可互换等措施来保障服务的高可靠性，使用云计算比使用本地计算机可靠。

7. 通用性

云计算不针对特定的应用，在云的支撑下可以构造出千变万化的应用，同一个云可以同时支撑不同的应用运行。

8. 按需服务

云是一个庞大的资源池，可以按需购买；云可以像自来水、电、煤气那样计费。

6.2　云计算架构和关键技术

1. 云计算技术架构

分为物理资源层、资源池层、管理中间件层和 SOA（面向服务的体系结构）构建层四层，如图 6-3 所示。

物理资源层：包括计算机、存储器、网络设施、数据库和软件等。

资源池层：是将大量相同类型的资源构成同构或接近同构的资源池，如计算资源池、数据资源池等。

管理中间件层：负责对云计算的资源进行管理，并对众多应用任务进行调度，使资源能够高效、安全地为应用提供服务。云计算的管理中间件负责资源管理、任务管理、用户管理和安全管理等工作。

SOA 构建层：是解决集成的问题，包括数据集成、应用集成、流程集成和 B2B 集成。

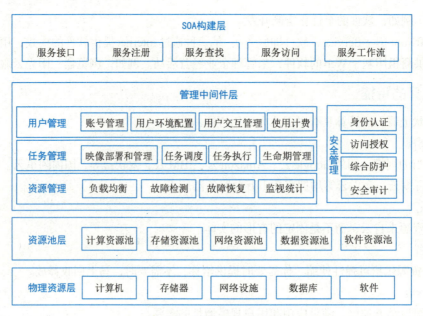

图 6-3　云计算技术架构

2. 云计算关键技术

云计算关键技术主要包括虚拟化、分布式数据存储、大规模数据管理、并行编程、云安全、云计算平台管理六大技术。

（1）虚拟化技术

云计算的虚拟化技术实现了对整个IT架构的虚拟化，包括资源、网络、应用和桌面等，打破了硬件配置、软件部署和数据分布的界限，实现了资源的集中管理和动态使用。主流虚拟化技术有KVM、Xen、VMware、Hyper-V等。目前KVM是最受欢迎的虚拟化技术，AWS、阿里云、华为云、腾讯云目前也都从Xen转向了KVM。

（2）分布式数据存储技术

分布式就是把同一个任务分布到多个网络互连的物理节点上并发执行，最后再汇总结果。云计算系统由大量服务器组成，需要存储海量数据，因此采用分布式存储方式，并通过冗余存储确保数据的可靠性。

（3）大规模数据管理技术

云计算不仅要保证数据的存储和访问，还要能够对海量数据进行特定的检索和分析。因此需要具备高效的数据管理技术。

（4）并行编程技术

云计算使用并行编程模式，通过并发处理、容错、数据分布、负载均衡等技术，自动将大尺度的计算任务并发和分布执行，提高了数据处理效率。

（5）云安全技术

云环境由于规模巨大，组件复杂，用户众多，其潜在攻击面较大，受攻击后的影响巨大。云安全涉及主机安全、网络安全、应用安全、业务安全和数据安全等。2019年12月1日正式实施的等保2.0（全称网络安全等级保护2.0制度），对云安全提出了全面详细体系化的要求和指导，目前已经成为一个必须满足的合规要求，金融、政府等重要企事业单位的IT系统都要求达到等保三级以上。

（6）云计算平台管理技术

云计算是一个非常复杂的系统，对整个云平台进行敏捷高效的管理非常重要。云管理通常涉及四个层面：用户管理、运营管理、运维管理、多云纳管。例如，OpenStack 是一个开源的云管平台，各个云厂商都有自己的管控平台，还有一些专门做多云纳管的厂商，比如博云、骞云、飞致云等。

6.3 云计算的应用

1. 云物联

在物联网高级阶段，需要虚拟化云计算技术、SOA 等技术的结合实现互联网的泛在服务：TaaS（every thing as a service）。

2. 云安全

云安全（cloud security）是从云计算演变而来的新名词。云安全的策略构想是：使用者越多，每个使用者就越安全，因为如此庞大的用户群，足以覆盖互联网的每个角落，只要某个网站被挂马或某个新木马病毒出现，就会立刻被截获。

3. 云存储

云存储是在云计算（cloud computing）概念上延伸和发展出来的一个新概念，是指通过集群应用、网格技术或分布式文件系统等功能，将网络中大量各种不同类型的存储设备通过应用软件集合起来协同工作，共同对外提供数据存储和业务访问功能的一个系统。

4. 云游戏

云游戏是以云计算为基础的游戏方式，在云游戏的运行模式下，所有游戏都在服务器端运行，并将渲染完毕的游戏画面压缩后通过网络传送给用户。

5. 云会议

云会议是基于云计算技术的一种高效、便捷、低成本的会议形式。如腾讯会议、钉钉会议等。

6. 云教育

云教育（cloud computing education CCEDU）是在云技术平台的开发及其在教育培训领域的应用，简称"云教育"。云教育打破了传统的教育信息化边界，推出了全新的教育信息化概念，集教学、管理、学习、娱乐、分享、互动交流于一体。如慕课（MOOC，大规模开放的在线课程）、学堂在线等。

7. 云社交

云社交（cloud social）是一种物联网、云计算和移动互联网交互应用的虚拟社交应用模式，"资源分享关系图谱"为目的，进而开展网络社交。云社交的主要特征，就是把大量的社会资源统一整合和评测，构成一个资源有效池向用户按需提供服务。

8. 云搜索

云搜索（cloud search engine）是一种基于云计算架构的搜索引擎系统。它运用云计算技术，可以绑定多个域名，定义搜索范围和性质，并且不同域名可以有不同的用户界面（UI）和流程。这种 UI 和流程由运行在云计算服务器上的个性化程序完成。

随着技术的发展，云搜索将变得更加智能化和个性化。通过机器学习和人工智能技术，云搜索能够根据用户的搜索历史、兴趣等信息，提供更加精准和个性化的搜索结果。

习 题

1. 什么是云计算?
2. 云计算的五大特征是什么?
3. 简述云计算的三大服务模式。
4. 云计算的关键技术有哪些?
5. 说出你所了解的云计算应用案例。

模块 7 物联网

模块导读

物联网，开启万物互联新纪元。本模块将从物联网的基本概念入手，详细阐述其定义、体系架构以及关键技术，通过传感器技术、网络通信技术和智能处理技术的结合，实现设备间无缝连接与数据共享，让读者对物联网的运作机制有全面的认识。接着，带领读者领会智慧城市、智能交通、工业4.0等领域的应用，重塑社会生产生活方式，引领未来智能化发展潮流。

知识目标

1. 了解物联网的概念、发展和特点；
2. 熟悉物联网感知层、网络层和应用层的三层体系结构，了解每层在物联网中的作用；
3. 熟悉物联网感知层关键技术，包括传感器、自动识别、智能设备等；
4. 熟悉物联网网络层关键技术，包括无线通信网络、互联网、卫星通信网等；
5. 熟悉物联网应用层关键技术，包括云计算、中间件、应用系统等；
6. 熟悉典型物联网应用系统的安装与配置。

能力目标

1. 对物联网技术有直观的认识；
2. 对物联网感知层、网络层和应用层的关键技术有全面的认知；
3. 能够安装、配置一个完整的物联网应用系统。

素质目标

1. 增强跨设备、跨系统的互联互通思维，感受祖国的强大；
2. 养成严谨、创新的物联网职业精神，尊重行业知识产权；
3. 树立物联网技术助力社会可持续发展的理念，关注技术应用中的数据安全与隐私保护，为智慧城市建设贡献力量。

内容结构图

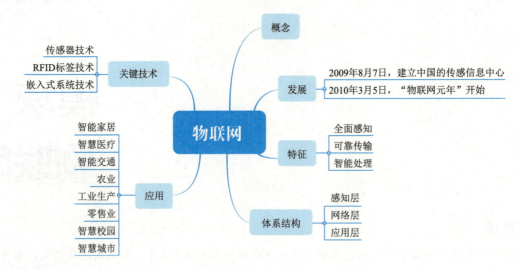

7.1 物联网概述

7.1.1 物联网的概念

物联网的英文名称为the internet of things，由该名称可见，物联网就是"物物相连的互联网"。其内涵包含两个方面意思：一是物联网的核心和基础仍是互联网，是在互联网基础之上延伸和伸展的一种网络；二是其用户端延伸和扩展到了任何物品和物品之间，进行信息交换和通信。

目前较为公认的物联网的定义是：通过射频识别（RFID）装置、红外感应器、全球定位系统、激光扫描器等信息传感设备，按约定的协议，通过各种局域网、接入网、互联网将物与物、人与物、人与人连接起来，进行信息交换与通信，以实现智能化识别、定位、跟踪、监控和管理的一种信息网络，如图7-1所示。

图 7-1　IoT 基本理论模型

7.1.2 物联网的发展

物联网最早可以追溯到1990年施乐公司生产的网络可乐贩售机（networked coke machine）。

1999年美国麻省理工学院建立了"自动识别中心"（auto-ID center），提出"万物皆可通过网络互联"，阐明了物联网的基本含义。

2005年，国际电信联盟（ITU）正式称"物联网"为the internet of things，并发表了年终报告《ITU互联网报告2005：物联网》。报告指出，无所不在的"物联网"通信时代即将来临。

2009年1月，IBM首席执行官彭明盛与美国总统参加美国工商界领袖"圆桌会议"，提出"智慧地球"的概念。"智慧地球"就是把感应器嵌入和装备到电网、铁路、桥梁、隧道、公路、建筑、供水系统、大坝、油气管道等各种物体中，并且被普遍连接，形成所谓"物联网"。

2009年8月7日，温家宝在无锡考察时提出加快中国传感网发展，建立中国的传感信息中心（"感知中国"中心）。感知中国架构如图7-2所示。

2010年3月5日，物联网被首次写入政府工作报告，物联网发展进入国家层面的视野，中国的"物联网元年"开始。

图7-2　IoT 感知中国架构图

7.1.3　物联网的特征

物联网的主要特征可概括为全面感知、可靠传输和智能处理。

1. 全面感知

全面感知是利用射频识别、二维码、智能传感器等感知设备感知获取物体的各类信息。

2. 可靠传输

可靠传输是通过对互联网、无线网络的融合，将物体的信息实时、准确地传送，以便信息交流、分享。

3. 智能处理

智能处理是使用各种智能技术对数据、信息进行分析处理，实现监测与控制的智能化。

7.2　物联网体系结构和关键技术

1. 物联网体系结构

根据物联网具有的感知、传输和智能三个基本特征，物联网的体系结构可分为三层：即感知层、网络层、应用层，如图7-3所示。

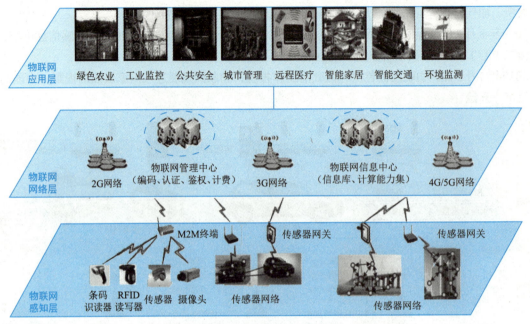

图 7-3　IoT 典型体系结构

(1) 感知层

感知层是物联网架构的底层,主要由各种传感器、RFID 标签、摄像头等感知终端设备组成,它们就像物联网的眼睛和耳朵,负责收集环境信息和监测各种参数,如温度、湿度、位置等信息。

(2) 网络层

网络层是中间层,是物联网的神经中枢,主要负责将感知层收集到的数据传输到应用层,并确保数据的可靠传输。这一层包括各种通信技术和网络设备。

(3) 应用层

应用层直接面向用户和各种应用场景,应用层可以根据用户的需求,开发出各种物联网应用,如智能家居、智能农业、智能交通等。

2. 物联网关键技术

物联网应用中的三项关键技术如下:

(1) 传感器技术

传感器技术是计算机应用中的关键技术。通过传感器测量温度、湿度、压力、光照、声音等物理量,并将其转化为可处理的数字信号。常见的传感器有温度传感器、湿度传感器、压力传感器、光电传感器等,应用于地质勘探、智慧农业、医疗诊断、交通安全、机械工程等领域。

(2) RFID 标签技术

RFID 标签(无线射频识别技术)是一种无线非接触式的自动识别技术,融合了无线射频技术和嵌入式技术为一体的综合技术,通过无线射频信号识别特定目标并读取相关数据,主要应用于物流、交通、身份识别、防伪、食品、图书管理和安全监控等领域。

(3) 嵌入式系统技术

嵌入式系统技术是综合了计算机软硬件、传感器技术、集成电路技术、电子应用技术于一体的复杂技术。

如果把物联网用人体做一个简单比喻，传感器相当于人的眼睛、鼻子、皮肤等感官，网络就是神经系统用来传递信息，嵌入式系统则是人的大脑，在接收到信息后要进行分类处理。这个例子很形象地描述了传感器、嵌入式系统在物联网中的位置与作用。

关键领域：RFID、传感网、M2M、两化融合。

应用模式：根据其实质用途可以归结为两种基本应用模式。

① 智能标签。通过NFC、二维码、RFID等技术标识特定的对象，用于区分对象个体，例如，在生活中人们使用的各种智能卡，条码标签的基本用途就是用来获得对象的识别信息；此外通过智能标签还可以用于获得对象物品所包含的扩展信息。

② 智能控制。物联网基于云计算平台和智能网络，可以依据传感器网络用获取的数据进行决策，改变对象的行为进行控制和反馈。例如，根据光线的强弱调整路灯的亮度、根据车辆的流量自动调整红绿灯间隔等。

7.3 物联网的应用

物联网已经广泛应用于智能交通、智慧医疗、智能家居、环保监测、智能安防、智能物流、智能电网、智慧农业、智能工业等领域，对国民经济与社会发展起到了重要的推动作用。如图7-4所示。

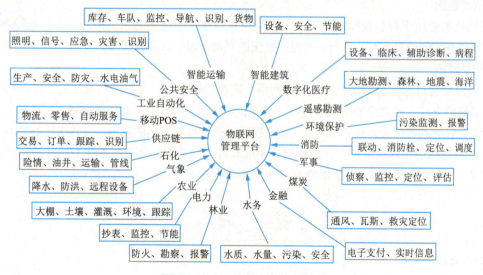

图 7-4　IoT 全方位应用示意图

1. 智能家居

在智能家居领域，物联网的应用使得家庭设备如智能门锁、安防摄像头、烟雾和气体探测器以及智能厨房设备等可以实现互联互通，为居住者提供更为安全、便捷和舒适的生活体验。

2. 智慧医疗

在智慧医疗领域，物联网技术通过可穿戴设备和健康监测传感器，实现对患者的实时监测和远程诊断，提高医疗服务的质量和效率。

3. 智能交通

物联网技术通过摄像头、传感器、GPS等设备实时收集交通信息，包括道路拥堵情况、车流量、

视频

物联网的跨界探索

车速、路况等。实时预测交通状况，从而帮助交通运输部门优化路线、减少交通拥堵等问题。此外，物联网技术还应用于智能停车、智能公交、高速ETC收费、共享单车等领域，为市民提供更加便捷、高效的出行服务。

4. 农业

物联网技术可以实现对农业资源的监测和利用，生态环境的感知，以及生产的精细管理。通过物联网技术，农业生产者可以更加精准地控制作物的生长环境，提高产量和品质。

5. 工业生产

物联网技术使生产企业能实时收集、处理和分析生产线数据，及时发现并调整生产问题，提升生产指标。智能设备、智能仓库、自主机器人等应用都是工业4.0的代表，这些都通过物联网技术实现高度信息化和自动化，提高生产效率和质量。

6. 零售业

物联网技术助力零售业的数字化升级和改造，推动无人零售模式的发展。主要应用场景有智能货架、自动结账、智能购物车等。通过智能感知装置实时监测货架上商品的库存情况，当商品数量不足时，系统会自动发出库存报警，提醒店员及时补货。同时，店员和管理者可以随时远程查看货架上商品的销售情况，以便及时调整进货策略。智能购物车自动扫描商品，自动读取商品数据显示在购物车显示屏上。并且自动计算商品的价格、优惠等信息，大大提高了购物的便利和效率。

7. 智慧校园

物联网技术应用于智慧校园的建设中，为学校管理和学生服务带来了前所未有的便捷和高效性。主要应用场景有智能门禁系统、校园一卡通、智能图书馆管理、监控系统等。

8. 智慧城市

智慧城市是通过部署覆盖全城的传感器网络、高速数据通信以及智能数据分析，物联网技术正在改变城市运行的方式，使之更加高效、节能、便捷和安全。包括智能交通信号控制、环境监测、公共安全、智能能源管理和智慧公共服务等方面，这些有助于提升城市管理的效率，改善居民的生活质量。

此外，物联网还在环境保护、智能建筑等领域有着广泛应用。随着技术的不断进步和创新，物联网的应用将更加广泛和深入，为我们的生活带来更多便利和可能性。

习 题

1. 什么是物联网？
2. 物联网的主要特征是什么？
3. 物联网的体系结构是什么？
4. 物联网的关键技术有哪些？
5. 说出你所知道的物联网应用案例。

模块 8
大数据

模块导读

在信息飞速更迭的时代,大数据已渗透社会各领域,成为驱动创新与发展的关键力量。本模块将从大数据基础概念讲起,介绍大数据的4V特征——volume(大量)、velocity(高速)、variety(多样)、value(价值),阐述其与传统数据处理的差异。接着,熟悉大数据技术架构与应用场景,涵盖数据采集、存储、处理、分析和可视化等内容,帮助读者轻松驾驭数据洪流,开启智慧决策新时代。

知识目标

1. 理解大数据的基本概念、结构类型和核心特征;
2. 熟悉大数据在获取、存储和管理方面的技术架构,熟悉大数据系统架构基础知识;
3. 了解大数据工具与传统数据库工具在应用场景上的区别;
4. 熟悉大数据处理的基本流程,了解大数据处理工具的简单使用方法;
5. 了解大数据的主要应用场景和发展趋势;
6. 了解大数据应用中面临的常见安全问题和风险,以及大数据安全防护的基本方法。

能力目标

1. 对大数据技术有直观的认识;
2. 能区分大数据系统架构与传统数据库之间的差异;
3. 能描述大数据从获取、存储、分析到应用及安全等实践流程,从而熟悉大数据技术的整体轮廓;
4. 初步具备搭建简单大数据环境的能力。

素质目标

1. 增强对数据异常的敏锐洞察力,培养学生强大的数据分析能力;
2. 提高学生发现数据价值的能力,具备数据伦理、数据价值判断的能力;
3. 提升学生的数据防护意识,自觉遵守和维护相关法律法规。

内容结构图

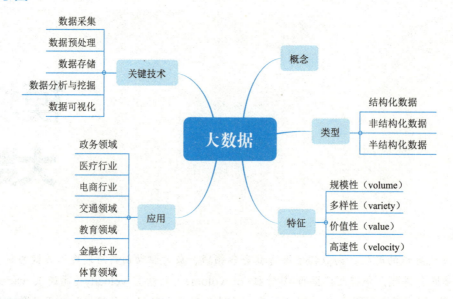

8.1 大数据概述

8.1.1 大数据的概念

目前关于什么是大数据并没有一个统一的定义。

百度百科给出的定义是，大数据（big data）是指无法在可承受的时间范围内用常规软件工具进行捕捉、管理和处理的数据集合。

研究机构Gartner给出的定义是，大数据是需要新处理模式才能具有更强的决策力、洞察发现力和流程优化能力的海量、高增长率和多样化的信息资产。

麦肯锡全球研究所给出的定义是，一种规模大到在获取、存储、管理、分析方面大大超出了传统数据库软件工具能力范围的数据集合，具有海量的数据规模、快速的数据流转、多样的数据类型和价值密度低四大特征。

8.1.2 大数据的类型

大数据分结构化数据、非结构化数据和半结构化数据三种类型。

1. 结构化数据

结构化数据即有固定格式和有限长度的数据，是二维表（关系型），先有结构，再有数据。例如，填的表格就是结构化数据。

2. 非结构化数据

非结构化数据是不定长、无固定格式的数据，如网页、语音、视频等都是非结构化的数据。

3. 半结构化数据

半结构化数据是一些XML或者HTML格式的数据，如树、图等。

8.1.3 大数据的特征

四大特征简称为大数据的4V特征,就是规模性(volume)、多样性(variety)、价值性(value)和高速性(velocity)。

1. 规模性

规模性指的是数据量非常大,随着信息化技术的高速发展,数据开始爆发性增长。大数据的起始计量单位是PB(1 024 TB)、EB(1 024 PB)或ZB(1 024 EB)、YB(1 024 ZB)或BB(1 024 YB)。

2. 多样性

多样性指的是数据类型多样,包括结构化数据(如数据库中的表格)、半结构化的数据(如XML、JSON等格式的文档)、非结构化数据(如文本、图像、音频和视频等)。

3. 价值性

价值性指的是虽然数据量大,但真正有价值的信息可能只占据很小的一部分。需要通过有效的算法和技术挖掘和提炼出有价值的信息。例如,通过分析消费者的购买历史和浏览行为,预测其未来的购买意向,从而制定更有效的市场策略。

4. 高速性

高速性指的是数据处理速度非常快,要求能够实时进行分析,而不是批量式分析。在许多应用场景中(如金融交易、在线零售等),数据的价值往往与其时效性密切相关。因此,处理速度的快慢直接影响到大数据的应用效果。

8.2 大数据架构和关键技术

1. 大数据系统构架

大数据系统架构是一个复杂且多层次的体系,主要涉及数据采集、存储、处理、分析和应用等环节,如图8-1所示。

2. 大数据关键技术

视频

大数据处理流程

大数据处理关键技术主要包括数据采集、数据预处理、数据存储、数据分析与挖掘、数据可视化五个环节。

(1)数据采集

数据采集指从传感器、智能设备、仪器仪表、企业在线系统、互联网平台、移动互联App、RFID射频等数据源获取数据的过程。

(2)数据预处理

数据预处理指在数据进行分析或挖掘之前,对原始数据进行数据清洗、数据集成和数据转换等操作。

数据清洗指清除数据中存在的噪声,纠正不一致数据和遗漏数据。

数据集成指把不同来源、不同格式、不同特点及不同性质的数据在逻辑上或物理上有机地集中,从而为企业提供全面的数据共享。

数据转换指将一种格式的数据转换为另一种格式的数据。

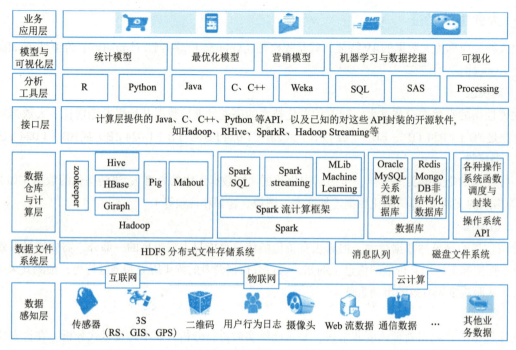

图 8-1　大数据系统架构

（3）数据存储

数据预处理之后，需要对数据进行存储。海量的数据需要存储在一个集中的大型分布式数据库或者分布式存储集群，利用分布式技术对海量数据进行查询、分类和汇总，以此满足分析需求。

（4）数据分析与挖掘

数据分析与挖掘是整个大数据处理流程的核心，只有通过数据分析与挖掘才能获取更多智能的、有价值的信息。预处理后的数据构成了数据分析的原始数据，根据不同的需求，可以从这些数据中选择全部或部分数据进行分析。

（5）数据展示

数据展示是大数据可视化技术，可以提供更为清晰直观的数据表现形式，将错综复杂的数据和数据之间的关系，通过图片、映射关系或表格，以简单、友好、易用的图形化、智能化的形式呈现给用户，供其分析使用。

数据可视化工具主要有Excel、Echars、Tableau和Matplotlib等，都提供了柱形图、折线图、饼图和散点图等统计图表。

大数据处理流程中，每一个数据处理环节会对大数据的质量产生影响。一个好的大数据产品要有大的数据规模、快速的数据处理、精确的数据分析与预测、优秀的可视化图表以及简练易懂的数据结果解释。

8.3　大数据的应用

大数据的应用领域非常广泛，涵盖了医疗、商业、教育、交通、体育和金融等方面。下面来看大数据在各个领域中的应用场景。

1. 政务领域

在政务领域,"智慧城市"已经在多地运营,通过大数据,政府部门得以感知社会的发展变化需求,从而更加科学化、精准化、合理化地为市民提供相应的公共服务以及资源配置。

2. 医疗行业

在医疗领域,大数据技术主要体现在疾病预防、病源追踪、个性化医疗等方面。随着大数据在医疗行业的深度融合,大数据平台采集了海量的病例报告、治疗方案等数据,通过对患者的医疗记录和遗传数据进行处理和分析,医生可以更准确地诊断疾病,给患者提供优质、合理的诊疗方案,提高治疗效果。

3. 电商行业

在电商领域,大数据技术被广泛应用于消费者行为分析、市场趋势预测、产品研发、供应链管理等方面。例如,淘宝、京东等电商平台利用大数据技术,分析客户的购买行为和喜好,从而推送用户感兴趣的产品。

4. 交通领域

在交通领域,大数据技术被广泛应用于交通规划、交通管理和智能交通等方面。通过分析交通流量、道路拥堵情况等数据,交通管理部门可以制定更加科学合理的交通规划和管理政策,提高交通效率和安全性。此外,通过大数据技术和物联网技术,智能交通系统可以实现车辆调度、交通诱导、智能停车等功能,提高城市交通的智能化和便捷性。

5. 教育领域

在教育领域,通过收集和分析学生的学习数据,教师可以更加准确地了解学生的学习状况,优化课程设计,为学生提供针对性的教学指导。通过大数据技术,教育机构可以监测和预测教育资源的分布和需求,优化教育资源的配置和管理,提高教育公平性和效率。

6. 金融行业

在金融行业,银行借助大数据来更深入地了解客户的年龄、资产规模、理财偏好等,对用户群进行精准定位,分析出潜在金融服务需求,识别潜在的风险客户,提高风险控制能力。

7. 体育领域

在体育领域,被广泛应用于运动员训练、比赛分析和体育营销等方面。通过对运动员的训练和比赛数据进行分析,教练可以制订更加科学的训练计划,提高运动员的竞技水平。

此外,大数据在智能制造、零售业、物流、能源管理、社交媒体等领域也有广泛应用。总之,大数据的应用场景已经渗透人们生活的方方面面,给人们的生活和工作带来更多的便利和效益,已经成为推动各领域创新和发展的重要力量。

习 题

1. 什么是大数据?
2. 大数据的4V特征是什么?
3. 大数据包括哪些类型?
4. 描述大数据处理的关键技术。
5. 说出你所知道的大数据应用案例。

模块 9
人工智能

模块导读

人工智能，引领科技新纪元。本模块从人工智能的基础概念讲起，详细阐述其定义、特征和发展历程，让读者对这一前沿技术有初步认知。接着，介绍了人工智能的关键技术及主要应用，帮助读者理解人工智能如何"思考"与"学习"。人工智能通过模拟人类智能，实现自主学习与决策，赋能各行各业，提升效率，创新应用。未来，人工智能将深度融入人们的生活，开启智能新时代。

知识目标

1. 了解人工智能的概念、基本特征和社会价值；
2. 了解人工智能的发展历程，及其在互联网和各传统行业中的典型应用和发展趋势；
3. 熟悉人工智能技术应用的常用开发平台、框架和工具，了解其特点和适用范围；
4. 了解人工智能的主要应用；
5. 了解人工智能涉及的核心技术，能使用人工智能相关应用解决实际问题；
6. 熟知人工智能的道德伦理。

能力目标

1. 对人工智能技术有直观的认识；
2. 能描述人工智能的核心技术及原理；
3. 熟悉人工智能技术应用的流程和步骤；
4. 能辨析人工智能在社会应用中面临的伦理、道德和法律问题。

素质目标

1. 激发创新思维，提高团队协作、沟通解决问题的能力；
2. 培养跨学科融合的能力，创造出新的应用和服务，积极参与社会公益事业，利用人工智能技术为社会做贡献；
3. 遵守人工智能领域的法律法规和伦理规范，培养良好的职业道德和职业操守。

内容结构图

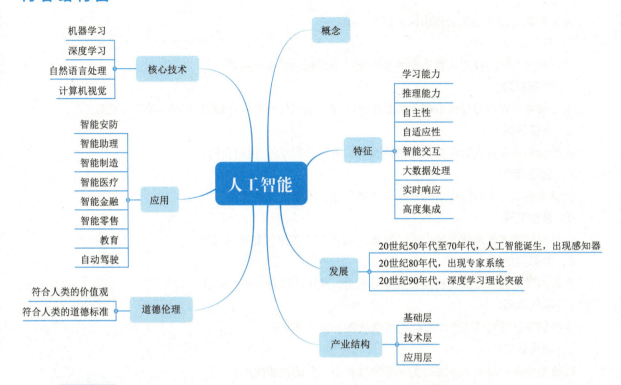

9.1 人工智能概述

9.1.1 人工智能的概念

1. 人工智能的定义

人工智能（artificial intelligence，AI），就是由人制造出来的机器所表现出来的智慧。其内涵是指使用计算机系统来模拟人的智力，可以代替人类实现识别、认知、分析和决策等行为。这是一门综合性学科，融合了计算机科学、统计学、脑神经学、心理学和社会科学。

人工智能是处于思维科学技术应用层次的一个分支。人工智能与思维科学的关系是实践和理论的关系。从思维观点看，人工智能不仅限于逻辑思维，要考虑形象思维、灵感思维才能促进人工智能突破性的发展。

总的来说，人工智能研究的一个主要目标是使机器能够胜任一些通常需要人类智能才能完成的复杂工作。2017年12月，人工智能入选"2017年度中国媒体十大流行语"。

2. 生成式人工智能

2023年12月，生成式人工智能成功入选"汉语盘点"所发布的2023年度中国媒体十大新词语。

生成式人工智能技术是指具有文本、图片、音频、视频等内容生成能力的模型及相关技术。

生成式人工智能服务提供者是指利用生成式人工智能技术提供生成式人工智能服务的组织、个人。

生成式人工智能服务使用者是指使用生成式人工智能服务生成内容的组织、个人。

9.1.2 人工智能的特征

人工智能（AI）通常表现出以下核心特征：

1. 学习能力

通过机器学习等技术从数据中吸收知识，不断提升其算法效能。

2. 推理能力

人工智能可以通过逻辑推理和推断解决问题，根据已有的信息做出合理的判断和预测。

3. 自主决策

系统能够在没有人类直接指导的情况下，进行自我学习和执行任务。

4. 自适应性

能够调整其行为以适应新的数据和环境变化，不断优化性能。

5. 智能交互

通过自然语言处理和图像识别等技术，AI能与人类进行复杂的交流。

6. 大数据处理

具备高效处理和分析大规模数据集的能力，从中提取有价值的信息。

7. 实时响应

系统能够迅速对请求作出反应，加快决策和操作流程。

8. 高度集成

能够整合多种技术和方法，实现跨领域和多任务的智能应用。

9. 模式识别

擅长识别数据中的模式和关联，用于预测、分类和聚类等。

10. 潜在风险

人工智能也存在潜在的风险，如数据隐私问题、伦理和道德问题等。

AI系统的这些特征可能会根据应用、技术和发展阶段的不同而有所差异。随着技术的不断进步，AI的特征和功能也在持续进化。

9.1.3 人工智能的发展

人工智能的发展一共经历了三次浪潮，如图9-1所示。

1. 第一次浪潮

第一次浪潮出现在20世纪50年代至70年代，主要关注符号主义和逻辑推理。研究人员试图通过使用符号和规则来模拟人类的思维过程，以实现人工智能。在这一浪潮中，达特茅斯会议成为人工智能诞生的标志，而感知器则是这一时期的代表性技术。

第一次高潮：1956年，达特茅斯会议召开，人工智能正式诞生，这时基础理论被发明，包括感知器、贝尔曼公式。

第一次低潮：1973年，《莱特希尔报告》指出人工智能没有取得预期效果，数学模型和数学手段有缺陷，计算复杂度以指数程度增加，当时无法完成计算任务。

2. 第二次浪潮

第二次浪潮发生在20世纪80年代，主要关注连接主义。在这个阶段，研究人员开始关注模拟神经网络的计算模型，以实现机器学习和模式识别。连接主义浪潮的标志性技术是专家系统，通过模拟专家的知识和推理过程来解决特定领域的问题。

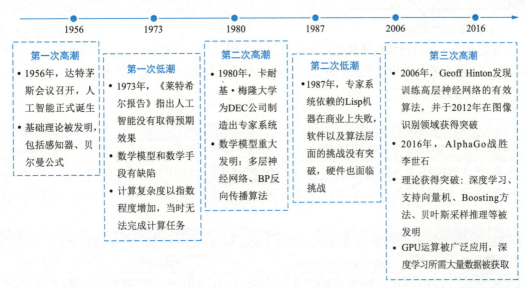

图 9-1　人工智能的三次发展浪潮

第二次高潮：1980年，卡耐基·梅隆大学为DEC公司制造出专家系统，这时数学模型有重大发明，包括多层神经网络、BP反向传播算法。

第二次低潮：1987年，专家系统依赖的Lisp机器在商业上失败，软件以及算法层面的挑战没有突破，硬件也面临挑战。此时，人工智能仍然处于发展的初期阶段，需要继续探索和创新。

3. 第三次浪潮

第三次浪潮始于20世纪90年代，并持续至今。其标志是深度学习的崛起和计算机计算、存储、集成能力的飞速发展。深度学习技术使得人工智能在处理大规模和复杂问题方面取得了重大突破，如图像识别、语音识别和自然语言处理等领域。

第三次高潮：2006年，"神经网络之父"杰弗里·希尔顿（Geoff Hinton）发现训练高层神经网络的有效算法，并于2012年在图像识别领域获得突破。2016年，AlphaGo战胜李世石，这时理论获得突破，包括深度学习、支持向量机、Boosting方法、贝叶斯采样推理等被发明，GPU运算被广泛应用，深度学习所需大量数据被获取。

三次浪潮代表了人工智能发展的不同阶段，每一次浪潮都为人工智能技术的进步和应用提供了重要的推动力。随着技术的不断发展和创新，人工智能将继续在各个领域发挥重要作用，为人类的生活和工作带来更多便利和效益。

随着2017年AlphaGoZero的面世，人工智能技术发展开启了第四次浪潮。第四次浪潮下，人工智能呈现出四大特点，即大任务、大训练、大模型、大系统。其中，大任务，指的是大规模的真实场景任务，如下棋、聊天、语言翻译、命题、作文、命题绘画等。大训练，则是指人工智能训练法已经从过去的大数据驱动，在2017年以后转变为大训练驱动。大模型，就是经过大训练生成的大型实例性模型，大型语言模型简称大模型。大系统则是针对大任务、围绕大模型、集成大量技术的集成智能系统。

9.2 人工智能核心技术

1. 人工智能的产业结构

人工智能的产业结构通常包括基础层、技术层和应用层三个主要部分。基础层是推动人工智能发展的基石，技术层主要是应用技术提供方，应用层大多是技术使用者，这三者形成一个完整的产业链，并相互促进，如图9-2所示。

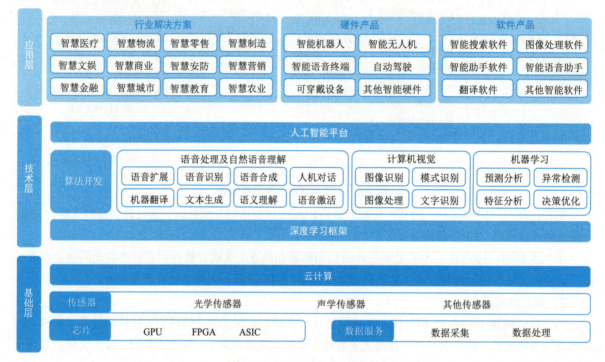

图9-2 人工智能的产业结构

（1）基础层

基础层主要包括软硬件设施以及数据服务，是人工智能应用的基础，为人工智能产业链提供算力和数据服务支撑。如数据、芯片、CPU、传感器等。

（2）技术层

技术层主要涉及基础框架、算法模型等，是人工智能技术的核心，用于处理和分析各种数据，实现智能化决策和行动，为人工智能产业链提供通用性的技术能力。如深度学习、知识图谱、计算机视觉、自然语言处理、智能语音识别等。

（3）应用层

应用层面向服务对象提供各类具体应用和适配行业应用场景的产品和服务。提高了生产效率，优化了用户体验，推动了社会的进步和发展。如智能操作系统、金融、医疗、教育等行业整体智能解决方案、消费类智能终端等。

2. 人工智能的核心技术

人工智能的核心技术包括机器学习、深度学习、自然语言处理、计算机视觉等。

（1）机器学习

机器学习（machine learning，ML）是人工智能的基石之一，是让计算机学习数据模式和规律，而不是显式地进行编程。其主要范畴包括监督学习、无监督学习和强化学习。

机器学习在语音识别、推荐系统、金融预测等领域有广泛应用。

（2）深度学习

深度学习（deep learning，DL）是机器学习的一个分支，通过神经网络模拟人脑的工作方式，实现对大规模数据的学习和分析。

深度学习的核心是人工神经网络，包括卷积神经网络（CNN）和循环神经网络（RNN）等。这些网络结构使计算机能够更好地理解和处理图像、语音、文本等复杂信息。

深度学习在图像识别、自然语言处理、医疗诊断等领域取得了显著的成就。

（3）自然语言处理

自然语言处理（NLP）是人工智能领域涉及人类语言的一个重要方向。NLP致力于让计算机能够理解、解释、产生人类语言。关键技术包括机器翻译、语音识别、文本挖掘分析等。例如，百度的智能语音助手"度秘"。

（4）计算机视觉

计算机视觉技术运用图像处理操作和机器学习等技术，使计算机能够识别和理解图像和视频中的物体、场景和活动。其在自动驾驶、安防监控、医疗影像分析等领域有广泛应用。

此外，生物识别技术和语音识别技术也是人工智能的两个关键技术。生物识别技术是利用人体固有的生物特性，如指纹、人脸、虹膜等进行个人身份鉴定。语音识别技术是关注于自动且准确地转录人类的语音，用于医疗听写、语音书写、计算机系统声控、电话客服等多种场景。

3. 生成式人工智能的核心技术

生成式人工智能的核心技术主要包括深度学习、生成对抗网络（GANs）以及自然语言处理（NLP）。

① 深度学习：通过构建深度神经网络模型，学习数据的潜在分布，从而生成与训练数据具有相似特征的新样本。

② 生成对抗网络：由生成模型和判别模型组成，通过不断迭代训练，生成模型可以生成越来越接近真实数据的新样本。

③ 自然语言处理：分析文本数据中的语言结构和语义信息，生成符合语法和语义规则的文本内容。

这些技术共同构成了生成式人工智能的核心，使其能够生成各种类型的新数据，如豆包、DeepSeek等。

9.3 人工智能的应用

人工智能的主要应用领域包括智能安防、智能助理、智能制造、智能医疗、智能金融、智能零售、教育和自动驾驶八大领域，如图9-3所示。

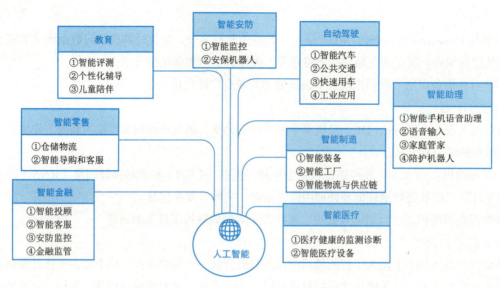

图 9-3　人工智能主要应用领域

1. 智能安防

人工智能在智能安防领域的应用非常广泛，以下是其主要的应用方向：

(1) 智能监控系统

通过智能监控系统，摄像头能够自动识别异常行为，及时报警并采取相应的措施。此外，智能监控系统还可以与其他设备结合，自动触发相关设备的运行，提供更加全面的安全保障。

(2) 智能识别技术

通过人脸识别、身份证识别、指纹识别、语音识别等智能识别技术，实现身份验证和访问控制的功能。

(3) 智能分析与预警系统

通过对大数据的分析和挖掘，系统可以识别出异常模式和行为，提前发现潜在的安全威胁并作出预警，能够帮助人们更好地监控和应对安全威胁，提高安全防范能力。

总之，人工智能在智能安防领域的应用使得安防系统更加高效、智能和精准，为人们的生活和工作提供了更加全面的安全保障。

2. 智能助理

人工智能在智能助理领域的应用广泛且多样化，以下是一些主要的应用方向：

(1) 多模态交互

现代虚拟助理能够通过语音交互、视觉、触控等方式进行交流。例如，通过图像识别帮助管理个人照片库，或者通过智能家居系统控制家电设备。

(2) 智能客服与技术支持

通过自然语言处理技术，AI 助理可以快速响应客户的需求和问题，提供相应的解决方案，或者将问题转交给合适的人工客服处理。

(3) 数据收集与分析

虚拟助理能够即时收集和分析用户反馈，帮助企业改进产品、优化服务流程，以及更精准地满足客户需求。

此外，未来的智能助理将进一步融合语音、图像、手势等交互方式，提供更全面的用户体验，为人们的生活和工作带来更多便利和惊喜。

3. 智能制造

（1）生产线自动化与控制

借助AI技术，可以实现生产线的自动化控制，从而提高生产效率、降低成本。例如，采用图像识别技术结合机器视觉系统，对产品进行质量检测，可以快速、准确地判断产品是否合格，并自动进行分拣和处理。

（2）机器人智能协作

在自动化制造车间，通过加载人工智能模块，机器人可以实现人机协同和多机协作，提高生产效率和加工精度。例如，焊接机器人则可以通过算法补偿提高焊接精度和效率。

（3）物联网与人工智能的结合

AI通过与物联网结合，对工业环境进行实时监控和数据分析，从而实现对设备的远程控制和优化，还可以协助人们制订更明智的资产维护计划，优化整个资产的成本和质量。

总之，人工智能在智能制造领域的应用正逐渐深入，为企业带来了更高的生产效率、更低的成本和更好的产品质量。

4. 智能医疗

（1）病症诊断

AI可以基于患者的症状和临床数据生成初步的诊断建议，辅助医生更快速地了解患者的情况。例如，在医学影像识别方面，AI可以帮助医生更快速、更准确地识别出异常情况。

（2）机器人助手

AI可以驱动机器人在手术中帮助医生，或者在病人康复过程中提供辅助。例如，智能假肢、外骨骼等可以帮助修复人类受损的身体。

（3）遥感健康监测

利用AI技术，患者可以在家中接受持续的健康监测和评估，有助于提前发现可能的健康问题。

总之，智能医疗不仅提高了医疗服务的效率和质量，还降低了医疗成本，使得更多人能够享受到高质量的医疗服务。

5. 智能金融

（1）客户服务自动化

AI构建的虚拟助手可以提供7×24小时的客户服务，处理常见的查询，如账户余额、交易历史、支付问题等，还可以辅助客户完成在线交易，如转账、支付、投资购买等。

（2）市场分析和报告

AI可以自动化财务报告的生成过程，提取关键指标和趋势，可以分析新闻、市场数据和社交媒体，提供即时的市场情绪分析。

（3）智能投资助手

AI可以作为个人投资顾问，提供股票市场分析、投资组合建议和实时交易警报，还可以帮助用户理解复杂的投资概念和策略。

总之，人工智能在智能金融领域的应用已经涵盖了多个方面，从客户服务到市场分析、从投资决策到风险管理，AI技术都在为金融行业带来更高效、更智能的解决方案。

6. 智能零售

（1）智能导购

智能导购机器人或虚拟助手可以利用自然语言处理技术与消费者进行交互，了解消费者的需求、喜好和购买历史，从而提供个性化的商品推荐和购物建议。

（2）智能库存管理

通过应用AI技术，智能库存管理系统可以帮助零售企业实时监控库存状态，预测库存需求，为企业降低库存成本，减少商品缺货或积压的风险，提高运营效率。

（3）智能客户服务

AI聊天机器人可以处理常见的客户咨询和投诉，提供7×24小时的在线服务。这种智能客户服务方式可以降低人力成本，提高客户满意度和忠诚度。

总之，人工智能在智能零售领域的应用已经涵盖了多个方面，从智能导购、智能库存管理到智能支付、智能货架管理等，都为零售行业带来了更高效、更智能的解决方案。

7. 教育

（1）虚拟实验和模拟

在科学实验、医学训练等领域，AI可以模拟真实环境，提供虚拟实验和模拟训练。从而降低实验成本，还可以让学生在安全的环境中进行实验和训练，提高学习效果和实践能力。

（2）语言学习和翻译

AI在语言学习和翻译领域的应用也越来越广泛。例如，智能翻译系统可以实时翻译学生的口语和书面语，帮助学生更好地理解和交流。

（3）教育机器人

教育机器人可以与学生进行互动，提供学习支持、答疑解惑等服务。可以根据学生的需求和要求，提供个性化的学习体验和反馈，帮助学生更好地掌握知识和技能。

总之，人工智能的发展将推动教育的数字化、智能化和个性化发展，为教育行业带来更加丰富、高效和有价值的教育体验和成果。

8. 自动驾驶

（1）环境感知和识别

通过激光雷达、摄像头、超声波传感器等数据采集，人工智能算法能够对道路、车辆、行人等进行准确的识别和分类，为自动驾驶汽车提供了必要的感知能力。

（2）决策与规划

通过对大量数据进行分析和学习，AI能够根据不同情况做出决策，比如加速、减速、变道等。同时，AI还能在复杂的交通环境中规划最佳路径，确保车辆的安全和高效行驶。

（3）自主导航与行为预测

车辆可以分析历史驾驶数据、交通模式和规则，预测周围其他车辆和行人的行为，并做出相应的应对和规避动作，以确保行驶的安全性和效率。

（4）智能辅助驾驶

AI可以根据驾驶人的行为和状态，实时监测和分析驾驶人的注意力、疲劳程度等指标，并提供相应的警示、提醒和干预，保证驾驶的安全性。

（5）高精度地图与定位

高精度地图和定位是自动驾驶汽车实现精准导航和定位的关键技术。AI可以通过对地图数据的处理和分析，提高地图的精度和实时性，同时结合传感器数据和车辆状态数据，实现高精度的定位和导航。

（6）生成式AI与交互方式

最新的生成式AI技术为自动驾驶汽车提供了更强大的感知和决策支持能力。这些技术可以基于大规模的数据训练模型，使车辆能够理解自然语言、响应驾驶人或乘客的指令，并提供实时导航信息和车辆状态更新。

总之，人工智能在自动驾驶领域的应用不仅提高了驾驶的安全性和效率，还带来了环保和交通效率的提升。

人工智能现阶段的应用是生成式的，且已不再是狭义的生成语言、图像等内容，而是从人到AI、从AI到人的交互。

9.4 人工智能的道德伦理

2019年4月8日，欧盟委员会发布了一份人工智能道德准则，旨在对人工智能系统的道德框架进行研究、反思和讨论，促进"值得信赖"的人工智能发展。人工智能道德准则报告由可信赖AI实现的三大基本条件、四项伦理准则和七个关键要素三部分组成。

1. 三大基本条件

三大基本条件即合法、符合伦理、技术稳健。理想情况下，三个条件应该在操作中协调发展，一旦出现互为排斥的关系，社会应该通过努力使其保持一致。

2. 四项伦理准则

四项伦理准则包括尊重人的自主性、预防伤害、公平、可解释性。

3. 七个关键要素

七个关键要素包括人工智能自治的治理（人的监督），技术强大性和安全性，隐私和数据治理，透明度，多样性、非歧视性和公平性，社会和环境福祉，问责机制。

① 人工智能自治的治理（人的监督）是基于人类自治原则，AI系统应该支持人类的自治和决策。

② 技术强大性和安全性：算法足够安全、可靠和稳健。

③ 隐私和数据治理：根据AI系统应用的领域，对其访问协议及处理数据的能力进行的数据管理，包括使用数据的质量和完整性。

④ 透明度：确保人工智能系统的可追溯性。

⑤ 多样性、非歧视性和公平性：整个AI系统的生命周期内，通过包容性设计和平等性设计，确保平等访问可信赖的AI。

⑥ 社会和环境福祉：整个AI系统的生命周期内，更广泛的社会、其他生命和环境也应被视为利益相关者。

⑦ 问责机制：建立可审计机制，以确保AI系统及其成果在开发、部署和使用前后的责任和问责。

总之，人工智能的道德伦理旨在确保人工智能的发展和应用符合人类的价值观和道德标准，同时最大限度地发挥其对社会和个人的积极影响。

习 题

1. 什么是人工智能？
2. 人工智能有哪些特点？
3. 简述人工智能的关键技术。
4. 说出你所知道的人工智能应用案例。
5. 人工智能应该具备的道德伦理有哪些？

模块 10
现代通信技术

模块导读

现代通信技术，引领着信息时代的飞速发展。本模块从移动通信基础概念讲起，介绍了移动通信的基本原理、发展历程及未来趋势，从1G到5G，甚至展望6G，熟悉每一代移动通信技术的特点与应用，让读者对移动通信的演进有全面的认识。从4G到5G，再到未来的6G，速度与效率不断刷新记录。物联网、云计算、大数据等技术的融合，让通信无处不在，智能生活触手可及。现代通信技术，正以前所未有的力量，重塑我们的世界。

知识目标

1. 理解移动通信相关概念，掌握相关基础知识；
2. 了解移动通信的发展历程，熟悉每一代移动通信技术的特点与应用；
3. 理解5G的概念、性能指标和基本特点；
4. 了解5G网络架构和部署特点；
5. 了解5G的关键技术；
6. 了解5G的应用场景。

能力目标

1. 加深对现代通信技术的直观认识；
2. 对移动通信技术和5G的关键技术有所了解；
3. 能够分析应用场景，根据不同通信技术的技术特点选择合适的通信技术；
4. 能够通过虚拟仿真软件实现5G网络站点的选择和网络搭建。

素质目标

1. 具备良好的沟通能力和客户服务意识，能够与用户和合作伙伴有效沟通、解决问题；
2. 提升自我管理能力，增强团队合作意识和社会责任感；
3. 培养工匠精神，养成勇于奋斗、乐观向上的良好品质。

内容结构图

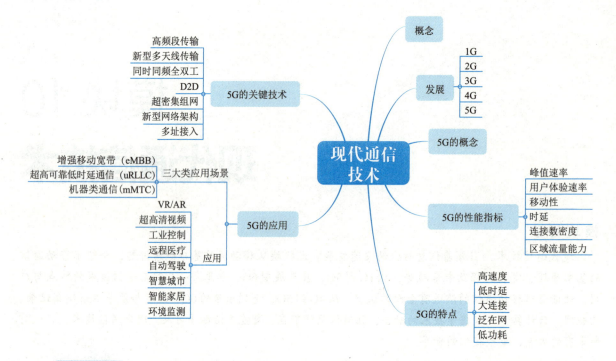

10.1 移动通信概述

10.1.1 移动通信的概念

1. 移动通信

移动通信指通信的一方或双方具有在移动中（或暂时停留在某一非预定的位置上）进行信息传输和交换的能力。

2. 移动通信系统

移动通信系统是一种无线电通信系统。主要有蜂窝系统、集群系统、Ad-Hoc网络系统、卫星通信系统、分组无线网、无绳电话系统、无线电传呼系统等。

3. 移动通信技术

是以无线电波为通信用户提供实时信息传输的技术，以实现在保障覆盖区或服务区内的顺畅的个体移动通信。

10.1.2 移动通信的发展

20世纪40年代，贝尔实验室成功地研制出了第一部被誉为移动通信的电话，即第一部移动电话诞生了。然而，由于这部电话的体积过于庞大，并且当时对于其在商业市场上的前景持有疑虑，导致它最终只能被束之高阁，在实验室的架子上默默无闻地度过了它的岁月，逐渐被世人遗忘。

1973年4月，人类正式迈入即时语音通信时代。

从此，我国在移动通信领域经历了1G、2G、3G、4G、5G的发展历程，如图10-1所示。

图 10-1 移动通信的发展

1. 第一代移动通信技术（1G）

1G 诞生于 20 世纪 80 年代，属于模拟信号时代，采用模拟调制技术和频分多址方式，运用了多重蜂窝基站。然而，由于当时各国在通信标准上存在分歧，未能实现"全球漫游"的愿景，主要局限于语音信号的传输，功能相对单一。

2. 第二代移动通信技术（2G）

2G 诞生于 20 世纪 90 年代初期，开启了语音数字化时代。主要通信系统有全球移动通信系统 GSM、码分多址技术 CDMA、时分多址技术 TDMA。主要业务有语音、手机短信、彩铃。

从 1G 到 2G，实现了模拟通信到数字通信的过渡，移动通信走进了千家万户。

3. 第三代移动通信技术（3G）

3G 诞生于 21 世纪初，采用基于扩频通信的码分多址技术（CDMA）。主要通信系统有 CDMA 2000、宽带码分多址技术 WCDMA、时分同步码分多址技术 TD-SCDMA。主要业务是手机可以通过移动信号访问互联网，进行社交应用。

4. 第四代移动通信技术（4G）

2010 年开启 4G 元年，采用正交频分复用技术 OFDM 和多天线技术 MIMO 作为其无线网络演进的标准。主要业务是各种衣食住行 App、实时移动视频、基于云计算的应用、增强现实技术应用、应急响应和远程医学等。

4G 网络造就了繁荣的互联网经济，解决了人与人随时随地通信的问题。随着移动互联网快速发展，新服务、新业务不断涌现，移动数据业务流量爆炸式增长，4G 移动通信系统难以满足未来移动数据流量暴涨的需求，急需研发新一代移动通信（5G）系统。

5. 第五代移动通信技术（5G）

2019 年 6 月 6 日，中国正式进入 5G 商用元年。5G 通信设施是实现人机物互联的网络基础设施，其峰值传输速度可达 10 Gbit/s，比 4G 提升了 100 倍。此外，5G 的关键技术包括 massive MIMO、波束赋形、全频谱接入、网络切片、边缘计算等，这些技术使得 5G 在通信质量、频谱效率等方面有了显著的提升。

10.2 5G

10.2.1 5G 概述

1. 5G 的概念

5G 指的是第五代移动通信技术（5th generation mobile communication technology，5G）。与前四代不同，5G 并不是一个单一的无线接入技术，而是现有的无线通信技术的融合。5G 最突出特征是高速率、低时延、大连接。

2. 5G的性能指标

5G性能指标是指峰值速率、用户体验速率、移动性、时延、连接数密度、区域流量能力等。

（1）峰值速率

峰值速率是指用户可以获得的最大业务速率，相比4G网络，5G移动通信系统将进一步提升峰值速率，可以达到10 Gbit/s。

（2）用户体验速率

5G时代将构建以用户为中心的移动生态信息系统，首次将用户感知速率作为网络性能指标。用户感知速率是指单位时间内用户获得MAC层用户面数据传送量。5G的体验速率能够达到0.1～1 Gbit/s。

（3）移动性

移动性指在满足一定系统性能的前提下，通信双方最大相对移动速度。5G的移动性达到500 km/h，实现高铁环境下的良好用户体验。

（4）时延

时延采用OTT或RTT来衡量。OTT是指发送端到接收端，接收数据之间的间隔，RTT是指发送端到发送端，从发送到确认的时间间隔。5G时延降低到4G的1/10或1/5，达到毫秒级水平。

（5）连接数密度

连接数密度是指单位面积内可以支持的在线设备总和，是衡量5G移动网络对海量规模终端设备的支持能力的重要指标，一般不低于10万个/km^2。5G时代，连接数密码能够达到600万个/km^2。

（6）区域流量能力

区域流量能力，即流量密度，是单位面积内的总流量数，是衡量移动网络在一定区域范围内数据传输能力。5G时代，流量密度能够在20(Tbit/s)/km^2以上。

为用户获得良好的业务体验，除了上述指标，网络功耗效率、频谱效率等也是重要的5G技术指标，需要在5G系统设计时综合考虑。

3. 5G的特点

（1）高速度

高速度是5G的一个最大特点，相比于4G网络，5G网络有着更高的速度，其基站峰值速率要求不低于20 Gbit/s，当然这个速度是峰值速度，不是每一个用户的体验。随着新技术使用，这个速度还有提升空间。如果能达到这一速度，意味着用户每秒可以下载一部高清电影，也可以支持VR视频。

（2）低时延

5G的一个场景是无人驾驶、工业自动化的高可靠连接。人与人之间进行信息交流，140 ms的时延是可以接受的，但是如果这个时延用于无人驾驶、工业自动化就无法接受。5G对于时延的最低要求是1 ms，甚至更低。这就对网络提出严格的要求。

无人驾驶汽车，需要中央控制中心和汽车进行互联，车与车之间也应进行互联，在高速度行进中，制动后需要瞬间把信息送到车上并使车做出反应，在100 ms左右的时间，车就会冲出几十米，这就需要在最短的时延中把信息送到车上，进行制动与车控反应。

（3）大连接

5G网络具有大连接能力，可以支持每平方千米内高达百万级的设备连接。这一特性使得5G能够应对物联网（IoT）时代的海量设备连接需求，实现人与物、物与物之间的全面互联。无论是智能家居、智慧城市还是智能农业等领域，5G的大连接能力都能为各种设备提供稳定、高效的通信服务。

（4）泛在网

随着业务的发展，网络业务需要无所不在、无所不包和无所不能，只有这样才能支持更加丰富的业务，才能在复杂的场景上使用。泛在网有两个层面的含义：一是广泛覆盖；二是纵深覆盖。

① 广泛是指人们生活的各个地方需要广覆盖。以前，高山峡谷就不一定需要网络覆盖，因为生活的人很少，但是如果能覆盖5G，可以大量部署传感器，进行环境、空气质量甚至地貌变化、地震的监测，这就非常有价值。5G可以为更多这类应用提供网络。

② 纵深是指人们生活中虽然已经有网络部署，但是需要进入更高品质的深度覆盖。如今，人们家中已经有了4G网络，但是地下停车场基本没信号。5G的到来，可对网络品质不好的地下停车场等进行网络的高质量覆盖。

（5）低功耗

5G要支持大规模物联网应用，就必须要有功耗的要求。近年来，可穿戴产品有了一定的发展，但是遇到的最大瓶颈是体验较差。而5G能把功耗降下来，让大部分物联网产品一周充一次电，甚至一个月充一次电，就能大大改善用户体验，促进物联网产品的快速普及。

10.2.2　5G的关键技术

5G的关键技术包括高频段传输、新型多天线传输（massive MIMO）、同时同频全双工、D2D、超密集组网、新型网络架构、多址接入等。

1. 高频段传输

5G的高频段传输技术主要是指在毫米波、厘米波等高频段进行数据传输。5G的高频段可用频谱资源丰富，能够有效缓解频谱资源紧张的现状，实现极高速短距离通信，支持5G容量和传输速率等方面的要求。

2. 新型多天线传输

massive-MIMO技术支持多用户波束智能赋形，减少用户间干扰，利用有源天线列阵，结合高频段毫米波技术，将有效提高天线的覆盖面积和性能。这种技术不仅有助于扩大网络覆盖范围，还能在一定程度上节约能源。

3. 同时同频全双工

同时同频全双工技术是一种在同样的物理信道上实现两个方向信号传输的技术。5G网络中，该技术的应用有望实现终端设备在同一时间和同一频段上信号的发送与接收，与传统的时分双工（TDD）和频分双工（FDD）方式相比，从理论上可使空口频谱效率提高1倍，从而进一步提高通信效率和性能。

4. D2D

D2D（device-to-device）技术，又称设备到设备通信，允许通信终端之间直接进行通信，无须通过传统的基站进行中转。这种直接通信方式，信道质量好，能够实现较高的数据速率、较低的时延和较低的功耗；通过广泛分布的终端，能够改善覆盖，实现频谱资源的高效利用；支持更灵活的网络架构和连接方法，提升链路灵活性和网络可靠性。

5. 超密集组网

5G网络正朝着网络多元化、宽带化、综合化、智能化的方向发展。随着各种智能终端的普及，减小小区半径，增加低功率节点数量，是保证未来5G网络支持1 000倍流量增长的核心技术之一。

6. 新型网络架构

C-RAN（centralized RAN，集中化无线接入网）技术是一种新型的网络架构，是基于集中化处理、协作式无线电和实时云计算架构的绿色无线接入网架构。C-RAN技术的优势在于能够解决移动互联网快速发展给运营商所带来的多方面挑战,为5G及未来移动通信系统的发展提供了有力支持。

7. 多址接入

5G的多址接入技术决定了如何在同一时间内处理多个用户的通信请求。多址接入技术的主要目标是在有限的频谱资源下,尽可能地提高系统的容量和效率。5G网络中,主要有两种多址接入方式:正交多址接入(OMA)和非正交多址接入(NOMA)。除此之外,5G还采用了多种具体的技术来实现多址接入,如频分多址(FDMA)技术、时分多址(TDMA)技术、码分多址(CDMA)技术、空分多址(SDMA)技术等。

10.2.3 5G 的应用

5G作为一种新型移动通信网络,不仅要解决人与人通信,为用户提供增强现实、虚拟现实、超高清(3D)视频等更加身临其境的极致业务体验,更要解决人与物、物与物通信问题,满足移动医疗、车联网、智能家居、工业控制、环境监测等物联网应用需求。

5G的三大类应用场景包括增强移动宽带(eMBB)、超高可靠低时延通信(uRLLC)、机器类通信(mMTC)。

1. 增强移动宽带

增强移动宽带主要面向移动互联网流量爆炸式增长,为移动互联网用户提供更加极致的应用体验。其峰值速率将是4G网络的10倍以上,为用户带来更快的数据传输速度和更流畅的网络体验。典型场景如VR、超高清视频、高清视频会议、高清在线游戏等,如图10-2所示。

图 10-2　VR、超高清视频等

2. 超高可靠低时延通信

超高可靠低时延通信主要面向工业控制、远程医疗、自动驾驶等对时延和可靠性具有极高要求的垂直行业应用需求。通信响应速度将降至毫秒级,满足对实时性和可靠性的高要求,如自动驾驶汽车探测到障碍后的响应速度将比人的反应更快,如图10-3所示。

图 10-3　自动驾驶、远程医疗等

3. 海量机器类通信

海量机器类通信主要面向智慧城市、智能家居、环境监测等以传感和数据采集为目标的应用需求。将实现从消费到生产的全环节、从人到物的全场景覆盖，即"万物互联"，支持大量的设备连接和数据传输，为物联网的发展提供有力支持。如图10-4所示。

图10-4　智能家居、智能测量等

这三大类应用场景覆盖了从个人消费到工业生产的各个领域，为经济社会的发展注入了新的动力。随着5G技术的不断发展和完善，这些应用场景也将得到进一步的拓展和优化，为社会带来更多的便利和效益。

最终，5G将渗透经济社会的各行业各领域，成为支撑经济社会数字化、网络化、智能化转型的关键新型基础设施，如图10-5所示。

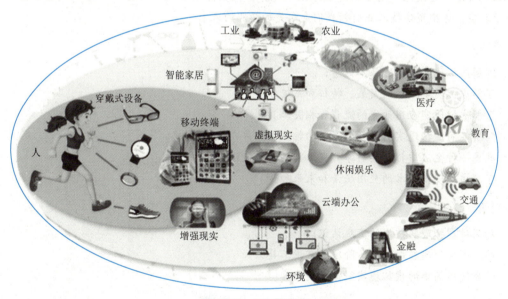

图10-5　5G的应用

习　题

1. 什么是移动通信技术？
2. 5G是什么？其主要特征有哪些？
3. 5G的关键技术有哪些？
4. 5G的三大类应用场景是什么？
5. 说出你所知道的5G应用案例。

模块 11
虚拟现实

模块导读

虚拟现实，融合科技与艺术，开启沉浸式体验新纪元。本模块从虚拟现实的基本概念和发展历程讲起，介绍了虚拟现实的关键技术以及应用场景。接着，阐述了如何构建虚拟环境、设计交互体验，并熟悉基础的VR开发技能。通过构建三维虚拟世界，提供身临其境的视觉、听觉、触觉感受。探索未知，感受真实，虚拟现实技术正引领我们走向更加精彩的未来。

知识目标

1. 理解虚拟现实技术的基本概念；
2. 了解虚拟现实技术的发展、特征和系统分类；
3. 了解虚拟现实应用开发的流程和相关工具；
4. 了解不同虚拟现实引擎开发工具的特点和差异；
5. 熟悉一种主流虚拟现实引擎开发工具的简单使用方法；
6. 了解虚拟现实技术的应用场景和未来趋势。

能力目标

1. 加深对虚拟现实技术的直观认识；
2. 熟悉虚拟现实应用开发各阶段的常用工具；
3. 学会使用简单的虚拟现实引擎开发工具。

素质目标

1. 培养学生的创新思维和探索精神，鼓励勇于尝试新的方法和技术，不断突破自我，提升作品的创新性；
2. 培养学生良好审美能力，提升设计创意思维，增强体验和服务意识；
3. 培养学生社会责任和伦理意识，严格遵守内容审核、隐私保护等相关法律法规和伦理规范。

内容结构图

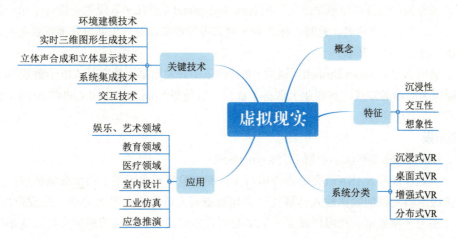

11.1 虚拟现实概述

11.1.1 虚拟现实的概念

虚拟现实技术（virtual reality，VR），又称灵境技术或虚拟实境，它集中体现了计算机、电子信息、仿真技术，其基本实现方式是以计算机技术为主，利用并综合三维图形技术、多媒体技术、仿真技术、显示技术、伺服技术等多种高科技的最新发展成果，借助计算机等设备产生一个逼真的三维视觉、触觉、嗅觉等感官体验的虚拟世界，从而使处于虚拟世界中的人产生一种身临其境的感觉。

虚拟现实技术（VR）主要包括模拟环境、感知、自然技能和传感设备等方面。

模拟环境是由计算机生成的、实时动态的三维立体逼真图像。

感知是指理想的 VR 应该具有一切人所具有的感知，除计算机图形技术所生成的视觉感知外，还有听觉、触觉、力觉、运动等感知，甚至还包括嗅觉和味觉等，又称多感知。

自然技能是指人的头部转动，眼睛、手势或其他人体行为动作，由计算机来处理与参与者的动作相适应的数据，并对用户的输入作出实时响应，并分别反馈到用户的五官。

传感设备是指三维交互设备。

11.1.2 虚拟现实的发展

虚拟现实技术的发展一共可以分为四个阶段。

1. 酝酿阶段

1929 年，美国发明家 Edward Link（爱德华·林克）设计出了一款机械飞行模拟器，让乘坐者感觉和坐在真实飞机中操控是一样的，其主要用于在室内环境下训练飞行员。

1956 年，在全息电影技术的启发下，美国电影摄影师 Morton Heilig（莫顿·海利希）为了能够实现"为观众创造一个终极的全景体验"的梦想，开发了多通道仿真体验系统 Sensorama。这是一台能供 1~4 个人使用并满足 72% 视野范围的 3D 视频机器，其外观看起来更像是一台街头游戏机。

2. 萌芽阶段

1968年，被誉为"计算机图形学之父"的Ivan Sutherland（伊凡·苏泽兰）设计了第一款头戴式显示器，并以自己的名字为其命名。此时，标志着头戴式虚拟现实设备与头部位置追踪系统的确立，并为现今的虚拟技术奠定了坚实基础。

1972年，美国企业家Nolan Bushell（诺兰·布什内尔）开发出第一款交互式电子游戏*Pong*（乒乓）。这是一款规则极为简单的游戏，在商业上取得了成功，也使得Nolan Bushell创办的Atari（雅达利）公司把游戏娱乐带入大众世界。

3. 雏形阶段

1977年，Dan Sandin等研制出数据手套Sayre Glove。

1984年，美国宇航局NASA研究中心虚拟行星探测实验室开发了用于火星探测的虚拟世界视觉显示器，将火星探测器发回的数据输入计算机，为地面研究人员构造火星表面的三维虚拟世界。同年，Jaron Lanier（杰伦·拉尼尔）和同伴创立了VPL公司，并组装了一台虚拟现实头盔，这是第一款真正投放于市场的虚拟现实商业产品。

1989年，Jaron Lanier提出用Virtual Reality来表示虚拟现实，作为首次定义虚拟现实的先驱，他被称为"虚拟现实之父"。

4. 应用阶段

1990年，提出VR技术包括三维图形生成技术、多传感器交互技术和高分辨率显示技术；VPL公司开发出第一套传感手套Data Gloves和HMD EyePhoncs。

1993年11月，宇航员通过VR系统的训练，成功完成了从航天飞机的运输舱内取出新的望远镜面板的工作，而用VR技术设计的波音777飞机是虚拟制造的典型应用实例。

2012年，由Palmer Luckey创立了Oculus VR，它是虚拟现实领域的领军企业，后被Facebook收购。该公司致力于开发VR头显设备和软件平台，推动虚拟现实技术的普及和发展。其产品包括Oculus Rift系列头显、Oculus Quest系列无线头显等，为用户提供沉浸式的虚拟现实体验。

2016年，由HTC和Valve合作推出的虚拟现实头显产品线HTC Vive正式发布。该公司专注于高端虚拟现实设备的研发与生产，致力于提供高质量的虚拟现实体验。其产品包括Vive系列头显、手柄控制器等，广泛应用于游戏、教育、医疗等领域。

虚拟现实技术的发展经历了一个从概念孕育到商业化应用再到广泛应用的过程。随着技术的不断进步和应用领域的不断拓展，将在更多领域发挥重要作用，为人们带来更加丰富的体验和服务。

11.1.3 虚拟现实的特征

VR技术具有三大主要特征，即沉浸性（immersion）、交互性（interactivity）和想象性（imagination）。

1. 沉浸性

沉浸性是虚拟现实技术最主要的特征，就是让用户感受到被虚拟世界包围，成为并感受到自己是计算机系统所创造环境中的一部分，好像完全置身于虚拟世界中一样。当使用者感知到虚拟世界的刺激时，便会产生思维共鸣，造成心理沉浸，使用户由观察者变成参与者，如同进入真实世界。

2. 交互性

交互性是指用户可以实时地与虚拟环境进行交互。用户可以通过特殊的输入设备（如手柄、手套、数据头盔等）来操作虚拟环境中的物体，与它们进行互动，并得到相应的反馈。这种交互性使得用户能够更深入地参与到虚拟环境中，获得更加真实的体验。

3. 想象性

虚拟现实技术能够超越现实世界的限制，创造出人类无法直接感知或接触到的环境和场景。它不仅可以模拟现有的环境，还可以创造出不存在的环境和场景，为用户提供无限的可能性，激发他们的想象力和创造力。

11.1.4 虚拟现实系统的分类

1. 沉浸式VR

沉浸式VR是一种高级的、较理想的虚拟现实系统，它提供一个完全沉浸的体验，使用户有一种仿佛置身于真实世界之中的感觉。它利用空间位置跟踪器、头盔式显示器、三维鼠标、数据手套等各种交互设备，把用户的视觉、听觉和其他感觉封闭起来，使用户产生一种身临其境、完全投入和沉浸其中的感觉。

沉浸式VR具有以下主要特点：

① 高度实时性。

② 高度沉浸感。

③ 良好的开放性。

2. 桌面式VR

桌面式VR又称窗口虚拟现实系统，是利用个人计算机或初级图形工作站等设备，以计算机屏幕作为用户观察虚拟世界的一个窗口，采用立体图形、自然交互等技术，产生三维立体空间的交互场景，通过包括键盘、鼠标等各种输入设备实现与虚拟世界的交互。

桌面式VR具有以下主要特点：

① 不完全沉浸感，参与者缺少完全沉浸、身临其境的感觉，即使戴上立体眼镜，他仍然会受到周围现实世界的干扰。

② 对硬件设备要求极低，有的简单型甚至只需要计算机，或是增加数据手套等。

③ 应用相对比较普遍，由于桌面式虚拟现实系统实现成本相对较低，而且它也具备了沉浸性虚拟现实系统的一些技术要求。

桌面式虚拟现实系统采用设备较少，实现成本低，对于开发者及应用者来说，应用桌面式虚拟现实技术是一个初始阶段。

3. 增强式VR

增强式VR既可以允许用户看到真实世界，同时也可以看到叠加在真实世界上的虚拟对象，它是把真实环境和虚拟环境组合在一起的一种系统，既可减少构成复杂真实环境的开销（因为部分真实环境由虚拟环境取代），又可对实际物体进行操作（因为部分物体是真实环境）。

增强式VR主要具有以下主要特点：

① 真实世界和虚拟世界融为一体。

② 具有实时人机交互功能。

③ 真实世界和虚拟世界是在三维空间中整合的。

4. 分布式VR

分布式VR是虚拟现实技术和网络技术发展和结合的产物，是一个在网络的虚拟世界中，位于不同物理位置的多个用户或多个虚拟世界通过网络相连接共享信息的系统。

分布式VR具有以下主要特点：
① 具有共享的虚拟工作空间。
② 仿实体的行为具有真实感。
③ 支持实时交互。
④ 多用户间可采用不同的方式通信。
⑤ 资源信息共享。
⑥ 允许用户操作虚拟世界中的对象。

11.2 虚拟现实的关键技术

虚拟现实的主要关键技术包括以下几个方面：

1. 环境建模技术

环境建模技术，即虚拟环境的建立，目的是获取实际环境的三维数据，并根据应用需要建立相应的虚拟环境模型。通常需要使用CAD技术（适用于有规则的环境）和非接触式的视觉建模技术（适用于更多环境），以提高数据获取的效率。

环境建模技术包括静态几何建模技术、行为动态建模技术、虚拟现实建模软件等。

2. 实时三维图形生成技术

三维图形的生成技术已经较为成熟，那么关键就是"实时"生成。为保证实时，至少保证图形的刷新频率不低于15帧/秒，最好高于30帧/秒。为了重现真实世界的场景，需要用到动态实时绘制技术，要求系统具备高性能的图形处理能力，以实时生成高质量的虚拟环境图像。

3. 立体声合成和立体显示技术

立体声合成和立体显示技术在虚拟现实系统中用于消除声音的方向与用户头部运动的相关性，并实时生成立体图形。立体声合成技术通过模拟人类听觉系统的特点，使得体验者能够感知到声音的方向和距离，从而增强虚拟环境的真实感。立体显示技术则是通过模拟人眼的立体视觉原理，使得体验者能够在虚拟环境中感知到三维空间感。

4. 系统集成技术

在虚拟现实系统中，系统集成技术起着至关重要的作用。包括信息同步技术、模型标定技术、数据转换技术、识别和合成技术等，以确保系统的稳定性和可靠性。

5. 交互技术

交互技术是通过设备界面信息传输实现人与机器之间的类人交流，虚拟现实交互技术相对传统人机交互更强调沉浸式交互体验，更富有拟人特征。虚拟现实中的人机交互远远超出了键盘和鼠标的传统模式，利用数字头盔、数字手套等复杂的传感器设备，三维交互技术与语音识别、语音输入技术成为重要的人机交互手段。小米、华为等企业在交互技术方面，采用多元通道交互技术，大幅提升了终端仿真体验。

虚拟现实多通道交互技术主要包括眼动追踪交互、手势交互、表情交互、语音交互和多通道协同交互。

随着虚拟现实设备结构逐渐成熟，在5G通信条件驱动下，虚拟现实产品形态将更加丰富，商业模式将更加成熟，将为人们带来更加真实、丰富和沉浸式体验。

11.3 虚拟现实的应用

1. 在娱乐、艺术领域中的应用

丰富的感觉能力与3D显示环境使得VR成为理想的视频游戏工具。由于在娱乐方面对VR的真实感要求不是太高，故近些年来VR在该方面发展最为迅猛。例如，Chicago（芝加哥）开放了世界上第一台大型可供多人使用的VR娱乐系统，其主题是未来战争；英国开发的称为 *Virtuality* 的VR游戏系统，配有HMD，大大增强了真实感。

另外，VR在艺术领域所具有的潜在应用能力也不可低估，VR所具有的临场参与感与交互能力可以将静态的艺术（如油画、雕刻等）转化为动态的，可以使观赏者更好地欣赏作者的思想艺术。同时，VR提高了艺术表现能力。例如，一个虚拟的音乐家可以演奏各种各样的乐器，远在外地的人可以在他生活的居室中去虚拟的音乐厅欣赏音乐会等。

近年来，由于虚拟现实技术在影视业的广泛应用，以虚拟现实技术为主而建立的第一现场9D VR体验馆得以实现。第一现场9D VR体验馆自建成以来，在影视娱乐市场中的影响力非常大。

2. 在教育领域中的应用

虚拟现实技术已经成为促进教育发展的一种新型教育手段。例如，在解释一些复杂的系统抽象的概念时，VR是非常有力的工具。通过VR的交互环境与再现能力，可以使学生在学习过程中，将遇到的抽象概念和原理进行可视化表现，使学生通过真实感受来增强记忆，这样可以有效提高学生的学习兴趣和学习效果。

此外，可以利用虚拟现实技术建立与学科相关的虚拟实验室。例如，虚拟实验基地、虚拟图书馆、虚拟体育馆、虚拟校园等。应用虚拟现实技术的硬件设施与软件环境，在教学中可以进行全真模拟展示和交互，增强教学的实践性和真实感。

3. 在医疗领域中的应用

虚拟现实技术为医生、患者和医疗教育带来了许多创新。例如，医生可以利用VR技术进行手术模拟训练，可以进行多次重复操作，增加手术的熟练度和降低手术风险；还可以使医生通过虚拟现实进行远程会诊并进行手术指导。

另外，医学专家们利用计算机，在虚拟空间中模拟出人体组织和器官，让学生在其中进行模拟操作，并且能让学生感受到手术刀切入人体肌肉组织、触碰到骨头的感觉，使学生能够更快地掌握手术要领。

4. 在其他领域中的应用

虚拟现实在军事领域、航空航天、室内设计、房产开发、文物古迹、工业仿真、道路桥梁、水文地质、应急推演等方面也得到了广泛的应用和发展。

虚拟现实的研究内容包括人工智能、电子学、计算机科学、传感器、计算机图形学、智能控制、心理学等。因此，仍面临许多尚未解决的理论问题和尚未克服的技术障碍。可以期待，虚拟现实系统将成为一种对多维信息进行处理的强大系统，成为人们畅游未知之境，创新无极限的有力工具。

习 题

1. 什么是虚拟现实？
2. 虚拟现实的主要特征有哪些？
3. 简述虚拟现实系统的构成。
4. 虚拟现实的关键技术包括哪些？
5. 说出你所知道的虚拟现实应用案例。

模块 12
机器人流程自动化

模块导读

　　机器人流程自动化，引领工业革新潮流。本模块从机器人流程自动化（RPA）的基本概念讲起，介绍了 RPA 的优势及其在企业中的应用价值。接着，阐述如何识别可自动化的业务流程，熟悉 RPA 软件工具的使用，实施简单的自动化项目。从生产线到服务领域，高效、精准的机器人技术广泛应用。可以解放人力，提升生产效率，助力产业升级。未来，机器人流程自动化将融入人们的日常生活，开启智能新时代。

知识目标

1. 理解 RPA 的基本概念，了解其优势和功能；
2. 了解 RPA 的发展历程和主流工具；
3. 了解 RPA 的技术框架、功能及部署模式；
4. 熟悉常用 RPA 工具的使用；
5. 熟悉在 RPA 工具中录制和播放、流程控制、数据操作和维护等常规操作；
6. 掌握简单的软件机器人的创建方法，实施自动化任务。

能力目标

1. 加深对机器人流程自动化的基本概念、发展历程的理解和对主流工具的认知；
2. 对机器人流程自动化整体框架有初步的认知；
3. 学会主流机器人流程自动化工具的简单应用。

素质目标

1. 遵守流程设计规范，以提高自动化流程运行效率；
2. 增强沟通协调与问题解决能力，具备安全操作意识，提升故障排查等相关职业素养；
3. 养成严谨细致、注重细节的职业习惯，确保流程运行的稳定性和数据安全性，严格遵守数据安全与隐私保护规范。

内容结构图

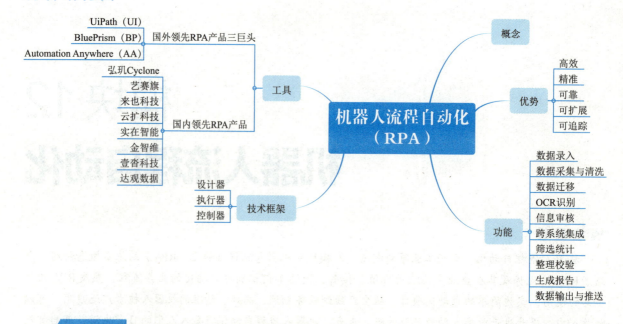

12.1 RPA 概述

12.1.1 RPA 的概念

RPA（robotic process automation，机器人流程自动化）是一种使用软件机器人（或机器人）通过模拟并集成用户在数字系统中手动操作的过程，执行用户在计算机上执行的任务，这些任务通常是重复性的、规则化的，并且具有较低的价值，如数据录入、文档处理、发送电子邮件等，RPA 软件可以自动执行一系列预设的工作流程。

12.1.2 RPA 的优势

RPA 为企业带来了许多优势，其中在提高效率、降低成本、减少人为错误以及提高工作质量等方面的优势更为突出。以下是 RPA 的一些主要优势：

1. 高效
RPA 机器人可以 7×24 小时不间断工作，处理大量数据，大幅度提高工作速度和效率，减少人力成本。

2. 精准
RPA 遵循预设的规则和算法，确保数据的准确性和一致性。

3. 可靠
RPA 可以在 24 小时不间断地工作，避免人力不足或者疲劳对工作效率的影响。

4. 可扩展
随着业务需求和工作任务的变化，RPA 可以根据实际需求进行扩展和优化，适应不同场景的自动化需求。

5. 可追踪
RPA 可以记录任务执行的过程和结果，便于后续的分析和追踪。

12.1.3 RPA 的功能

RPA 具有多种功能，可以帮助企业实现自动化、提高生产效率、节省成本等。以下是 RPA 机器人的十大基础功能：

1. 数据录入
对于需要录入系统的纸质文件数据，RPA 机器人可借助 OCR 进行识别，将读取到的数据信息自动录入系统并归档。

2. 数据采集与清洗
RPA 可以从不同渠道获取用户输入，并将其转化为可用的数据。同时，RPA 还可以对数据进行清洗和整理，确保数据的质量和准确性。

3. 数据迁移
RPA 具有灵活的扩展性和无侵入性，可集成在多个系统平台上，跨系统自动处理结构化数据，进行数据迁移，检测数据的完整性和准确性，且不会破坏系统原有的结构。

4. OCR 识别
RPA 机器人可依托 OCR 对扫描所得的图像进行识别处理，进一步优化校正分类结果，将提取的图片关键字段信息输出为能结构化处理的数据。

5. 信息审核
基于 OCR 对图像信息的识别，RPA 机器人可根据预设规则，模拟人工执行操作任务，并对识别完成的文字信息进行审核与初加工，完成从图像到信息的转换。

6. 跨系统集成
RPA 可以连接不同的系统和平台，实现数据和业务的互通，这对于企业整合各个部门和业务流程非常有用。

7. 筛选统计
对于原始的结构化数据，RPA 机器人可按照预先设定的规则，自动筛选数据，并根据筛选的数据进行统计、整理等后续处理，从而得出满足个性化管理需求的数据信息。

8. 整理校验
RPA 机器人能对提取的结构化数据和非结构化数据进行转化和整理，并按照标准模板输出文件，实现从数据收集到数据整理与输出的自动化。此外，RPA 还能自动校验数据信息，对数据错误进行分析和识别。

9. 生成报告
根据标准的报告模板，RPA 可按照规则要求，将从内外部获取的数据信息进行整合，自动生成报告。

10. 数据输出与推送
RPA 可以将处理后的数据自动输出到指定的系统或文件中，也可将识别到的关键信息自动推送给任务节点的相关工作人员，及时通知信息，实现流程跟催，无须人工干预。

12.2 RPA 技术框架

RPA 技术框架主要包括以下三个主要关键部分：

1. 设计器

设计器是 RPA 的设计生产工具，用于建立软件机器人的配置或设计机器人。

设计器是 RPA 工具中用于创建和编辑自动化流程的可视化界面。用户可以通过拖动和连接预定义的活动（如数据输入、数据处理、数据输出等）来构建自动化流程。设计环境通常不需要深入的编程知识，使得非技术用户也能够参与到流程设计中。

设计器通常是由机器人脚本引擎（BootScript）、RPA 核心架构（RPA core）、图形用户界面（GUI）、记录仪（recorder）、插件/扩展五部分组成。

2. 执行器

执行器是用来运行已有软件机器人，或查阅运行结果的工具。

首先，开发者需要在设计器中完成开发任务，生成机器人文件，之后将其放置在执行器中进行执行。

其次，为了保证开发与执行的高度统一，执行器与设计器一般采用相似的架构。以机器人脚本引擎与 RPA core 为基础，辅以不同的 GUI 交互，满足终端执行器常见的交互控制功能。

最后，执行器可与控制中心通过 Socket 接口方式建立长连接，接受控制中心下发的流程执行、状态查看等指令。在执行完成时，进程将运行的结果、日志与录制视频通过指定通信协议，上报到控制中心，确保流程执行的完整性。

3. 控制器

控制器主要用于软件机器人的部署与管理，可以监控、调度和优化机器人的活动，并提供集中管理控制台，能够集中管理自动化流程的执行过程。包括开始/停止机器人的运行，为机器人制作日程表，维护和发布代码，重新部署机器人的不同任务，管理许可证和凭证等。

控制器通常是由管理调度、用户管理、流程管理和机器人视图四部分组成。

12.3 RPA 工具

RPA 工具是用于设计和执行自动化流程的软件平台。

1. 国外 RPA 工具

国外领先的 RPA 产品三巨头，分别是 UiPath（UI）、BluePrism（BP）、Automation Anywhere（AA）。

（1）UiPath

UiPath 是一个领先的 RPA 工具，它致力于开发过程自动化机器人平台。UiPath 提供了一系列功能，包括流程挖掘、设计、部署和管理机器人。

（2）BluePrism

BluePrism 作为国外较成熟的 RPA 项目开发企业，它强调企业级的可扩展性和安全性，通常用于大型企业和复杂的自动化项目中。

（3）Automation Anywhere

Automation Anywhere 将传统 RPA 与认知元素相结合，提供端到端的业务流程自动化。它具有一个直观的界面和强大的自动化能力，它的特色功能包括智能自动化和数字劳动力管理。

2. 国内 RPA 工具

国内领先的 RPA 企业有弘玑、艺赛旗、来也科技、云扩科技、实在智能、金智维、壹沓科技、达观数据等。

（1）弘玑 Cyclone

弘玑 Cyclone 是国内发展较快的 RPA 公司之一，其 RPA 产品已经应用于包括金融、零售、能源、政府、制造等行业。弘玑 Cyclone 的 RPA 产品具有可视化、灵活性强、易于维护和扩展等优点，能够快速适应各种复杂的业务场景。

（2）艺赛旗

艺赛旗的 iS-RPA 可以针对不同的场景提供不同的机器人流程解决方案，如客服、财务、人力资源管理等。iS-RPA 具有易于使用、稳定性高、灵活性强等优点，能够提高各种场景的办公效率和准确性。

（3）来也科技

来也科技的 UiBot 是国内较早、技术实力较强的 RPA 产品之一，其 UiBot Pro 产品能够适应各种类型的办公场景。UiBot 具有易于使用、支持多种自动化场景、能够模拟人类行为等优点，能够提高办公效率和准确性。

（4）云扩科技

云扩 RPA 在国内有着广泛的适用性，可以支持多种桌面软件和浏览器，以及多种复杂的业务场景。云扩 RPA 具有易于使用、稳定性高、灵活性强、安全、敏捷等优点，基于自动化与人工智能技术，打造企业级流程自动化平台，构建先进的人机协作。

（5）实在智能

实在智能的 Z-Factory 是国内较早推出的 RPA 产品之一，能够实现 RPA 和 AI 的有机结合，提升自动化效率。Z-Factory 具有智能化强、易于维护和扩展等优点，能够为企业提供高效、智能的自动化解决方案。

（6）金智维

金智维的 K-RPA 产品可以部署在各种主流操作系统上，包括 Windows、Linux、mac OS 等，同时也能支持多种常用的开发平台，如 NET、Java、Delphi 等。K-RPA 具有易用性强、稳定性高、灵活性强等优点，能够适用于多种场景，如财务、人力资源、客服等。

（7）壹沓科技

壹沓科技的壹沓流程宝能够实现全程无人工干预的自执行，适用于多种应用场景。壹沓流程宝具有操作简单、稳定性高、灵活性强等优点，能够提高各种场景的办公效率和准确性。

（8）达观数据

达观 RPA 采用自研模型，能够自动处理结构化和非结构化的自然语言文本。达观 RPA 具有高效性、准确性、灵活性等优点，能够快速处理大量文本数据，为企业的智能化决策提供有力支持。

此外，还有影刀 RPA、中关村科金、新纽科技等企业，也是国内 RPA 领域的知名企业，在 RPA 领域积累了丰富的经验，提供了多样化的解决方案和服务，帮助企业实现业务流程的自动化和智能化。

习　题

1. 什么是 RPA？
2. RPA 的优势有哪些？
3. 简述 RPA 的主要功能。
4. RPA 的技术框架主要有哪几部分？
5. 说出你所知道的国内领先的 RPA 工具。

参 考 文 献

[1] 张爱民. 信息技术基础[M]. 2版. 北京：电子工业出版社，2023.
[2] 徐方勤，朱敏. 大学信息技术[M]. 3版. 上海：华东师范大学出版社，2022.
[3] 杨菲菲，崔立宏. 信息技术基础与实用教程[M]. 北京：中国铁道出版社有限公司，2022.
[4] 陈晓红. 信息检索与利用[M]. 成都：西南交通大学出版社，2022.
[5] 聂哲，林伟鹏. 信息技术基础：WPS Office 数据思维[M]. 北京：中国铁道出版社有限公司，2022.
[6] 眭碧霞. 信息技术基础[M]. 2版. 北京：高等教育出版社，2021.
[7] 陈淑敏. 信息技术基础[M]. 北京：北京邮电大学出版社，2021.
[8] 聂哲，周晓宏. 大学计算机基础：基于计算思维（Windows 10+Office 2016）[M]. 北京：中国铁道出版社有限公司，2021.
[9] 崔向平，周庆国，张军儒. 大学信息技术基础[M]. 北京：人民邮电出版社，2021.
[10] 刘华. 信息技术任务驱动教程[M]. 北京：北京理工大学出版社，2021.
[11] 李会凯，杨新芳. 信息技术项目化教程[M]. 北京：电子工业出版社，2020.
[12] 王良明. 云计算通俗讲义[M]. 4版. 北京：电子工业出版社，2022.
[13] 黄玉兰. 物联网技术导论与应用[M]. 北京：人民邮电出版社，2020.
[14] 梁永生. 物联网技术与应用[M]. 2版. 北京：机械工业出版社，2021.
[15] 杨正洪. 大数据技术入门[M]. 2版. 北京：清华大学出版社，2020.
[16] 刘鹏. 人工智能概论[M]. 北京：清华大学出版社，2021.
[17] 丁磊. 生成式人工智能[M]. 北京：中信出版社，2023.
[18] 王振世. 一本书读懂5G技术[M]. 北京：机械工业出版社，2021.
[19]《5G》编写组. 5G[M]. 北京：党建读物出版社，2021.
[20] 姚海鹏，王露瑶，刘韵洁，等. 大数据与人工智能导论[M]. 2版. 北京：人民邮电出版社，2020.
[21] 吕云，王海泉，孙伟. 虚拟现实：理论、技术、开发与应用[M]. 北京：清华大学出版社，2022.
[22] 韩伟. 虚拟现实技术：VR全景实拍基础教程[M]. 2版. 北京：中国传媒大学出版社，2022.
[23] 王言. RPA：流程自动化引领数字劳动力革命[M]. 北京：机械工业出版社，2022.
[24] 周玉萍. 信息技术基础[M]. 北京：清华大学出版社，2017.
[25] 方风波，钱亮. 信息技术基础：微课版[M]. 北京：中国铁道出版社有限公司，2021.
[26] 孙霞. 信息技术基础：微课版[M]. 北京：中国铁道出版社有限公司，2022.